Femke Hogema

Gewinnberatung statt Steuerberatung

Femke Hogema

Gewinnberatung statt Steuerberatung

Die neue Rolle von Finanzfachleuten

Aus dem Englischen von Barbara Budrich

budrich Inspirited
Opladen • Berlin • Toronto 2023

Bibliografische Information der Deutschen Nationalbibliothek
Die Deutsche Nationalbibliothek verzeichnet diese Publikation in der Deutschen Nationalbibliografie; detaillierte bibliografische Daten sind im Internet über http://dnb.d-nb.de abrufbar.

Gedruckt auf säurefreiem und alterungsbeständigem Papier.

Titel der niederländischen Originalausgabe: De Winstadviseur. De nieuwe rol van boekhouders en accountants, 2018, Van Duuren Management
Titel der englischen Ausgabe: The Profit Advisor. The New Role of Accountants and Bookkeepers. 2020, Amsterdam Publishers

ISBN 978-3-8474-2506-9 (Paperback)
eISBN 978-3-8474-1649-4 (PDF)
eISBN 978-3-8474-1890-0 (EPUB)
DOI 10.3224/84742506

Umschlaggestaltung: Bettina Lehfeldt, Kleinmachnow – www.lehfeldtgraphic.de
Titelbildnachweis: stock.adobe.com
Übersetzung: Barbara Budrich
Lektoratsassistenz: Liv Brümmer
Satz: Ulrike Weingärtner, Gründau – info@textakzente.de
Druck: docupoint GmbH, Barleben
Printed in Europe

Stimmen

Zu verstehen, welchen Nutzen du deinen Kunden bieten kannst, wenn du erst über deine traditionelle Rolle hinaus- und in die Beraterrolle hineingewachsen bist, war schwer vorstellbar. Es sei denn, du hattest es wirklich getan. Bis jetzt. Femke begleitet dich durch diesen Prozess auf eine sehr klare und praxisnahe Art und Weise, der leicht zu folgen ist. Die Bedürfnisse von Unternehmern verändern sich. Und wenn du nicht als vertrauenswürdiger Berater positioniert bist, den Unternehmer dringend brauchen, dann verlierst du an Boden. Ich appelliere an dich: Lies dieses Buch und setze alles um, was Femke darin lehrt – jetzt!

LISA CAMPBELL, CPB, Profit First Professional, Gewinnstrategin, The Marcam Group, Canada

Ich bin begeisterter Superfan. Dieses Buch ist ein MUSS für alle Finanzberater, insbesondere Steuerexperten, die vertrauenswürdige Berater für ihre Kunden werden möchten. Ergreife die Chancen, die in der Entwicklung künstlicher Intelligenz stecken – beginne jetzt mit deiner Reise und hilf deinen Kunden, ein gesundes, brummendes und rentables Unternehmen aufzubauen. All das findest du in diesem Buch – Schritt für Schritt!

BENITA KÖNIGBAUER, Steuerberaterin, Deutschland

In diesem Buch legt Femke die Grundsteine für die Zukunft der Steuerberater- und Buchhaltungszunft. Buchhalterische Kontenführung ist der Anfang des Gesprächs mit den Kunden, nicht das Ende. Um ein hervorragender Berater zu sein, musst du emotional und proaktiv die Ziele deiner Kunden verfolgen. Die Vorstellung deiner Kunden, wie du ihnen über die Grundlagen hinaus helfen kannst, können sie nicht erahnen. Die Kunden müssen in diesem Bereich kontinuierlich begleitet werden.

Damit ein Berater seine eigenen Ziele erreichen kann, muss er zielgerichtet und spezifisch planen. Dies ist das erste Mal, dass ich ein Buch gelesen habe, das alle Aspekte zusammenbringt, die ein Steuerberater oder Buchhaltungsspezialist benötigt, um im 21. Jahrhundert grundlegend zu gedeihen und nicht bloß zu überleben.

Am wichtigsten ist es, dass dieses Buch den Leser zum Handeln treibt und dann die Infrastruktur dafür bietet, die dabei hilft, genau das zu vermeiden, was jeder Profi in diesem Bereich vermeiden möchte: „Die Haftungsfalle".

Martin Bissett, Gründer der Upward Spiral Partnership Ltd., UK

In diesem Buch erläutert Femke Hogema die Herausforderung, vor denen sowohl Unternehmer als auch ihre Steuerberater und Buchhalter in ihrer Zusammenarbeit stehen. Technologien wandeln sich laufend und rasch. Der Wandel in Unternehmen ist schneller denn je. Buchhalter müssen schnell sein, um ihren Kunden die entscheidenden Informationen zur Verfügung zu stellen, um sie zur Rentabilität zu führen. Ich selbst war mit meinem Buchhaltungsunternehmen auf dieser Reise und dieses Buch hat mir dabei geholfen, mein Portfolio so zu verfeinern, dass wir sicher sein konnten, die Bedürfnisse unserer Kunden zu befriedigen und ihnen auf dem Weg zur Rentabilität zu helfen. Dieses Buch ist leicht zu lesen und zeigt dir die notwendigen Schritte, um rasch den Beraterpfad einschlagen zu können.

Cyndi Thomason, CEO und Gründerin von bookskeep, USA

Femke Hogema beschreibt eine neue Rolle für Buchhalter und Steuerberater. Diese neue Rolle anzunehmen ist so wichtig, da der Wandel in unserer Branche eine Konstante ist. Hogema erklärt, dass die Digitalisierung Unternehmer dabei unterstützen kann, bessere Entscheidungen zu treffen und eröffnet Steuerberatern gleichzeitig neue Möglichkeiten. Dieses Buch kann Finanzexperten dabei helfen, die nächste Stufe der Karriereleiter als Steuerberater, Buchhalter oder Gewinnberater zu erklimmen. Denn mit einer neuen Rolle kommt eine neue Berufsbezeichnung.

André Kwakernaat, Gründer von Twinfield und Director der Business Innovations Wolters Kluwer Tax & Accounting Europe

Femke legt den Finger in die Wunde der Steuerberaterzunft. Doch sie tut weit mehr: Sie bietet auch konkrete Lösungen. Mit klaren Worten beschreibt sie, wo die Herausforderungen liegen und wo die Chancen. Dieses Buch gibt Antworten auf die Fragen von Unternehmen und es ist voller praktischer Werkzeuge für Finanzberater, die ihren Kunden mehr Nutzen bieten wollen. Dieses Buch ist ein Muss für alle in der Finanzbranche Tätigen.

Michel Hamer, Vorsitzender von NOAB (Niederländische Organisation für Buchhalter und Steuerberater)

Dieses Buch ist ein Muss für Steuerberater und Finanzcoaches, die sich darauf fokussieren möchten, den Bedürfnissen ihrer Kunden aus der Unternehmerschaft zu dienen. Als Unternehmenspsychologin arbeite ich täglich mit Unternehmern, die begeistert davon wären, von ihren Buchhaltern mehr Beratung zu bekommen. Proaktive Planung und eine Strategie, die auf soliden Finanzfüßen steht, fehlen bei zu vielen kleinen Unternehmen. Das führt dazu, dass die Inhaber über Jahre schuften und niemals das volle Gewinnpotenzial ihres Unternehmens ausschöpfen können. Du bist hervorragend aufgestellt, das zu ändern. In diesem Buch findest du solide Anleitungen und Werkzeuge, die dir dabei helfen, deinen Einfluss auszuweiten.

Sabrina Starling, PhD, Autorin von „How to Hire the Best" (zu Deutsch etwa: Die besten Mitarbeiter einstellen), Tap the Potential LLC, USA

Dieses Buch ist eine praktische Anleitung für Buchhalter, Finanzcoaches und Steuerberater, die nach einem Weg suchen, den Wert zu erhöhen, den sie ihren Kunden bieten. Viele Menschen in dieser Branche bleiben bei den grundlegenden Arbeiten stehen, wie Buchführung, Gehaltsabrechnungen und Steuererklärungen. Wir nähern uns mit großen Schritten dem Tag, an dem das Lernen mit Hilfe des Computers, ausgefeilte Software und Künstliche Intelligenz viele Arbeiten im Buchhaltungs- und Steuerberaterbereich übernehmen werden.

Wenn du für deine Kunden wertvoller werden möchtest, musst du dieses Buch lesen. Femke gibt dir eine vollständige Schritt-für-Schritt-Anleitung, die du brauchst, um deinen Kunden das zu geben, was sie so dringend brauchen. Was sie aber anscheinend nicht finden können. Also: Lies das Buch!!

Und hier ist das Beste daran: Wenn du Femkes Rat umsetzt, verdienst du mehr, bekommst bessere Kunden, wirst dein Unternehmen voranbringen und einen Grad an Erfüllung erreichen, von dem du nicht wusstest, dass es ihn gibt.

Damion Yudichak, Wirtschaftsprüfer, MBA, Profit First Professional, USA

Inhaltsverzeichnis

Vorwort von Mike Michalowicz

„Wir brauchen das!"

Das waren die ersten Worte, die Femke Hogema sagte, als wir uns trafen. Sie und ihr Ehemann Bart hatten die lange Reise gemacht, das Hauptquartier der Profit First Professionals in New Jersey zu besuchen. Femke hatte mein Buch „Profit First" entdeckt, sie hatte davon gehört, dass wir Steuerberater und Buchhalter in Profit First zertifizieren. Und ihr war klar geworden, welche Chance dies für Steuerberater und Buchhalter in den Niederlanden sein würde.

Das ist etwa fünf Jahre her und heute, 2020, bin ich stolz darauf, sagen zu können, dass Femke auch eine enge Freundin ist. In den Niederlanden ist sie die Autorität mit Blick auf Gewinnstrategien; das Ergebnis ist, dass sie die gesamte Branche neu definiert. Sie positioniert Steuerberater, Buchhalter und Finanzberater so, dass sie wieder zu Beratern ihrer Kunden werden. Sie beschränken sich nicht länger darauf, lediglich Daten zu erfassen, Berichte zu produzieren und die Steuern zu managen. Femke verwandelt Profis aus dem Bereich der Unternehmensfinanzen in eine zentrale Ressource für Unternehmer.

Wie? Ihr wurde klar, dass Profis aus diesem Bereich Beratungen rund um Gewinn und Gewinnstrategien anbieten müssen. Ich bin stolz darauf, dass Femke den Profit-First-Prozess gemeistert und das Buch ins Niederländische übersetzt hat. Sie ist die Gründerin der Profit First Professionals in den Niederlanden, die als Organisation mittlerweile über 75 aktive Unternehmensfinanzprofis umfasst. Und, vielleicht am wichtigsten, sie ist zur anerkanntesten Autorität im Bereich des Finanzmanagements für Unternehmen in den Niederlanden geworden. Sie hat Bücher für Finanzprofis geschrieben, die das Spiel vollkommen neu aufziehen und sogar eine beliebte Fernsehshow gehostet, die Unternehmer auf dem Weg zu Rentabilität unterstützt.

Steuerberatung und Buchhaltung erleben den größten Wandel seit 300 Jahren. Mit dem Aufkommen fortschrittlicher Technologie erledigen Computer (schon jetzt oder bald) das Datenmanagement, sie produzieren Berichte und managen die Steuer. Profis aus diesem Bereich müssen den Übergang zum Berater schaffen oder sie werden obsolet.

Wenn du ein Profi aus diesem Bereich bist, dann ist das, was du hier in Händen hältst, die wichtigste Information, die du haben kannst. Dieses Buch bleibt nicht in Theorien und noblen Ideen stecken …, stattdessen begleitet es dich Schritt für Schritt auf dem Weg zum Erfolg. Du wirst entdecken, wie du deinen Kunden auf eine ganz neue Art und Weise dienen kannst, und zwar exakt so, wie sie sich das von dir wünschen und brauchen. Und – das ist keine Überraschung – du wirst entdecken, wie du deinen Kunden mit ihrem (und deinem eigenen) wichtigsten Bedürfnis helfen kannst… Gewinn.

Mach die Ablenkungen aus, schnapp dir dein Lieblingsgetränk und vertiefe dich in dieses Buch. Dies ist hervorragend investierte Zeit. Und wenn du mit dem Buch durch bist, dann denke ich, wirst du genauso dankbar sein, dass du Femke kennst, wie ich. Sie ist dermaßen gut. Dieses Buch ist dermaßen gut. Genieße es.

Mike Michalowicz, Autor von „Profit First“

Vorwort

Die Welt der Unternehmensfinanzen wandelt sich dramatisch und das ist keine Überraschung. Dass du, als Steuerberater, Buchhalter oder Finanzexperte damit anfangen musst, weitere Dienstleistungen anzubieten, kommt ebenfalls nicht überraschend.

Die großen Fragen sind: Welche Dienstleistungen solltest du anbieten? Und wie kannst du dich und dein Unternehmen neu positionieren?

Dieses Buch gibt praxisorientierte Antworten auf diese zentralen Fragen. Seit über zehn Jahren biete ich Selbstständigen und kleinen Unternehmen Finanzexpertise, ohne dass ich ihre Buchhaltung führe. Meine Kunden benötigen Finanzberatung, die über das hinausgeht, was der Steuerberater bietet, und ich habe fortgeschrittene Methoden, Techniken und Produkte entwickelt, die Zehntausenden von Unternehmern dabei geholfen haben, Unternehmen aufzubauen, die finanziell gesund und rentabel sind.

Ich habe letztlich das Buch geschrieben, dass seit fünf Jahren in meinem Kopf herumspukt: Ein Buch, mit dem ich dir, dem Finanzexperten für Selbstständige und kleine Unternehmen, die wertvollen Werkzeuge gebe, mit denen du deinen Kunden helfen kannst, Unternehmen aufzubauen, die finanziell gesund und rentabel sind.

Dutzende von Steuerberatern, Buchhaltern und Finanzcoaches haben dieses Buch gelesen, bevor es zum Druck ging. Sie haben Dinge gesagt wie:

„Femke trifft mit diesem Buch den Nagel auf den Kopf!“

„Dieses Buch liefert Antworten auf die ‚Wie‘-Fragen.“

„Es gibt mir sehr konkrete Werkzeuge, mit denen ich arbeiten kann.“

„Es ist ein wertvolles Referenzwerk, in dem so viel steckt, dass ich es lange nutzen werde.“

„Die Informationen (von der EDV bis zur Kommunikation und der Preisgestaltung bis zum Vertrieb) werden fachmännisch präsentiert und sind leicht zu lesen.“

In diesem Buch überreiche ich dir als Finanzexperten meine Kenntnisse, meine Vision und Fähigkeiten. Ich möchte damit zwei Ziele erreichen: Ich wünsche mir für dich, als Gewinnberater, dass du ein nachhaltiges Unternehmen betreibst, mehr Gewinn erwirtschaftest und mehr Freude an deiner Arbeit hast. Und ich wünsche mir, dass alle Unternehmer einen

Gewinnberater finden und mit ihm arbeiten: Die Gewinnberater sollen den Unternehmern dabei helfen, Unternehmen aufzubauen, die finanziell gesund und rentabel sind!

Femke Hogema

Einführung

Entwickler pfiffiger Software, fortschrittliche Steuerfirmen und sogar die Finanzämter tun ihr Bestes, damit Buchhaltung und Steuererklärungen immer weniger Spezialwissen erfordern. Es ist sogar so, dass einige Experten davon ausgehen, dass die Steuerberaterzunft in den nächsten Jahren nicht mehr existieren wird. Carl Frey und Michael Osborne, Wirtschaftswissenschaftler aus Oxford, untersuchten die Wahrscheinlichkeit, mit der 702 spezifische Arbeitsbereiche von Computern übernommen werden.[1] Die Tätigkeit auf Platz 1 hat dabei die geringste Wahrscheinlichkeit, von Computern übernommen zu werden, die auf Platz 702 die höchste. Steuerberater und Prüfer finden sich auf Platz 589, Buchhalter und Sachbearbeiter in diesen Bereichen stehen auf Platz 671 und das Anfertigen von Steuererklärungen steht auf Platz 695.

Das sind schlechte Nachrichten für diejenigen, die in diesen gefährdeten Bereichen arbeiten.

Doch ist das wirklich ein Untergangsszenario? Oder schaffen technologische Entwicklungen eine Fülle an Gelegenheiten und sorgen dafür, dass die Profession der Finanzexperten interessanter und attraktiver wird? In meinen Augen ist es Letzteres. Doch das passiert nicht von allein. Du musst schon etwas tun und dafür sorgen, dass es passiert.

Es beginnt damit, dass du dich von der Vorstellung verabschiedest, dass es bei deiner Arbeit vor allem darum geht, Fakten zusammenzutragen und zu berichten. Das ist eine Tätigkeit, die Computer sehr bald übernehmen werden (oder schon übernommen haben) und sogar besser machen, als Menschen. Die niederländische Steuerkanzlei 216 bietet ihren Kunden seit 2017 sogar kostenlose Standardleistungen, wie die Vorbereitung zum Jahresabschluss. Wie kann 216 im Geschäft bleiben, wenn sie ihre Dienstleistungen kostenlos anbieten? Sie stellen ihren Kunden die wertvolle Finanzberatung in Rechnung, die sie anbieten.[2]

Während die Automatisierung in der Buchhaltung zunimmt, gehen Unternehmer häufig dazu über, ihre Bücher selbst zu führen. Online-

1 Carl Benedikt/Michael A. Osborne "The Future of Employment: How Susceptible Are Jobs to Computerisation?" Technological Forecasting and Social Change, vol. 114, 2017, S. 254–80.

2 Vgl. www.216.nl.

Buchhaltungssoftware wird mehr und mehr intuitiv und ist immer stärker auf Unternehmer ausgerichtet, die keine Buchhaltungskenntnisse haben. Online-Buchaltungssoftware wie Lexoffice, Sage, Sevdesk oder WISO werden immer beliebter. Und da selbst die Steuerbehörden (Finanzämter und Kommunen) sich den neuen Technologien öffnen, müssen Finanzspezialisten neue Kompetenzen und Dienstleistungen entwickeln oder sie verpassen den Innovationszug.

Wir haben immer gedacht, dass eine gute Buchhaltung das Ziel sei, doch was, wenn die Buchführung nicht länger das Ziel, sondern die Grundvoraussetzung ist? Was, wenn die Buchhaltung in Ordnung ist, Steuererklärungen und Jahresabschlüsse angefertigt werden, ohne dass du oder dein Kunde viel Zeit, Energie und Geld investieren müssen, um dies zu tun? Wie wird dein Berufsbild dann aussehen?

Wenn du als Finanzexperte deinen Kunden einen Wert bieten möchtest, dann musst du ihnen helfen, mit ihren Zahlen zu arbeiten. Du wirst ihnen dabei helfen müssen, ihr Geld zu managen, Gewinn zu planen und finanziell solide Entscheidungen zu treffen. Deine Rolle wird es sein, deinen Kunden dabei zu helfen, ein finanziell gesundes und rentables Unternehmen aufzubauen. Mit anderen Worten: Du musst ein Gewinnberater werden.

Du fragst dich vielleicht ob es irgendeinen Bedarf an Gewinnberatern gibt, doch der Beweis für diesen Bedarf ist seit Jahren offensichtlich. Geld, Finanzen, Gewinn generieren ... dies sind häufig schwierige Themen für Unternehmer (eigentlich für Menschen im Allgemeinen). Wenn Selbstständige oder Inhaber kleiner Unternehmen zu den größten Engpässen in ihren Unternehmen befragt werden, gehört effektive Buchführung zu den Herausforderungen, die häufig als erstes genannt werden.[3]

Unternehmer haben häufig solche Probleme mit der Finanzseite ihres Unternehmens, dass sie sich der Wichtigkeit des Themas verschließen. „Dafür habe ich einen Steuerberater“, sagen sie. Sie stecken ihren Kopf in den Sand und nutzen dich, ihren Steuerberater, als Alibi. Oder sie behaupten, dass Geld nicht wichtig ist, denn darum geht es im Leben schließlich

3 Untersuchungen des unabhängigen Markt- und Politikforschungsinstituts Panteia zeigen, dass 53% der KMUs Verwaltungstätigkeiten als den größten Engpass in ihren Unternehmen bewerten.

nicht. Sie sagen zum Beispiel: „So lange ich das tue, was ich gut kann, kommt das Geld von allein." Sie schieben die Verantwortung von sich, ein finanziell gesundes und rentables Unternehmen zu führen. Sie brauchen einen Gewinnberater, der ihnen hilft, diesen grundlegenden Aspekt ihres Unternehmens in den Griff zu bekommen.

Ein Unternehmen ist ein wundervolles Vehikel für Unternehmer ihre Träume und Ziele – was auch immer diese sein mögen – umzusetzen. Doch viel zu häufig funktioniert das nicht. Unternehmer haben häufig große Träume: Menschen zu helfen, die Welt zu retten, innovativ zu sein, doch sie können diese Träume nicht in eine rentable Realität überführen. Sie können ihr Unternehmen nicht einmal zum Abheben bringen. Sie spielen mit den Margen herum. Sie verdienen nicht genug Geld, haben finanzielle Sorgen, können nicht investieren und haben nicht den gewünschten Impact. Das Fehlen eines finanziellen Know-hows führt zu unglaublichem Leid bei Unternehmern. Viel zu oft wird dieses Leid versteckt.

Dies kann und muss sich ändern. Dank technologischer Fortschritte ist der Bereich der Unternehmensfinanzen zu einer Ware geworden, deren Wert abnimmt. Es ist ein Bereich, in den wir nicht länger viel Zeit, Geld und Energie investieren müssen. Die gute Nachricht für Unternehmer ist, dass Zeit, Geld und Energie freigesetzt werden können für etwas, das wichtiger ist: den Aufbau eines finanziell gesunden Unternehmens. Als Steuerberater oder Buchhalter bist du ein Finanzexperte, der dafür aufgestellt ist, diese Gelegenheit beim Schopfe zu ergreifen und einen wertvollen Service zu erbringen. Deine Kunden vertrauen dir. Du kennst ihre Zahlen. Du kennst die schwierigen Dinge in ihren Finanzen. Deine Kunden warten darauf, dass du ihr Gewinnberater wirst.

Deine neue Rolle verlangt von dir, dass du deine Kunden dabei unterstützt, ihre Finanzziele zu bestimmen und den Kurs zum Erfolg einzuschlagen. Du musst dafür zum Coach und zu einem Rechenschaftspartner werden. Auch du musst dich auf die Ziele deiner Kunden verpflichten und dein Mindset so ausrichten, dass du Ergebnisse verkaufst und nicht länger eine Liste an Tätigkeiten.

Deine neue Rolle als Gewinnberater verlangt neue Fähigkeiten wie Coaching und Vertrieb. Lediglich ein Zahlenzauberer zu sein, wird nicht mehr reichen. Du musst dir neue Kenntnisse über Systeme und Methoden aneignen, um Unternehmern zu helfen, ihre Unternehmen rentabel aufzustellen. Vielleicht brauchst du sogar eine neue Einstellung dazu, welche Arten von Kunden du möchtest oder nicht möchtest, auf welcher Basis dein Honorar errechnet wird und wie weit deine Verantwortung beim Unterstützen deiner Kunden reichen soll.

Dieses Buch versorgt dich mit konkreten Werkzeugen, Methoden und Informationen, um Gewinnberater zu werden. Und es hilft dir, folgende Ergebnisse zu erzielen:

1. Du wirst im aktuellen, sich rasch entwickelnden finanziellen Umfeld keine Kunden verlieren. Besser noch, du wirst sogar Kunden gewinnen, die sich von Buchhaltern und Steuerberatern abgewandt haben, die nicht in der Lage waren, ausreichenden Nutzen zu liefern.
2. Du wirst einen Wert bieten können, der weit darüber hinausgeht, Konten sauber zu führen. Du wirst deinen Kunden dabei helfen, finanziell gesunde und rentable Unternehmen zu leiten.
3. Du wirst mehr Befriedigung aus deinem Job ziehen, weil du deine Kunden dabei unterstützt, bedeutende Ergebnisse zu erzielen.
4. Du wirst mehr verdienen, bei weniger Mühe. Du wirst dich vom Abrechnen auf Stundenbasis verabschieden und beginnen, auf der Basis des Nutzens zu verdienen, den du bietest.
5. Du wirst als Unternehmer ein Unternehmen betreiben, das seinen Kunden dauerhaft einen großen Nutzen bietet.

Anleitung für die Leserinnen und Leser

Kapitel 1 erläutert die Entwicklungen im Bereich der Buchhaltung und Unternehmensfinanzen. Kapitel 2 befasst sich mit der Bedeutung dieser Entwicklungen mit Blick auf deine Rolle, Vision und Mission. Kapitel 3 diskutiert die wirklichen Bedürfnisse deiner Kunden und wie du diese befriedigen kannst. Kapitel 4, 5 und 6 lehren dich die praktischen Methoden, die du einsetzen kannst, damit deine Kundinnen und Kunden mit besseren Gewinnen dastehen. Kapitel 7 dreht sich darum, wertvolle und hochpreisige Dienstleistungen an deine Kundinnen und Kunden zu vermarkten. Kapitel 8 erläutert, wie du sicherstellen kannst, dass deine Kundinnen und Kunden unvergleichliche Erfahrungen mit dir machen. Kapitel 9 und 10 bieten dir die Kommunikationsfähigkeiten und Coachingtechniken, um Kunden zu gewinnen, zu unterstützen und zu behalten. In Kapitel 11 geht es um dein Unternehmen und wie du es so führen kannst, dass es auch dann Ergebnisse liefert, wenn du selbst keine operative Arbeit leistest. Um dieses Buch abzurunden, biete ich dir einen Umsetzungsplan.

Am Ende eines jeden Kapitels findest du einen Action Step. Gehe diesen Schritt. Dieses Buch zu lesen allein wird nicht oder nur wenig dazu beitragen, deinen Erfolg zu beflügeln. Kenntnisse sind nur dann von Wert, wenn du sie umsetzt.

Um den Text lesbar zu halten, spreche ich manchmal von Steuerberatern, manchmal von Buchhaltern oder von Finanzspezialisten, Finanzexperten, Finanz- und Gewinnberatern. Zuweilen nutze ich sowohl die weibliche als auch die männliche Form. Und in allen Fällen meine ich immer jeden und jede, die sich mit diesem Buch angesprochen fühlen.

Ich habe mit vielen Unternehmerinnen und Unternehmern zusammengearbeitet und häufig waren ihre Steuerberaterinnen, Buchhalter und Finanzcoaches in den Prozess involviert. Die gewonnenen Erfahrungen meiner Kunden und ihrer Finanzexperten bilden die Basis der Geschichte über den Unternehmer Peter und seinen Steuerberater Greg. Zu Beginn eines jeden Kapitels kannst du über den Prozess lesen, den sowohl Peter als auch Greg durchlaufen. Peter und Greg sind nicht ein bestimmter Unternehmer und sein Steuerberater. Sie sind auf der Basis zahlreicher Unternehmer und ihrer Finanzexperten entstanden, die sich sehr realen Herausforderungen gegenübersahen.

1 Neue Chancen für Unternehmensfinanzprofis

„Sich dem technologischen Fortschritt zu verschließen, ist einfach nicht sonderlich clever."
– Martijn Aslander

Die Geschichte von Peter und Greg beginnt folgendermaßen.

Peter entwickelt Apps und ist ziemlich gut darin. Du kannst ihm deine Ideen erzählen und er wird sie umsetzen. Und nicht nur für dich – er arbeitet vor allem für große internationale Unternehmen. Ein ziemlich cooler Typ, dachte ich. Er nahm Kontakt zu mir auf, weil er, wie er erklärte, „nicht so mit Zahlen konnte". Bei einem Jahresumsatz von über 300.000 Euro mit steigender Tendenz hatte er das Gefühl, er müsse seine Finanzen besser in den Griff bekommen. Er machte nicht ausreichend viel Gewinn und fühlte sich zunehmend unwohl mit der finanziellen Seite seines Unternehmens. Ich wollte Peter helfen, ein finanziell gesundes und rentables Unternehmen zu erschaffen.

Um Peters Unternehmen besser verstehen zu können, besuchte ich ihn. Er hatte eine Riesengarage neben seinem Büro. In der Garage waren neben seinen großen Servern zwei VW-Busse untergebracht. „Superschön", sagte ich.

Sofort begann Peter voller Enthusiasmus über diese VW-Busse zu erzählen. Sie waren sein ganzer Stolz. Er hatte Spaß daran, an ihnen herumzubasteln. „Aber", sagte er mit traurigem Blick, „ich habe keine Zeit mehr dafür. Ich arbeite 14 Stunden pro Tag." Ich konnte seinen Schmerz spüren. Und meine Motivation stieg, ihm dabei zu helfen, seine Finanzen in den Griff zu bekommen.

Wir gingen in sein Büro, wo er mir erläuterte, wie er seine Finanzen managte. Seine Geschichte war mitnichten einzigartig. Er verwendete viel Energie auf die Buchhaltung. Am Ende eines jeden Quartals durchsuchte er jeden Winkel seines Büros nach Belegen, damit er seine Umsatzsteuer melden konnte. Er prüfte seinen Kontenstand täglich und wenn er einen Geldeingang entdeckte, atmete er erleichtert auf, denn das hieß, dass er seine Rechnungen bezahlen konnte.

Es gab viel Raum für Effizienzsteigerungen. Zum Beispiel kostete das Fehlen eines ordentlichen Prozesses sowohl ihn als auch seinen Steuerberater jede Menge Zeit und hart verdientes Geld, doch die fehlende Transparenz stellte sogar ein noch größeres Problem dar. Als ich ihn fragte, welche Marge er bei seinen Apps hätte, konnte er das nicht beantworten. Er stellte häufig Computernerds ein, die ihm bei der Softwareentwicklung halfen. Auch waren seine Investitionen in IT beträchtlich. Doch hatte er keine Ahnung, wie hoch sein Gewinn war. Die Berichte aus dem Steuerbüro halfen ihm ebenfalls nicht weiter. Als wir uns trafen, war der letzte Jahresabschluss über zwei Jahre alt! Da ich keine Archäologin bin, hatte ich daran kein Interesse.

„Er ist ein guter Steuerberater, glaub mir", sagte Peter. „Und nicht billig. Ich zahle ihm mehr als 7.000 Euro pro Jahr." Ja, klar. 7.000 Euro für Dinosaurier-Ausgrabungen. Und je tiefer ich grub, desto schlimmer wurde es.

„Was zahlst du dir?", fragte ich, um eine Vorstellung davon zu bekommen, wie viel man als App-Programmierer so verdient.

„Nichts", sagte er. „Wir leben vom Gehalt meiner Frau. Ich investiere alles, was ich habe, in die Firma."

Ich weiß, dass „investieren" häufig ein Euphemismus ist für „Kosten, Kosten und noch mehr Kosten", deshalb wurde ich noch unruhiger. Hier war ein Mann voller Leidenschaft. Der beste App-Programmierer im Lande. Er wusste, wie er an Kunden kam, und er konnte verkaufen. Ein Umsatz von 300.000 Euro kommt schließlich nicht von selbst. Und zeitgleich hatte er keine Ahnung, wo er stand, wo er hinwollte oder wie er irgendwohin gelangen konnte. Sein Steuerberater half ihm auch nicht, denn der war zwei Jahre im Rückstand. Die Kombination aus einem altmodischen Steuerberater und dem Fehlen der richtigen Prozesse kostete ihn jede Menge Geld. Er hatte keine Zeit für sein Hobby und seine Frau verdiente für sie beide.

Doch es gab etwas, das mir noch mehr Sorgen bereitete. Peter war sich nicht einmal der Tatsache bewusst, dass er ein finanziell krankes Unternehmen führte. Er dachte, die Dinge liefen gut (weil der Umsatz hoch war) und dass er clever war (weil er alles wieder in sein Unternehmen „investierte"). Doch ein Unternehmen, das keinen Gewinn macht, ist kein gesundes Unternehmen. Ein Unternehmen, das dich nicht versorgt, ist kein stabiles

Unternehmen. Peter baute nichts auf: Er kreierte ein geldvernichtendes Monster. Und am schlimmsten war: Er war vollkommen ahnungslos, wie schlimm die Situation wirklich war. Er arbeitete seit fünf Jahren auf diese Art und Weise. Er hatte einen guten Ruf. Er war der Beste im Lande. Ihm war nicht klar, dass er nichts aufgebaut hatte. Wenn er Urlaub machte, käme sein Unternehmen zum Stillstand. Ohne ihn gab es kein Unternehmen. Und mit Peter gab es eigentlich auch kein Unternehmen.

In einem letzten Versuch, Peter die Ernsthaftigkeit seiner Situation klarzumachen, sagte ich, „Peter, wenn du die letzten fünf Jahre angefangen hättest, Zeitungen auszutragen, anstatt dein Unternehmen zu gründen, hättest du jetzt mehr Geld und hättest zwölf Stunden täglich an deinen VWs basteln können." Ich sah, dass ihn das verblüffte, doch ich konnte auch sehen, dass der Schock mit Unglauben gemischt war.

Wir verabredeten einen Folgetermin mit seinem Steuerberater. Um zu verstehen, in welche Richtung wir gehen sollten, musste ich zunächst wissen, wo wir standen.

***

Dieses Kapitel gibt dir eine grobe Übersicht über die Entwicklungen im Steuerberaterwesen, die wahren Bedürfnisse von Unternehmern und die neue Rolle von Finanzexperten.

Im ersten Abschnitt stelle ich dich vor die Herausforderung, Buchführung nicht länger als dein Hauptziel anzusehen, sondern als die unabdingbare Voraussetzung, auf die du deinen Ruf als Gewinnberaterin oder Gewinnberater aufbaust. Dann richte ich den Blick auf die Unternehmer selbst: Warum brauchen sie einen Gewinnberater? Im dritten Abschnitt diskutieren wir die Innovationen, die unserem dringenden Bedarf zugrunde liegen, unsere Profession neu zu erfinden. Im letzten Abschnitt dieses Kapitels kümmern wir uns um die Bedeutung dieser Innovationen für deinen Bereich.

1.1 Buchführung ist nicht das Ziel, sie ist die Basis

Das Ziel von Steuerberatern war es immer, die Bücher zu führen, Jahresabschlüsse zu erstellen und die Steuerklärungen zu machen. Natürlich ist es nicht neu, dass Steuerberaterinnen auch beraten, doch häufig war dies eine zusätzliche Dienstleistung. Die Bücher zu führen war die Hauptaufgabe. Stell dir selbst folgende Fragen: „Was wäre, wenn die Buchführung nicht das Ziel wäre? Wie würde meine Branche dann aussehen?“ Wie wäre es, wenn die Buchführung so wäre, wie das Fundament, um eine neues Haus darauf zu bauen? Ohne Fundament kein Haus – jedenfalls kein stabiles. Der Kunde dessen, der das Haus baut, denkt selbst nicht über das Fundament nach. Der Kunde sieht die neue moderne Küche oder die Glastüren in den Garten oder den soliden Holzboden, der dem Haus eine warme Ausstrahlung verleiht. Das sind die Ziele der Kundinnen und Kunden. Davon träumen sie. Der Bauunternehmer versteht, was seinen Kunden wichtig ist und darüber spricht er mit ihnen. Die Tatsache, dass die wichtigste Arbeit mit darin besteht, das Fundament zu setzen, gehört nicht zu den Dingen, die der Bauunternehmer mit seinen Kunden bespricht.

Lange Zeit war es möglich, die Buchhaltung als das Ziel, das gewünschte Endresultat anzusehen. Der Staat verlangt saubere Steuererklärungen und Unterlagen; Unternehmer und Anteilseigner müssen die Finanzen ihrer Unternehmen verstehen können. Und auch wenn dies nach wie vor so ist, haben sich andere Dinge dramatisch verändert. Dank der technologischen Entwicklung können die Elemente des finanziellen Fundaments, aktuelle Finanzberichte und die Steuerklärungen besser, schneller und preiswerter erledigt werden als je zuvor. Zu allem Überfluss braucht man weniger Expertise für diese Prozesse. Der größte Teil der Buchhaltung kann von den Kunden selbst erledigt werden, ohne dass sie spezielle Kenntnisse in der Buchführung benötigen. Es ist beinah so, als würden die Kunden das Fundament für ihr Haus selbst legen und die Bauunternehmerin kommt nur, um letzte Hand anzulegen.

Was bedeutet das für dich, wenn die Buchhaltung nicht das Ziel ist, sondern die Basis? Was bedeutet es für dich, wenn du nicht länger so viel Geld mit der „Standardarbeit“ verdienen kannst, weil deine Kunden Software verwenden, um einen großen Teil der Basis selbst zu legen? Du folgerst daraus vielleicht, dass du viel mehr Kunden benötigst, um Geld in der gleichen Größenordnung zu verdienen. Das ist eine Möglichkeit. Doch ich glaube, dass es eine weitere Möglichkeit gibt. Ich glaube, dass du deinen Kunden dabei helfen kannst, ihre Häuser zu bauen. Ich glaube, du kannst ihnen helfen, ihre Unternehmen finanziell gesund und rentabel aufzustellen.

Wenn du deinen Kunden dabei hilfst, ein gesundes und rentables Unternehmen aufzubauen, dann bist du nicht länger ein Buchhalter, sondern ein Gewinnberater. Du bist nicht jemand, der einfach nur sicherzustellen hat, dass alle rechtlichen und steuerlichen Belange so preiswert wie möglich erfüllt werden, sondern jemand, der seinen Kundinnen dabei hilft, ihre Unternehmen auf Erfolg und Rentabilität auszurichten. Dies hat mehrere Effekte:

- Du kannst deine Kenntnisse und Fähigkeiten weit intensiver nutzen, was deine Arbeit spannender machen sollte.
- Dein Kunde bittet dich in einem weit größeren Feld um Rat als lediglich mit Blick auf Steuern und Verwaltung, was zu mehr Wertschätzung dir gegenüber führt.
- Deine Kundin ist bereit, mehr Geld für deine Dienstleistung zu bezahlen, weil du einen größeren Nutzen stiftest.
- Du benötigst weniger Kunden, um den gleichen (oder gar mehr) Umsatz zu erwirtschaften, sodass du deinen Kunden mehr Aufmerksamkeit schenken und mehr Nutzen bieten kannst, wofür du stärker geschätzt wirst.
- Du bist deiner Konkurrenz voraus und am Markt besser sichtbar. Es ist vollkommen klar, was du Unternehmern anbietest und welchen Nutzen du stiftest. Du bist weniger von der einfachen Buchhaltungsarbeit abhängig, sodass du deine eigene Zukunft sichern kannst.

Du fragst dich vielleicht: Wollen meine Kunden einen Gewinnberater? Kann ich diese Aufgabe erfüllen? Und wie gehe ich dabei vor? Das sind berechtigte Fragen. Die Antworten auf all diese Fragen findest du in diesem Buch.

1.2 Wollen Unternehmer einen Gewinnberater?

Wünschen sich Kunden einen Gewinnberater? Um diese Frage zu beantworten, möchte ich zunächst einmal beleuchten, was Kunden nicht möchten und dann dazu übergehen, zu erforschen, was sie möchten.

2010 veranstaltete ich meinen ersten Finanz-Workshop für Einzelunternehmer mit dem Titel „Finanziell bewusste Unternehmensführung". Über 200 Unternehmerinnen und Unternehmer kamen zu einem nationalen Netzwerktreffen, um an Workshops teilzunehmen und neue Leute kennenzulernen. Ich war eine von fünf Rednern, also erwartete ich etwa 40 Teilnehmer. Ich hatte eine gute anderthalbstündige Keynote vorbereitet, die dazu dienen sollte, die Aufmerksamkeit der Unternehmerinnen und Unternehmer für finanzielle Aspekte zu erhöhen. Ich wollte ihnen die Finanzsprache beibringen, denn ich weiß, dass es ihnen helfen kann, in ihren Unternehmen erfolgreicher zu sein. Zu meiner großen Verblüffung waren von den 200 Teilnehmern nur fünf Unternehmer an Finanzen interessiert. Die andere wählten „aufregendere" Themen wie SEO, Pitching und Contentmarketing – Themen, die dabei helfen konnten, mehr Kunden zu gewinnen und den Umsatz zu erhöhen. Umsatz war das, was sie wirklich interessierte.

Ich lernte eine sehr wichtige Lektion: Unternehmer sind nicht an Finanzen interessiert. Sie denken und sagen Dinge wie: „Zahlen sind langweilig, kompliziert und du kannst mit ihnen nichts anfangen. Buchhaltung ist ein notwendiges Übel. Buchhalter und Steuerberaterinnen sprechen eine Sprache, die ich nicht verstehe. Buchhaltungswissen hilft mir nicht; wenn ich in der Lage bin, den Jahresabschluss zu lesen, bringt mir das auch nicht mehr Geld ein." Unternehmer finden Buchhaltung nicht sexy. Sie verbinden sie nicht mit ihrem Ergebnis.

Jahrelang antwortete ich auf diese „Mythen" mit rationaler Argumentation. Ich erklärte den Unternehmerinnen und Unternehmern, dass Finanzen wichtig sind. Ich sagte, dass ich jedem beibringen kann, den Jahresabschluss zu verstehen. Ich überzeugte sie vom Gegenteil: dass es unabdingbar ist, die Finanzen zu verstehen, um ein erfolgreiches Unternehmen zu führen. Und dass finanzielles Verständnis einen dabei unterstützt, mehr Geld zu verdienen, weil es einem dabei hilft, die richtigen Entscheidungen zu treffen. Letztlich stellte sich heraus, dass ich mit all diesen Dingen

Recht hatte. Aber Recht haben ist irrelevant. Solange ich nicht wirklich verstand, was Unternehmer dachten und wie sie ihre eigenen Probleme wahrnahmen, sprachen wir nicht die gleiche Sprache. Bis ich lernte, mich in meine Kundinnen und Kunden hineinzuversetzen, bis ich wirklich lernte, was für sie das Wichtigste war, hatte ich keine Chance, sie davon zu überzeugen, dass es eine großartige Entscheidung für ihr Unternehmen war, mich zu engagieren.

Lass uns also darauf schauen, was ein Unternehmer tatsächlich sagt:

1. Zahlen sind langweilig und kompliziert.

Viele Unternehmer empfinden eine tiefe Abneigung Finanzen gegenüber. Sie verstehen das Zeug nicht richtig und sind ganz sicher nicht begeistert davon. Ich treffe regelmäßig auf Unternehmerinnen und Unternehmer, die sagen, dass sie sofort abschalten, wenn Finanzen besprochen werden. Die logische Konsequenz daraus ist, dass sie ihre Buchhalterinnen und Steuerberater als Alibi nutzen. Der Unternehmer „engagiert" einen Finanzmenschen und ist damit selbst aus der Nummer mit der finanziellen Verantwortung raus. Und wenn wir, die Finanzexperten, erklären, dass Unternehmer ihre Finanzen verstehen müssen, setzen sie sich noch stärker zur Wehr. „Wenn ich nur tue, was ich richtig gut kann, dann kommt das Geld schon ganz alleine" und „Jeder hat seine eigene Expertise", höre ich häufig als Reaktion. Dem Unternehmer richtig zuhören, funktioniert allerdings. Die Angst des Kunden zu akzeptieren, ist ein erster Schritt. „Ich verstehe dich", sagte ich häufig. „Finanzen sind kompliziert. Das Steuersystem ist unglaublich komplex. Und wir machen es als Finanzexperten mit unserem Fachjargon auch nicht leichter." Dieses Anerkennen hilft. Unternehmer haben das Gefühl, dass sie gehört werden, was häufig den Raum für die Diskussion eines schwierigen Gegenstands eröffnet. Wenn Unternehmerinnen und Unternehmer sich verstanden fühlen, wagen sie es, zuzugeben, dass sie nachts wach liegen und sich um ihre Zahlen sorgen. Sie machen sich Sorgen, ob sie die Rechnungen und die Steuern bezahlen können. Die Buchhaltung verursacht ihnen Kopfschmerzen, weil sie viele Monate in Rückstand damit sind. Nur wenn ihre wahren Bedürfnisse und Probleme anerkannt werden, sind die Kunden willens und bereit, zu hören, dass ich ihnen dabei helfen kann, ein finanziell gesundes und rentables Unternehmen aufzubauen.

2. Ich verstehe meinen Buchhalter und Steuerberater nicht.

Als Buchhalter und Steuerberaterin bist du Experte in einem bestimmten Bereich: Finanzen. Und weil du ein Experte bist, ist die Finanzsprache zu deiner zweiten Muttersprache geworden. Rückstellungen, Rechnungsabgrenzung, Rechnungsbuch, Soll und Umlaufvermögen: Diese Begriffe sind dir sehr geläufig, doch für den durchschnittlichen Unternehmer sind diese Wörter so unverständlich wir Marsianisch.

Die Sprache der Finanzen ist die universelle Sprache von Unternehmen. Mit wenigen Ausnahmen sprechen und verstehen deine Kunden diese Sprache nicht. Für sie sind Bilanzen und EÜRs genauso verständlich, wie eine Programmier-Anleitung für C++ für einen Nicht-Informatiker ist: viele Zahlen ohne jeden Zusammenhang.

Ich spreche regelmäßig mit Finanzexpertinnen, die glauben, dass ihre Kunden die Sprache der Finanzen tatsächlich verstehen. Ihre Kunden sind intelligent und haben Jahresumsätze in Höhe von Hunderttausenden oder gar Millionen Euros. Diese irregeleiteten Finanzexperten sind glühende Verfechter des Glaubens, dass diese Unternehmer niemals ohne Finanzwissen soweit hätten kommen können. Auf der Basis meiner über viele Jahre gesammelten Erfahrung wage ich zu behaupten, dass diese Experten sich auf ein böses Erwachen einstellen können. Wenn sie sich wirklich die Zeit nehmen würden, herauszufinden, wie viel (oder auch wie wenig) ihre Kundinnen wirklich über Finanzen wissen, wären sie wahrscheinlich schockiert. Stelle unbedingt sicher, dass ihr – du und deine Kunden – die gleiche Sprache sprecht.

3. Es erschließt sich mir nicht, wie Finanzwissen uns dabei helfen kann, Geld zu verdienen.

Der durchschnittliche Unternehmer – derjenige, der die Sprache der Finanzen nicht spricht – hat keine Vorstellung davon, wie viele wertvolle Informationen in den Unternehmenszahlen enthalten sind und dass diese Zahlen die einzige Wahrheit über ihr Unternehmen verraten. Die Wahrheit zu kennen und zu verstehen ermöglicht es deinen Kundinnen und Kunden, mehr Geld zu verdienen, besser zu schlafen und weniger zu arbeiten.

Wenn du dich darauf beschränkst, deinen Kunden Berichte über die Vergangenheit vorzulegen, dann haben sie beinahe Recht.

Doch nur beinahe, denn ich weiß, dass Informationen über die Vergangenheit viele relevante und wertvolle Anhaltspunkte für die Zukunft enthalten. Doch ich stimme vielen Unternehmern darin zu, dass die Vergangenheit nicht annähernd so spannend ist wie die Gegenwart oder die Zukunft. Unternehmertum dreht sich um Innovation, um Marktführerschaft, um direkte Reaktionen auf das, was wichtig ist und was da draußen vor sich geht. Damit du für deinen Kunden relevant sein kannst, musst du deine Expertise in Worte fassen, die sich um zukünftige Gesundheit und Wohlstand seines Unternehmens drehen.

Jährliche Berichte über die Situation vor anderthalb Jahren fallen in die Kategorie „prähistorischer Informationen". Ein Unternehmer kann damit wahrlich nichts anfangen. Er würde Zeit und Geld verschwenden, sich darein zu vertiefen.

Doch auch wenn du ein moderner Finanzmensch bist, der in der Cloud arbeitet und sicherstellt, dass deine Kunden immer Zugriff auf aktuelle Informationen haben – selbst dann wissen deine Kunden nicht, was sie mit diesen Informationen anfangen sollen. Die meisten Unternehmer halten ihren Umsatz im Blick und achten auf ihre Marge, insbesondere im Handel. Doch das war's dann auch. Du siehst all das, was deine Kunden übersehen. Du siehst, dass Unternehmer jede Menge Geld aufgrund schlechten Kreditmanagements verlieren; oder dass die Kosten zu hoch sind im Vergleich zu ihren Umsätzen und dass diese Kosten weiter steigen. Du hast die Informationen und das Wissen, deinen Kundinnen zu helfen, mehr zu verdienen und besser zu schlafen. Du weißt, dass du deine Kunden vor der Insolvenz bewahren kannst. Indem du die Bedürfnisse deiner Kunden verstehst und ihnen dabei hilfst, zu verstehen, wie sie mit deiner Expertise als Gewinnberater ihr Unternehmen retten können, unternimmst du die ersten Schritte in Richtung Rentabilität … sowohl für dich als auch für deine Kunden.

Schlussfolgerung: Unternehmer wollen die Sprache der Finanzen nicht lernen.

In dieser ersten Keynote lernte ich, dass ganz gewöhnliche Unternehmerinnen und Unternehmer gar nicht alles über die finanziellen Grundlagen ihrer Unternehmen lernen möchten. Es tut ihnen nicht weh, finanzielle Analphabeten zu sein, doch sind sie dabei in einer Verweigerungshaltung und nicht in der Lage, aktiv zu werden. Sie erkennen nicht, wie vorteilhaft es ist, die Sprache der Finanzen zu lernen. Finanzen lesen und schreiben zu können, ist zu aufwändig für zu wenig Nutzen – jedenfalls in der Vorstellung der meisten Unternehmer. Und diese von wenigen besuchte Keynote war für mich der entscheidende Moment, in dem ich begriff, dass ich daran arbeiten musste, ein Bewusstsein dafür zu schaffen. Ich dachte, dass ich die Kluft dadurch überbrücken könnte, dass ich Finanzen unterhaltsam, praktisch und leicht zugänglich präsentiere. Und zu einem Teil war ich damit auch erfolgreich. In den folgenden Jahren unterstützte ich Tausende von Unternehmern dabei, ihre finanziell gesunden Unternehmen aufzubauen. Das ließ sich bewerkstelligen, indem ich die Finanzen in ihre grundlegenden Elemente heruntergebrochen habe, das Ganze in einfache und konkrete Begrifflichkeiten verpackt und Beispiele anhand ihrer eigenen Unternehmen gebracht habe, anstatt langweilige, abstrakte Theorie zu erklären. Und das hat funktioniert … bis zu einem gewissen Grad.

Es hat viele Jahre gedauert, bis ich endlich die Bedürfnisse von Unternehmerinnen und Unternehmern wirklich erfüllen konnte, bevor ich voll und ganz verstanden hatte, dass Buchhaltung wirklich eine Basis ist, ein lebenswichtiges Element – aber dass niemand darüber im Detail sprechen mag. Mir wurde klar, dass Unternehmer andere Werkzeuge benötigen, um erfolgreich zu werden.

Wünschen sich Unternehmer einen Gewinnberater?

Also, zurück zur Frage: Wünschen sich Unternehmer einen Gewinnberater? Die Antwort auf diese Frage ist ein lautes „Ja!“ Als ich anfing, Unternehmern zuzuhören und zu verstehen, wo ihre wirklichen Probleme und Herausforderungen lagen, entdeckte ich, dass sie Finanzprobleme haben. Und diese Probleme waren in keinster Weise theoretisch. Sie waren sehr praktisch. Sie wollten nicht wissen, wie sie eine Bilanz lesen; sie wollten bloß wissen, welche Preise sie für ihre Produkte nehmen und wie sie mehr Gewinn erwirtschaften konnten. Sie wollten nicht lernen, wie das Steuersystem funktioniert. Sie wollten lediglich nicht nachts wach liegen und darüber nachdenken, wie viel Steuern sie zu zahlen hätten. Sie wollten keinen Cashflow-Bericht entwickeln; sie wollten lediglich ihre Liquidität sichern.

Solltest du damit aufhören, die Buchhaltung und Steuerklärungen für deine Kunden zu erstellen? Natürlich nicht, doch sollte dir klar sein: Das ist bloß die Grundlage. Die Bücher müssen in Ordnung sein, und zwar mit so wenig Zeit, Geld und Mühe wie möglich. Zeit, Geld und Energie, die auf diesem Wege freiwerden, können dem eigentlichen Ziel der Unternehmerin gewidmet werden: Gewinn zu erzielen, erfolgreich und glücklich zu sein und die Welt dabei ein bisschen besser zu machen.

1.3 Innovationen in der Buchhaltung

Finanzexpertinnen hatten in früheren Zeiten aufgrund von Gesetzgebungen und Regelungen immer jede Menge gut bezahlter Arbeit. Weltweit gibt es Millionen von Unternehmen, deren Buchhaltung und Jahresabschlüsse rechtlichen Standards und Regelungen entsprechen müssen. Steuerbehörden stellen Anforderungen an Buchhaltung und Berichtswesen, wie auch Handelskammern und andere Regierungsbehörden. Die Grundsätze der ordnungsgemäßen Buchführung (GoB) und internationale Rechnungslegungsstandards erlegen Hunderte, wenn nicht Tausende von Standards und Regeln auf, um sicherzugehen, dass unsere Zahlen aktuell, verlässlich und vergleichbar sind.

Diese Anforderungen haben Finanzexperten automatisch viel Arbeit beschert, doch die Branche befindet sich im Wandel und bewegt sich schnell. Wichtige Entwicklungen sind zum Beispiel Buchhaltung in der Cloud, mobile Buchhaltung, eingebundene Bankkonten, Scan- und Erkennungssoftware, Finanzroboter, selbstlernende Software, Künstliche Intelligenz, UBL, XML, XBRL, PSD2, SBR, SCRSFI und Blockchain. Diese und weitere Innovationen im Finanzbereich reduzieren den manuellen Buchungsaufwand, helfen, in nahezu Nullzeit Informationen zu liefern. Und sie verbessern die Abstimmung zwischen Unternehmern und ihren Finanzexperten und Buchhalterinnen. Ob es uns gefällt oder nicht: Technologie hat Auswirkungen auf unsere Unternehmen.

Im Folgenden findest du eine kurze Erläuterung zu einigen wichtigen technologischen Entwicklungen.

SaaS/Cloud

Dank SaaS (Software as a Service) brauchst du keine Buchhaltungssoftware mehr zu kaufen. Unternehmen und Buchhaltungsfirmen bezahlen lediglich für die Nutzung von Online-Software in der Cloud. Der Software-Anbieter kümmert sich um notwendige Updates und regelmäßige Sicherungskopien. Sowohl Unternehmer als auch ihre Finanzmenschen können auf diese Konten zugreifen, was zu einer optimalen Koordination und wöchentlichen oder gar täglichen Updates führt.

Mobile Buchhaltung

Online-Buchhaltungssoftware wird häufig von einer App unterstützt. Unternehmer können diese App nutzen, um Belege zu scannen, sodass sie unmittelbar in das Buchungssystem integriert werden. Die App enthält nicht selten auch ein bequemes Dashboard, das es Unternehmern ermöglicht, mit einem Blick auf ihr Handy zu sehen, wie das Unternehmen dasteht. Diese Features setzen voraus, dass die Konten täglich bzw. wöchentlich aktualisiert werden.

Eingebundene Bankkonten

Häufig sind die Bankkonten des Unternehmens in die Buchhaltungssoftware eingebunden. So werden alle Kontenbewegungen des Vortages jeden Morgen in der Buchhaltung abgebildet. Sie brauchen nicht importiert oder manuell eingegeben zu werden. Bei manchen Banken gibt es sogar Echtzeit-Übertragungen.

Scan- und Erkennungsfunktionalität

Buchhaltungssoftware mit Scan- und Erkennungsfunktion verwendet OCR (Optical Character Recognition). Diese Software „liest" den Beleg und macht eigene Buchungsvorschläge auf dieser Basis.

Finanzbots

Im Bereich der Buchhaltung übernimmt ein Finanzbots Aufgaben, die zuvor von Menschen erfüllt wurden. Zum Beispiel verarbeitet die Buchhaltungssoftware Kontoauszüge häufig automatisch. Dank der Entwicklungen in diesem Bereich dürfen wir davon ausgehen, dass die Buchhaltung mehr und mehr von Computern übernommen wird.

Selbstlernende Software

Moderne Buchhaltungssoftware „lernt“, selbst richtige Buchungen vorzunehmen. Wenn eine Transaktion (Kontobewegung oder Rechnung) bereits gebucht wurde, macht die Software beim nächsten Mal automatisch selbst entsprechende Vorschläge.

E-Rechnungen

Elektronische Rechnungen (E-Rechnungen) lassen sich schneller, günstiger, leichter und genauer erstellen. Viele internationale Kleinunternehmen verwenden zum Erstellen von E-Rechnungen spezifische Plattformen wie Quickbooks Online. Eine E-Rechnung ist ein elektronisches Dokument (XML) mit einer festgelegten Struktur.

UBL

UBL, Universal Business Language, ist eine standardisierte digitale Sprache, die für Finanzdokumente verwendet werden kann. Mit dem Dokument wird eine XML-Datei generiert, in der alle Informationen zu diesem Dokument gespeichert sind. Die XML-Datei hat ein universelles Format, was bedeutet, dass es von jedem Programm gelesen werden kann, das UBL verwendet. UBL wird zum Beispiel eingesetzt, wenn eine Rechnung versendet wird. Wenn auch der Adressat UBL verwendet, kann die Rechnung vollautomatisch verarbeitet werden.

SBR

SBR, Standard Business Reporting, ist ein in den Niederlanden entwickelter Standard zum digitalen Austausch sämtlicher Unternehmensberichte. Australien und Neuseeland haben die SBR-Methode ebenfalls übernommen und weitere Länder sind an einer Einführung interessiert. Bei SBR werden alle Daten von den Finanzbehörden einmal standardisiert aufgezeichnet. Auf Knopfdruck können Berichte erstellt und digital an unterschiedliche Parteien versandt werden. Alle Beteiligten (Regierungsbehörden eingeschlossen) haben weniger Aufwand dabei, unterschiedliche, notwendige Berichte zu erstellen und beizubringen.[4]

RCSFI

RCSFI ist die Abkürzung für Reference Classification System of Financial Information (also Referenzklassifikationssytem für Finanzinformationen). In den Niederlanden bietet RCSFI die Verbindung zwischen den Buchhaltungskonten eines Kunden und standardisierten Geschäftsberichten (Standard Business Reports). Dadurch dass die eigene Klassifikation mit dem Standardsystem verbunden wird, können die Daten einfacher und schneller entnommen und in Berichte eingearbeitet werden, die den Standards entsprechen müssen.[5]

XML Audit Files

Ein XML Audit File (XML ist die Abkürzung für eXtensible Markup Language) stellt einen offenen internationalen Standard dar, um Daten aus Verwaltungssystemen wie Buchhaltungs- und Gehaltsabrechnungssoftware zu speichern bzw. auszutauschen. Mithilfe des Audits können die Daten aus einem Paket exportiert und in ein anderes Paket importiert werden.

PSD2

PSD2 (Payment Service Directive – Zahlungsdiensterichtlinie) und der Vorgänger PSD zielen darauf ab, einen homogenen Markt für Zahlungsdienstanbieter in der Europäischen Union zu schaffen. Die Richtlinien sollen grenzüberschreitende Zahlungen so einfach, effizient und sicher machen wie Zahlungen innerhalb eines Landes. Dank PSD2 können Banken Konteninformationen mit Dritten in Echtzeit austauschen – natürlich

4 Quelle: https://www.sbr-nl.nl/sbr-international.

5 Weitere Informationen: https://www.referentiegrootboekschema.nl/english.

abhängig davon, dass du autorisiert und zugelassen bist. Mit PSD2 kannst du auch deinen Kontenstand prüfen, bevor eine Rechnung bezahlt wird.

Blockchain

Blockchain wurde 2009 als System für Bitcoins entwickelt. Doch bietet Blockchain so viel mehr als das bloße Handeln mit Kryptowährungen. Die Blockchaintechnologie kann Transaktionen in einer digitalen Buchhaltung dokumentieren. Das bedeutet, dass nicht nur diejenigen, die eine Transaktion durchführen (zwei Unternehmen, Behörden, Konsumenten usw.) eine Transaktion dokumentieren lassen können. Diese Transaktion wird auch in einem dezentralen Netzwerk nachgehalten.

Jede Menge Informationen werden in Datenbanken gespeichert, zum Beispiel Identitätsmerkmale oder medizinische Berichte. Wir wissen, wie viel Geld jemand besitzt, weil die Banken alle Finanztransaktionen in Datenbanken oder dem Hauptbuch festhalten. Der große Nachteil unserer aktuellen Datenbanken ist, dass sie zentralisiert sind. Jemand – eine Behörde oder Regierung – ist dafür verantwortlich und wir müssen darauf vertrauen, dass die Eigentümer der Datenbanken unsere Daten ordentlich und sicher verwalten. Mit der Blockchaintechnologie verschwindet diese Abhängigkeit von einer Behörde oder Regierung. Bei der Blockchain geht es um eine gemeinsam genutzte digitale Wahrheit und um Vertrauen. Die Informationen werden gegen Eingriffe gesichert und sind zumindest prinzipiell unverletzlich.

1.4 Was diese Entwicklungen für Finanzexperten bedeuten

Die obengenannten Entwicklungen sind weder vollständig noch endgültig. Es wird in den nächsten Monaten und Jahren noch viele weitere Innovationen geben. Und wir werden viele wichtige Auswirkungen auf Buchhaltung und Steuerberatung sehen. Was wird aller Wahrscheinlichkeit nach das Ergebnis dieser Entwicklungen sein?

Sinkende Preise

Eine wichtige Folge aus diesen Innovationen ist, dass die Preise für Dienstleistungen im Buchhaltungsbereich fallen. Während die Automatisierungen zunehmen, sinken die Preise. Wir erleben die sinkenden Preise schon jetzt und das wird mit Sicherheit so weitergehen. Steuerbüros und Buchhaltungsfirmen, die nicht mit der Automatisation Schritt halten, werden zu teuer und Kunden werden sich an den Wettbewerb wenden, der weniger Geld für den gleichen Service verlangt.

Höhere Nachfrage

Kunden gewöhnen sich rasch an die neue Normalität. Es wird nicht lang dauern, bevor sie selbstverständlich erwarten, dass alle Konten laufend aktualisiert werden. In dem Maße, in dem die Buchhaltung automatisiert wird, erwarten Kundinnen mehr Service für ihr Geld.

Kunden führen ihre Bücher selbst

Ein weiterer Punkt der Automatisierung führt dazu, dass die Kunden denken, dass sie ihre Bücher selbst managen können. Zuvor mussten Unternehmerinnen, die ihre Buchhaltung selbst erledigen wollten, zwei Dinge lernen: die doppelte Buchführung und den Umgang mit Software, die für Buchhaltungsfirmen entwickelt wurde. Das waren keine Herausforderungen, die sich gar nicht bewältigen ließen, doch die große Mehrheit der Unternehmer wollte sich dem nicht stellen.

Buchhaltungssoftware für Solopreneure und Kleinunternehmen sind heutzutage weitverbreitet. Diese Pakete behaupten, dass du die Bücher führen kannst, ohne Ahnung von Buchhaltung zu haben.

Lexoffice, Sage, Sevdesk oder WISO sind bloß einige Beispiele. Diese Art von Software bedient die beiden Herausforderungen, von denen ich eben sprach: Unternehmerinnen müssen die doppelte Buchführung nicht lernen und die Software ist mehr oder weniger intuitiv, sodass Unternehmer sofort ohne Schulung loslegen können. Sehr viele Unternehmer und Unternehmerinnen haben diese Gelegenheit ergriffen.

Warum sollten Unternehmer ihre Buchhaltung plötzlich selbst machen wollen? Das ist eine berechtigte Frage. Die Buchhaltungssoftware für Solopreneure und Kleinunternehmer ist eine Antwort auf die weit verbreitete Klage von Unternehmern, dass Buchhaltung zu viel Geld, Zeit und Energie kostet. Mit einem Unternehmer-freundlichen Online-System können sie leicht Rechnungen schreiben, die anschließend sofort verarbeitet werden. Unternehmensinhaberinnen können Ausgangsrechnungen leicht speichern und Zahlungserinnerungen verschicken. Die zu Grunde liegende Motivation ist nicht, die Buchhaltung aus dem Haus zu geben, sondern Buchhaltung weniger mühsam zu machen. Wenn die Lösung es Unternehmerinnen ermöglicht, alles zu tun, ohne Ahnung von Buchhaltung zu haben, dann fällt die Entscheidung leicht. Sie tun es selbst. Der Buchhalter kann im Hintergrund ein Auge auf die Dinge werfen und den Jahresabschluss vorbereiten. Doch die Unternehmensinhaber wollen sicherlich nicht allzu viel Geld für diese Dienstleistung zahlen. Schließlich erledigen sie den Löwenanteil der Arbeit selbst.

Und das ist der Punkt, an dem für Buchhalter und Steuerberaterinnen die große Herausforderung steckt. Die Kunden wählen die Pakete selbst und stellen sicher, dass 90 Prozent der Vorgänge verarbeitet werden – und dann sollst du die Jahresabschlüsse für ein Butterbrot erstellen. Wie kann eine Buchhalterin oder ein Steuerberater unter diesen neuen Umständen den eigenen Lebensunterhalt sichern?

Action Step

Mach dir über die folgenden Fragen Gedanken: „In welchem Rahmen mache ich von den modernen Technologien Gebrauch?" und „In welchen Bereichen erfülle ich bereits die Rolle der Gewinnberaterin für meinen Kunden und in welchen Bereichen ist noch Luft nach oben?"

Das Ziel dieses ersten Kapitels war es, dir einen Überblick über die Entwicklungen im Feld zu geben und zu deiner Rolle dabei. Im zweiten Kapitel wenden wir uns deiner Mission und Vision zu und der Frage, wie wie sie die Grundsteine für deine Zukunft legen.

2 Deine Mission und Vision

„Die Menschen kaufen nicht das, was du tust.
Sie kaufen dein Warum."
– Simon Sinek

Vor meinem Meeting mit Peters Buchhalter, Greg, warf ich einen Blick auf die Unternehmenswebseite. Ich las dort Sätze wie:

„Zugewandte, zuverlässige und engagierte Experten. One-Stop-Lösung für all deine Buchhaltungsbedarfe. Du kümmerst dich um dein Unternehmen. Wir kümmern uns um deine Bücher."

Einfach leere Floskeln – ich hatte die gleichen Formulierungen auf der Webseite anderer Unternehmen gelesen. Diese Wörter verrieten mir nicht, wer Greg war und was er Peter und seinen anderen Kundinnen und Kunden zu bieten hatte.

Ich hoffte, dass es Gregs Unternehmen so gut ging, dass er es nicht nötig hatte, seine Webseite dazu zu verwenden, seine Botschaft in die Welt zu bringen. Doch auf der Basis von Peters Schilderungen befürchtete ich, dass Greg selbst seine Vision nicht genau kannte und den Grund dafür, dass er tat, was er tat.

***

Die Finanzwelt befindet sich im Wandel. Deine professionelle Welt verändert sich. Die Bedeutung dieser neuen Realität ist für jeden anders, doch letztlich müssen sich alle bewegen. Um zu erkennen, wie deine neue Realität aussieht, musst du dir darüber im Klaren sein, wo du aktuell stehst, was dich antreibt und wo du hinmöchtest. Ohne diese Vision drohst du in einem Ozean der Möglichkeiten unterzugehen. Du wirst ziellose Entscheidungen treffen, deine Konkurrenz beobachten, willkürlich Dinge hinzufügen oder weglassen und deine Kunden dadurch verwirren.

2.1 Wo stehst du aktuell?

Die meisten Buchhalter und Steuerberaterinnen erkennen sich in einer der folgenden Beschreibungen wieder.

1. Wir sind mitten in der Transformation

Viele Buchhalterinnen und Steuerberater befinden sich mit ihren Unternehmen in einem Transformationsprozess auf dem Weg in die Zukunft. Online zu arbeiten, gehört zum Standard. Händische Arbeit ist durch digitale Buchführung ersetzt.

Die Inhaber dieser Unternehmen stehen zwei Hauptherausforderungen gegenüber:

- *Die Kundinnen und Kunden möchten sich nicht verändern.* Einige Kunden sind so zufrieden, wie die Dinge gerade stehen. Sie sammeln ihre Belege und reichen sie ein. Doch ist dieses Modell nachhaltig? Letzten Endes kostet es dich zu viel Zeit und Geld, als dass du so weiterarbeiten könntest. Du musst die Kunden dazu verführen, sich mit dir auf die neue Art der Kooperation einzulassen.
- *Wie sollen wir jetzt unser Geld verdienen?* Ein weiteres Problem besteht darin, dass Automatisierung es erschwert, gutes Geld mit Compliance-Arbeit, mit Buchhaltungsgrundlagen zu verdienen. Clevere Buchhalter haben verstanden, dass sie mehr Beratung verkaufen müssen, aber dafür braucht es auch eine Nachfrage. Kapitel 3 bis 7 zeigen, dass es diese Nachfrage längst gibt. Du wirst lernen, wie du die Bedürfnisse deiner Kunden identifizieren kannst und wie du dies in dein Geschäftsmodell integrieren kannst.

2. Wir sind noch nicht soweit

Es gibt genügend Buchhalter und Steuerberaterinnen, die mit Blick auf die neuen Technologien noch nicht auf der Höhe sind. Vielleicht bist du im Moment sogar ganz zufrieden und glaubst nicht, dass die Dinge sich so schnell verändern werden. Möglich, dass dir dieses Buch die Augen öffnet. Es kann dich vielleicht dazu inspirieren, über deine Rolle nachzudenken. Wie könnte eine andere Arbeitsweise zu deiner Vision für den Buchhaltungs- und Steuerberatungsbereich beitragen? Wie könnte dir eine andere Rolle dabei helfen, deine persönlichen und unternehmerischen Ziele zu erreichen? Und wie könntest du deine Kundinnen und Kunden noch besser unterstützen?

Nimm dir einen Moment, um dich zu fragen, wo du heute stehst.

2.2 Was treibt dich an?

Wo auch immer du stehen magst: Deine neue Rolle bringt Schwierigkeiten mit sich. Um diese Probleme zu lösen, musst du deine Mission und Vision überdenken. Wenn du weißt, wo du stehst, kannst du darüber nachdenken, wie die Zukunft deines Unternehmens aussehen soll.

Es gibt mindestens zwei grundlegende Fragen, die jeder Unternehmer beantworten können muss:

1. Warum tue ich, was ich tue?
2. Wohin gehe ich?

Die Antwort auf die erste Frage liegt vermutlich nahe bei deinem Mission Statement. Es führt zu deinem Warum, der Raison d'être deines Unternehmens. Es verleiht dem, was du tust, einen Sinn. Die Antwort auf die zweite Frage reflektiert deine Vision. Es geht darum, was du, ausgehend von deinem Warum, auf lange Sicht erreichen möchtest.

Vermutlich hast du dir diese Fragen bereits gestellt, als du dein Unternehmen gegründet hast. Die meisten Unternehmerinnen haben, zusätzlich zu dem Wunsch nach größerer Freiheit und mehr Geld, ein übergeordnetes Ziel für ihr Unternehmen im Sinn: Du möchtest etwas Wichtiges erreichen. Das war vielleicht in deiner Anstellung nicht möglich und aus diesem Grund hast du dich dazu entschlossen, dich selbstständig zu machen.

Deine Mission und Vision zusammengenommen ergeben deine Motivation, deinen Drive. Diese Motivation ist ungeheuer wichtig. Deine Motivation hilft dir, widrige Zeiten zu überstehen – weil es ein übergeordnetes Ziel gibt. Dieser Drive hilft dir auch, deine Richtung zu bestimmen: Es ist der Punkt am Horizont, den du im Blick behältst, um sicherzustellen, dass du in die richtige Richtung gehst. Dank dieses Drives wissen du und dein Team, was zu tun ist, und alle sind motiviert, entsprechende Ergebnisse zu erreichen. Deine Motivation ist auch einer der wichtigsten Bausteine deiner Marketingmessage und deiner Verkaufs-Pitches. Menschen kaufen von Menschen. Ohne deinen Drive, deine Vision und Mission seid ihr nur ein weiteres Unternehmen, ein weiteres Rädchen im Getriebe.

Auf der Basis deiner Mission und Vision formulierst du deine Ziele und entwirfst deine Strategie. Hier liegt die langfristige Antwort auf die Frage, wie du diese Ziele erreichen kannst. Deine Strategie führt dich schließlich zu deinen Plänen – für dieses Jahr, dieses Quartal, diese Woche und diesen Augenblick. Ziele, Strategien und Pläne besprechen wir in Kapitel 11.

2.3 Mission: Das Warum deines Unternehmens

Die Daseinsberechtigung deines Unternehmens bezieht sich auf das, was für dich wesentlich ist, woran du glaubst und warum du tust, was du tust. Deine Mission kommt häufig aus deiner Vergangenheit und verweist darauf, dass das, was du tust, über Buchhaltung und Steuerberatung hinausgeht. Simon Sinek erklärt dies sehr eindrucksvoll mit dem „Golden Circle" (s. Abb. 1) in seinem Buch und TedTalk „Frag immer erst, Warum!".

Sinek sagt, dass Buchhalter und Steuerberaterinnen dem, was sie tun hohe Priorität zuweisen. Deshalb steht es in ihrer Unternehmenskommunikation zuerst: bei Gesprächen, auf Internetseiten, in Flyern. Sie erklären: „Ich bin Steuerberater und sorge dafür, dass die Konten abgestimmt sind und die Steuererklärungen pünktlich abgegeben werden." Dem Wie wird ebenfalls ausreichend Aufmerksamkeit gewidmet. Es geht darum, wie Finanzexpertinnen ihre Dienstleistungen erbringen und wie sie sich von anderen unterscheiden: „Wir arbeiten komplett online, sodass der Kunde immer Zugriff auf die Zahlen hat." Oder: „Wir kümmern uns um die Finanzen, sodass die Unternehmerin sich auf ihr Kerngeschäft konzentrieren kann." Das Warum des Steuerberaters wird kaum erwähnt – und das ist schade, weil dein Warum Wirkung zeitigt. Dein Warum berührt die Herzen der Menschen. Dein Warum bietet Anknüpfungsimpulse und schafft Beziehungen. Dein Warum erzeugt „Know, Like, Trust" – deine Kundin kennt dich (know), mag dich (like) und vertraut dir (trust) und möchte deshalb mit dir arbeiten. Dein Warum ist das Herzstück von allem, was du tust und die Energie, die dich trägt.

Deshalb rät Sinek: „Dreh es herum und beginne mit deinem Warum!“ Deine Nachricht könnte dann zum Beispiel folgendermaßen lauten: „Ich glaube, dass jeder für den eigenen Erfolg selbst verantwortlich ist. Ein Unternehmen ist ein großartiges Vehikel, um deine Träume zu verwirklichen und deine Ziele zu erreichen. Ich sorge dafür, dass Finanzen Spaß machen, praktisch sind und leicht zugänglich, damit jede Unternehmerin ein finanziell gesundes und profitables Unternehmen aufbauen kann (Warum). Die Grundlage dafür ist ein finanziell gesundes und rentables Unternehmen (Wie). Ich biete Schulungen, gebe Keynotes und schreibe Bücher (Was).“

Dein Warum existiert bereits. Du musst es nicht erst entwickeln: Du musst es lediglich entdecken. Der beste Weg, dein Warum zu finden, ist, dir eine Reihe von Fragen zu stellen.

Abb. 1: Der „Golden Circle“ nach Simon Sinek

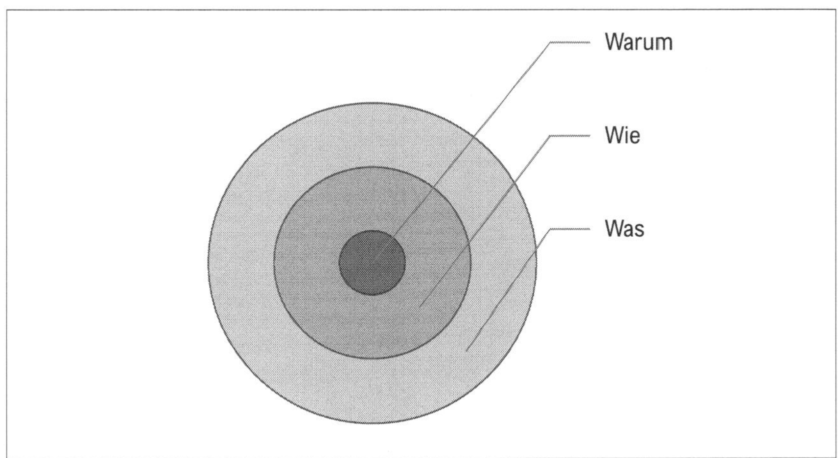

1. Warum tust du, was du tust?
2. Warum ist … wichtig? (Antwort auf Frage 1 einsetzen.)
3. Warum ist … wichtig? (Antwort auf Frage 2 einsetzen.)

4. Warum ist … wichtig? (Antwort auf Frage 3 einsetzen.)
5. Warum ist … wichtig? (Antwort auf Frage 4 einsetzen.)

Manchmal musst du dir diese Frage[6] vier oder fünf Mal stellen, manchmal selbst bis zu sieben Mal. Es hilft, die Frage „Warum ist … wichtig?“ mit den Fragen „Wie hilft dir …?“ oder „Was bedeutet … für dich?“ abzuwechseln. Diese leicht veränderten Fragen können dir neue Erkenntnisse verschaffen. Nimm dir die Zeit, diese Fragen zu beantworten und vertraue darauf, dass die Antwort schon existiert. Du musst nicht erst etwas erfinden.

Du kannst dir selbst diese Fragen stellen oder jemanden bitten, dir zu helfen. Wie auch immer: Nimm dir die Zeit und den Raum, diese wichtige Arbeit anzugehen. Schalte für ein paar Stunden dein Handy in den Flugmodus und die E-Mails aus oder geh eine Runde im Wald spazieren.

Der Vorteil dabei, jemand anderen zu bitten, dich zu unterstützen, ist, dass die andere Person deine Antworten für dich aufschreiben und die Fragen jeweils ein kleines bisschen anders stellen kann (wie zum Beispiel die Vorschläge oben). Das erleichtert es dir, dein Warum zu finden. Es ist aber auf jeden Fall wichtig, dass dieser Jemand in der Lage ist, nichts anderes zu tun, als dir diese Fragen zu stellen. Diese Übung wird kontraproduktiv, wenn jemand dir dabei hilft, die Antworten zu geben oder deine Antworten neu formuliert oder interpretiert.

Sprich über dein Warum

Eine klare Mission ist fantastisch. Du erlebst dein Warum in allem, was du tust. Und wenn du dies nicht tust, ist das zumeist ein Zeichen dafür, dass du nicht das Richtige tust. Obwohl es wichtig ist, dass du dein Warum überhaupt kennst, reicht das nicht aus. Du musst über dein Warum mit deinem Team, deinen Kunden und anderen Stakeholdern sprechen – und das ist mindestens genauso wichtig. Deine Mission hat vielleicht auf deiner Webseite oder deinen Werbemitteln einen prominenten Platz, es gehört aber auch in deine Stellenausschreibungen und Social Media. Und

6 Diese Methode ist unter dem Namen „Die fünf Warum“ bekannt und wurde von Sakichi Toyoda entwickelt, dem Gründer von Toyota. Toyoda nutzte diese Methode sowohl dafür, um an die Wurzel eines Problems als auch an dessen Lösung zu gelangen.

wenn du während eines Netzwerktreffens oder einer Geburtstagsfeier mit potenziellen Kunden sprichst, nimm dir Simon Sineks Rat zu Herzen und „Frag immer erst, Warum!“ Wenn jemand dich fragt: „Was machst du?“, antwortest du nicht direkt, dass du eine Finanzexpertin bist (denn, ehrlich, die meisten Unternehmer laufen dann sofort weg), sondern du beginnst mit deinem Warum. Höchstwahrscheinlich wird dein Gegenüber gespannt hören wollen, was du tust, wenn sie dein Warum gehört haben!

2.4 Vision: Wohin gehst du?

Deine Vision dreht sich auf der Basis deines Warums darum, was du mit deinem Unternehmen langfristig erreichen möchtest. Es ist der Traum von der Zukunft, ein ehrgeiziges Ziel, die Idee großer Veränderungen, die für dich eine Bedeutung haben. Eine Vision kann grandios sein, beeindruckend und sogar ein bisschen unerreichbar oder vage. Eine Vision muss nicht festgeschrieben werden, sondern kann sich über die Jahre entwickeln.

Die Non-Profit-Organisation „War Child“ hat die Vision „Eine Welt, in der das Leben keines einzigen Kindes durch Krieg zerrissen wird.“ Das ist selbsterklärend. Und auch, wenn diese Vision derzeit nicht erreichbar ist, zeigt sie doch sehr deutlich, wohin War Child gehen möchte und welche Prinzipien sie antreiben.

Vor etwa 40 Jahren war Bill Gates’ Vision „Ein Computer auf jedem Schreibtisch und in jedem Haus.“ Damals erschien dies unmöglich, doch mit der Zeit machte diese Vision Microsoft zu einem multinationalen Konzern.

Meine Vision ist, dass alle Unternehmerinnen und Unternehmer in den Niederlanden und in Belgien finanziell gesunde und rentable Unternehmen betreiben. Im Moment gibt mir diese Vision reichlich Gelegenheit, mehrere Unternehmen zu betreiben und großartige Dinge zu tun. Wer weiß, vielleicht ersetze ich eines Tages die Niederlande und Belgien durch Europa.

Eine klare Vision gibt dir Tools an die Hand, Entscheidungen zu treffen und dein Unternehmen in jedem einzelnen Augenblick in die richtige Richtung zu lenken. Eine Vision inspiriert. Du weißt, wofür du die Dinge machst und das motiviert dich und dein Team und gibt euch die Energie auf das gleiche Ziel hinzuarbeiten. Ohne eine Vision hast du kein Steuerrad: Du schipperst und eierst von links nach rechts. Dein Team verliert Motivation und Leistungsfähigkeit. Deine potenziellen Kundinnen sind verwirrt, weil sie nicht sehen, wo genau du hinwillst und suchen sich jemand anderen.

Einige Unternehmerinnen haben eine glasklare Vorstellung von ihrer Vision und präsentieren sie prominent in ihrem Markenauftritt und bei ihrer Unternehmenskommunikation. Andere Unternehmer hatten früher eine Vision, doch haben sie diese mit den Jahren aus den Augen verloren. Noch andere haben nie sonderlich darüber nachgedacht.

Wenn du keine klare Vision und den Eindruck hast, es wäre nötig, den nächsten Schritt in Richtung größere Rentabilität zu gehen, mit besseren Kunden und mehr freier Zeit, dann durchlaufe die folgenden Schritte – allein oder mit deinem Team:

Beginne mit deiner Mission

Erinnere dich an dein Warum. Schau dir die Welt und deine unmittelbare Umgebung an und behalte dabei deine Mission im Blick. Wie wird die Welt in zehn oder zwanzig Jahren aussehen? Wie sieht die Welt aus, wenn du deine Mission erfüllst? Was möchtest du in dieser Zeit erreicht haben?

Erkunde die Entwicklungen in deiner Branche

Schau dir die Entwicklung in deiner Branche an. Welche Trends kannst du erkennen? Haben diese Trends einen Einfluss auf deine Vision? Welche Chancen siehst du und wie möchtest du darauf reagieren? Welche Risiken kannst du ausmachen und wie wirst du damit umgehen? Welche Veränderungen siehst du bei den Bedürfnissen deiner Kundinnen und Kunden? Das Erkunden dieser Entwicklungen erlaubt dir ein besseres Verständnis davon, in welche Richtung du gehen möchtest.

Triff Entscheidungen

Wenn du über deine Vision nachdenkst, musst du harte Entscheidungen treffen. Du kannst immer nur in eine einzige Richtung segeln. Wenn du also einen Punkt am Horizont anvisierst, dann schließt du automatisch andere Möglichkeiten aus.

Mach deine Vision kurz, kraftvoll und attraktiv

Deine Vision sollte kurz und kraftvoll sein. Und sie sollte dich hungrig machen. Wenn du deine Vision hörst oder liest, sollte sie dir, deinem Team und anderen Stakeholdern ein Gefühl von „JA“ geben. Berücksichtige die folgenden fünf Dinge beim Formulieren deiner Vision:

1. *Positiv* – Vermeide Wörter wie „nicht“ und „kein“ und drücke stattdessen aus, was du möchtest: „Wir nutzen die neusten Technologien“ anstatt „Wir sind keine Belegverarbeitungsfabrik“.
2. *Im Hier und Jetzt* – Vermeide Wörter wie „möchte“, „vielleicht“ und „möglich“. Formuliere die Vision so, als wäre sie bereits Wirklichkeit: „Wir sind ein Unternehmen, das …“ anstatt „Wir möchten ein Unternehmen sein, das …“.
3. *Ehrgeizig* – Deine Vision soll grandios und ehrgeizig daherkommen. Eine Vision, die keinen Ehrgeiz hat, ist langweilig. Die Menschen zucken mit den Achseln und wenden sich wieder Business as usual zu. Sobald eine Vision Ehrgeiz ausdrückt, inspiriert sie. Die Leute halten inne und denken darüber nach, was das für sie bedeuten mag. Eine ehrgeizige Vision führt zu Ergebnissen. „Alle Unternehmer und Unternehmerinnen in den Niederlanden“ ist spannender als „Unternehmerinnen und Unternehmer“.
4. *Passend für dein Unternehmen* – Obwohl deine Vision ein bisschen vage und unerreichbar erscheinen kann, ist es wichtig, dass sie sich auf dein Unternehmen bezieht und nicht auf irgendein anderes Unternehmen da draußen. Nur wenn deine Vision sich klar auf dein Unternehmen bezieht, kann sich dein Team daran erinnern, die Vision übernehmen und potenzielle Kundinnen und Kunden dadurch inspirieren. „Wir helfen Unternehmen mit ihren Finanzen“ ist zu allgemein. „Wir sorgen dafür, dass Unternehmensfinanzen Spaß machen, praktisch und zugänglich sind, damit unsere Kundinnen und Kunden efinanziell gesunde Unternehmen führen können“, ist viel spezifischer.
5. *Zukunftsbezogen* – Es ist offensichtlich, dass eine Vision etwas beschreibt, das erst noch passieren wird, dass sie Ziele ausdrückt, die noch erreicht werden müssen. Dies kann durch eine Jahresangabe in deiner Vision ausgedrückt werden (2040) oder die Angabe einer Zeitspanne

(in zwanzig Jahren). Doch selbst wenn du keine Jahreszahl verwendest, kann die Formulierung klarmachen, dass wir hier vor einer Vision für die Zukunft stehen. Wenn ich sage „Alle Unternehmerinnen und Unternehmer in den Niederlanden und Belgien haben finanziell gesunde und rentable Unternehmen", dann ist jedem klar, dass mein Bild sich nicht auf die aktuelle Situation bezieht, sondern auf eine wünschenswerte Zukunft.

Deine Vision kommunizieren

Genau wie deine Mission verdient auch deine Vision einen prominenten Platz in deiner Kommunikation. Zögere nicht, deine Vision in Gesprächen zu teilen, bei Netzwerktreffen, auf deiner Webseite, in deinen Flyern, in Bewerbungsgesprächen und in Team-Meetings. Ich bin überrascht, wie häufig wir die Letzteren vergessen.

Wir glauben, dass unsere Teams unsere Vision bereits kennen, also heben wir sie zu selten hervor. Doch wenn wir unser Team nicht regelmäßig an die Unternehmensvision erinnern, wird sie mit der Zeit aus ihrem Gedächtnis verschwinden und sie werden die Motivation verlieren, genau das zu erreichen, was du von ihnen möchtest. Sie werden deinen Punkt am Horizont übersehen und möglicherweise auf ein anderes Ziel zusteuern. Ihnen fehlt dann vielleicht die Kraft der Ambition, die ihnen den zusätzlichen Kick geben würde. Du solltest deine Vision so häufig mitteilen, dass sie Teil der Unternehmens-DNA wird. So kannst du sicherstellen, dass jede Handlung immer in die gleiche Richtung führt.

Action Step

Formuliere deine Mission und Vision. Sind dir deine Mission und Vision vollkommen klar? Überlege, wie du deine Mission und Vision kommunizierst. Geht das noch besser? Wenn dir deine Mission und Vision nicht völlig klar sind, nimm dir einen halben Tag Zeit, darüber nachzudenken. Hol dir sofort deinen Kalender: Wenn du das nicht einplanst, wird es nicht passieren.

In diesem Kapitel habe ich dir die Tools gegeben, mit denen du deine Mission und Vision formulieren kannst. Deine Vision und Mission bilden die Basis deiner Arbeit. Du kannst keine fantastische Zukunft auf einer schwachen Basis errichten.

In Kapitel 3 geht es um die grundlegende Frage: Was ist das wahre Problem deiner Kundin, deines Kunden und welche Lösung bietest du dafür?

3 Ergebnisse liefern, nicht Tätigkeiten

„Verkaufe die Problemlösung, nicht dein Produkt."
– Unbekannt

An einem regnerischen Dienstagmorgen fuhr ich in ein Shoppingcenter irgendwo im Osten des Landes. Endlich. Es war nicht einfach gewesen, einen Termin mit Greg zu machen. Häufig bekam ich die Nachricht: „Es ist etwas dazwischengekommen." Es gab keine Reaktion auf meine Bitte, einige Berichte im Vorfeld zu bekommen. Ich war nicht sonderlich glücklich, denn wir hatten noch immer keinen Einblick in die finanzielle Situation von Peters Unternehmen.

Die Steuerkanzlei lag über einem Modegeschäft. Peter und ich kamen ein wenig zu früh. Bevor wir klingelten, wandte ich mich an Peter und fragte ihn: „Was ist deiner Meinung nach das Allerwichtigste?"

Peter sah mich überrascht an: „Na, genau das", sagte er, „die Zahlen müssen stimmen."

„Und dann?", fragte ich. „Reicht das?"

Peter dachte lange und intensiv nach. Und als er sprach, hörte ich ein Zittern in seiner Stimme. „Was ich wirklich möchte", begann er, „ist, dass ich mit meinem Unternehmen ausreichend Geld verdiene. Damit ich Freitagabend um zehn keine Diskussionen mit meiner Frau um Geld habe. Damit ich nicht an die Decke starre, wenn der Rest der Welt bereits schläft. Ich möchte, dass da genug Geld ist, um einkaufen zu gehen, mein Team zu bezahlen, die richtigen Investitionen zu tätigen und gelegentlich ein bisschen über zu haben, um in Urlaub zu fahren oder essen zu gehen. Und, da ist noch etwas", fügte er hinzu. „Ich möchte nie wieder Stress haben wegen der Buchhaltung und der Steuer. Es wäre wunderbar, wenn diese Dinge einfach funktionieren würden, ohne jeden Stress." Er schwieg für eine Weile und sagte dann, „Aber ich kann das nicht alles an Greg abgeben, oder? Das ist sicherlich zu viel verlangt für einen Steuerberater?"

„Hm, vielleicht für einen traditionellen Steuerberater", antwortete ich. „Doch für einen Gewinnberater – da ist deine Herausforderung ein Kinderspiel."

***

Im ersten Kapitel waren vier Punkte enthalten:

1. Buchhaltung ist die Basis, nicht das Ziel. Die Bücher müssen ordentlich geführt sein, aber das sollte so wenig Zeit, Geld und Energie wie möglich benötigen.
2. Aufgrund von Automatisierung wirst du mit den Buchhaltungsgrundlagen immer weniger verdienen. Mehr und mehr werden diese Aufgaben von Computern oder den Kundinnen selbst erledigt werden.
3. Wenn du als Finanzexperte weiterhin Geld verdienen möchtest, dann musst du einen Nutzen erbringen, der über diese Standardbeit hinausgeht. Du musst Gewinnberater werden.
4. Als Gewinnberaterin steigst du tiefer ein. Du schaffst größeren Nutzen und kannst deshalb höhere Preise verlangen. Du verdienst mehr mit weniger Aufwand.

Der erste Schritt in Richtung Gewinnberatung ist es, einen frischen Blick darauf zu werfen, was deine Kunden brauchen und was du ihnen bietest. Wie Anwälte arbeiten auch Steuerkanzleien klassisch im Reaktionsmodus und stellen ihre Arbeitsstunden in Rechnung. Wenn eine Kundin eine Frage stellt, bekommt sie eine Antwort. Wenn sie still bleibt und keine Belege einreicht, werden die Bücher nicht aktualisiert. Wenn Kunden wirklich ineffizient arbeiten und die Hälfte der Belege vergessen einzureichen, nur auf einige E-Mails antworten oder zu spät, wenn sie die gleiche Frage mehrfach stellen (selbst wenn sie bereits beantwortet worden war), dann hat eine Durchschnittskanzlei kein Problem damit. Es nervt vielleicht, doch letztlich zahlt die Kundin für die eigene Ineffizienz.

Hier liegen sowohl Chance als auch Herausforderung. Diese traditionelle, auf Reaktion ausgerichtete Arbeitsweise hat gut funktioniert, solange die Buchhaltung das Ziel war. Doch jetzt ist die Buchhaltung die Grundlage und das Ziel ist es, ein erfolgreiches und rentables Unternehmen zu führen. Dafür benötigst du neue Strategien. Du bist nicht länger in der Situation, in der du Aufgaben ablieferst (Informationen einarbeiten, die geliefert wurden). Deine Aufgabe ist es jetzt, Ergebnisse abzuliefern (wie Echtzeit-Einblicke in die Zahlen, ein gutes Gewissen mit Blick auf die zu zahlenden Steuern, mehr Gewinn). Von dir wird erwartet, dass du dich für die Ergebnisse deiner Kundinnen und Kunden engagierst und dass du eine proaktive Rolle mit Blick auf das Liefern dieser Ergebnisse einnimmst.

Um Ergebnisse zu liefern, musst du wissen, wer deine Kundinnen sind, was sie wollen, welche Probleme du für sie lösen sollst und wie du planst, diese Herausforderungen anzugehen. Dieses Kapitel soll dir dabei helfen, Antworten auf diese Fragen zu finden. In den folgenden Kapiteln werde ich genauer auf die rentablen Dienstleistungen schauen, die du anbieten kannst. Wie auch auf Vertriebsstrategien für deine wertvollen neuen Angebote.

3.1 Wo liegt das echte Problem deiner Kunden?

Da wir uns einig sind, dass „die Bücher führen" nicht das ultimative Ziel eurer Zusammenarbeit ist, sondern ein Element, das ein Minimum an Zeit, Energie und Geld kosten sollte, stellt sich die logische Frage: Was ist denn das eigentliche Ziel?

Um diese Frage beantworten zu können, musst du zunächst herausfinden, welche Probleme du zu lösen gedenkst. Meine Arbeitsdefinition für ein Unternehmen ist: „*Eine engagierte, rentable Organisation, die eine Problemlösung für ihre Kundinnen und Kunden verkauft und diese Lösung so effizient wie möglich liefert.*"

In Kapitel 11 diskutiere ich diese Definition im Detail, doch für den Moment ist es wichtig zu verstehen, dass du als Finanzexperte nur dann eine erfolgreiche, rentable Kanzlei betreiben kannst, wenn du das Problem deiner Kundinnen und Kunden kennst, sodass du es effizient lösen kannst.

Einige Probleme sind offensichtlich. Deine Kundin kann keine Buchhaltung und hat keine Ahnung von Steuerdingen. Problem identifiziert. Doch da gibt es so viel mehr … Wie häufig schaust du dir die Zahlen deiner Kunden mit Verwunderung an und denkst, „Wie zum Himmel ist es möglich, dass …?" Das passiert, wenn du ein Problem entdeckt hast. Vielleicht hat dein Kunde noch nie über die Produktionskosten seiner Produkte nachgedacht und hat untragbar niedrige Margen. Oder vielleicht wird die Dienstleistung, die zuvor den meisten Umsatz gemacht hat, nicht mehr nachgefragt. Oder die offenen Forderungen wachsen. Oder es wird keine Altersvorsorge aufgebaut. Oder die Steuerschuld steigt. Oder da ist nach wie vor nicht genug, um ein Gehalt zu bezahlen. Oder private Ausgaben werden vom Unternehmenskonto getätigt. Oder …

Diese Art von Problemen hast du schon früher identifiziert, vielleicht sogar gelegentlich erwähnt. Doch weil deine Kundin nicht reagiert hat, hast du am Ende einfach aufgehört, davon zu sprechen. Es wurde Normalität.

Und dann gibt es die zugrundeliegenden Probleme, die der eigentliche Grund für die Misere sind. Ein Kunde hat Angst vor Zahlen. Eine andere weiß einfach nicht, wo sie anfangen soll. Andere denken, dass sie schlecht mit Zahlen umgehen können und stecken den Kopf in den Sand. Wir sprechen über Finanzen, über Geld: Ein Thema, mit dem jeder Unternehmer, jede Selbstständige und jedes menschliche Wesen tagtäglich umgehen muss. Finanzen rufen Ängste und Emotionen hervor. Alle brauchen Geld, doch ein großer Teil der Menschheit sagt, dass Geld sie nicht glücklich macht. Ein Unternehmen, das keinen Gewinn macht, kann nicht überleben. Und doch sagen viele Unternehmerinnen und Selbstständige, dass sie keinen Gewinn zu machen brauchen. Aufgrund all dieser Gefühle und Glaubenssätze verdienen Unternehmerinnen und Selbstständige deutlich weniger und verlieren weit mehr Schlaf als nötig. Und du musst kein Psychologiestudium vorweisen können, um ihnen zu helfen.

Dieses Buch bietet dir praktische Werkzeuge, deinen Kundinnen und Kunden auf diesen tieferliegenden Ebenen zu helfen. Zunächst ist es wichtig, von den Problemen deiner Kunden ein so klares Bild wie möglich zu bekommen.

Wie kannst du das Problem deiner Kundin erkennen?

Ein offensichtlicher Ansatz ist, zu fragen. Doch sobald du fragst, wie du deinen Kunden noch besser helfen kannst und welche Probleme einer Lösung harren, stehen die Chancen gut, dass die Antworten entweder nicht ganz ehrlich oder unvollständig sind. Vielleicht verstehen deine Kundinnen nicht, was du wirklich willst, oder sie wollen deine Dienstleistung nicht kritisieren. Einfach nur an der Oberfläche zu fragen, wird vermutlich nicht die Antworten zutage bringen, die du wirklich brauchst.

Frage Unternehmer außerhalb deines eigenen Kundenstamms

Anstatt deine eigenen Kundinnen zu fragen, ist es möglicherweise besser – besonders wenn du noch in der Phase der Bestandsaufnahme bist – bei Unternehmern nachzufragen, die nicht deine Kunden sind und bei denen es nicht sonderlich wahrscheinlich ist, dass sie je deine Kunden werden. Du kannst sie ohne jedes Risiko oder Gefühle fragen, was du willst! Besuche ein Netzwerktreffen oder nutze die Gelegenheit, wenn du eine Unternehmerin bei einer Geburtstagsfeier triffst oder auf dem Schulhof. Du wirst feststellen, dass Unternehmer immer gern über Unternehmertum sprechen und diese Unterhaltungen führen häufig zu Erkenntnissen – für dich und die Unternehmerin!

Wenn du die echten Probleme und Herausforderungen eines Unternehmers oder einer Unternehmerin herausfinden möchtest, kannst du die folgenden Fragen stellen:

- Was nervt dich an der Buchhaltungsbranche?
- Wo würdest du dir wünschen, dass Steuerberatungen anders abliefen?
- Was sollte sich verändern, damit die Buchhaltung weniger Energie kostet?
- Was verwirrt dich am meisten im Bereich der Steuern und der Buchhaltung?
- Welche Dienstleistungen oder Produkte würdest du von Steuerkanzleien am liebsten kaufen, die es derzeit nicht gibt?
- Wo liegt deine größte finanzielle Herausforderung?

Tritt Foren oder Facebook-Gruppen bei

Du kannst auch eine Menge Informationen dadurch bekommen, dass du sorgfältig den Fragen lauschst, die Unternehmerinnen und Selbstständige öffentlich stellen. Auf LinkedIn wie auch auf Facebook und ähnlichen Plattformen gibt es unzählige Business-Gruppen, wo Unternehmer bei allen Facetten des Unternehmertums um Hilfe bitten. Finanzielle Fragen werden ebenfalls häufig gestellt. Suche nach Gruppen, in denen deine idealen Kunden sich aufhalten und lies mit! Du kannst natürlich auch Fragen dort beantworten, was die Aufmerksamkeit deiner Zielgruppe auf dich lenken kann. Doch da du in diesem Stadium hauptsächlich herausfinden möchtest, was Unternehmer frustriert und beunruhigt, kannst du dich auch einfach aufs Lesen beschränken.

Versetze dich in die Lage deiner Kundinnen und Kunden

Letztendlich möchtest du nicht die Probleme aller Unternehmerinnen und Unternehmer kennenlernen: Du möchtest um die Probleme deiner Kundschaft wissen. Natürlich fragst du dich nicht beständig, ob du jedes erdenkliche Bedürfnis deiner Kundinnen und Kunden erfüllst. Manchmal machst du auch einfach nur ihre Buchführung. Wenn du aber auf der anderen Seite nie darüber nachdenkst, was deine Kundinnen und Kunden wirklich brauchen, dann wirst du deine Dienstleistungen und Produkte nicht entwickeln, verfeinern und verbessern. Ohne das Bedürfnis, besser zu werden und die Bedürfnisse deiner Kundinnen und Kunden besser zu befriedigen, riskierst du, sowohl aktuelle wie auch zukünftige Kunden zu verlieren.

Es ist wichtig, regelmäßig über dein aktuelles Angebot hinauszublicken und dich in die Lage deiner Kunden zu versetzen. Finde heraus, wo ihre Sorgen und Nöte liegen. Was hält sie nachts wach? Worüber machen sie sich Gedanken? Wonach sehnen sie sich? Wovon träumen sie? Stelle ihnen Fragen, wenn du sie triffst.

Mache dir ein jährliches Treffen zur Gewohnheit. Das muss nicht im Dezember stattfinden, in dem Monat, in dem die Jahresend-Treffen in der Regel stattfinden. Das kann genauso gut im Sommer stattfinden, wenn die Chancen gutstehen, dass sowohl du als auch deine Kundinnen und Kunden mehr Zeit dafür habt!

Frage deine Kundschaft zum Beispiel Folgendes:

- Wo möchtest du in fünf oder zehn Jahren stehen?
- Wo möchtest du in einem Jahr stehen?
- Was ist dein größtes Hindernis auf dem Weg dorthin?
- Wie unterstützt oder hindert dich die Buchführung mit Blick darauf?
- Was denkst du: Wie könnte ich dir helfen, deine Ziele zu erreichen?
- Was ist deine größte Sorge mit Blick auf deine Finanzen?

- Angenommen ich hätte einen Zauberstab und mit nur einem Schwung wärst du in der Lage, die Buchhaltung so zu organisieren, wie du es möchtest. Wie würde deine Buchhaltung dann aussehen? Dies sieht aus, wie eine gefährliche Frage, weil deine Kundinnen und Kunden möglicherweise das Unmögliche wünschen. Doch der Effekt dieser Frage ist, dass deine Kundinnen und Kunden über ihre selbst auferlegten Beschränkungen und Grenzen hinausdenken und dir brauchbare Informationen liefern.
- Wovon träumst du? Wenn alles möglich wäre, was würdest du tun? Diese Frage erscheint etwas übergriffig, denn was hat das mit deiner Rolle zu tun? Allerdings wird dir diese Frage dabei helfen, deine Kundinnen und Kunden und deren große Träume sowie tieferliegende Wünsche kennenzulernen. Diese Träume in den Vordergrund zu holen, kann große Auswirkungen haben. Ich erinnere mich daran, wie ich einer Kundin diese Frage gestellt habe und nach einer kurzen Stille sagte sie: „Ich möchte ein Schloss in Frankreich kaufen. Ich möchte, dass mein Mann kocht, während ich Retreats organisiere." Immer sind wir in unseren täglichen Arbeiten zu diesem Traum zurückgekehrt. Wir eröffneten ein separates Bankkonto, damit sie systematisch Geld für diesen Zweck zur Seite legen konnte. Doch wir schauten auch darauf, wie sie das Ganze schon jetzt Wirklichkeit werden lassen konnte. Dank unseres Einsatzes konnte sie im folgenden Sommer das erste Mal ein Retreat in einem Schloss in Frankreich organisieren. Das ist noch nicht ihr Schloss, aber dadurch, dass sie jeden Monat systematisch Geld für ihr Schloss auf Seite legt und das Retreat schon jetzt organisiert, stellt sie sicher, dass ihr Traum nicht etwas ganz weit Entferntes ist, sondern ein sehr realer Punkt am Horizont. Ein Horizont auf den sie aktiv hinarbeitet und für den sie spart. Die Träume deiner Kundinnen und Kunden zu verstehen, hilft dir, aktiv zu werden, um sie zu erfüllen.

Du kannst das echte Problem deiner Kundinnen und Kunden nicht innerhalb von zehn Minuten herausfinden. Es ist auch nichts, dass du einmal herausarbeitest und danach nie wieder anschaust. Du solltest regelmäßig auf dieses Thema zurückkommen, um deine Dienstleistungen zu verbessern. Indem du nach den echten Problemen und Träumen deiner Kunden und den Unternehmerinnen, die du triffst, schaust, bekommst du ein deutlicheres Bild von den Problemen, die du gern und gut lösen kannst. Du wirst herausfinden, was dein „ideales" Problem ist. Du kannst Lösungen dafür entwickeln. In Kapitel 7 wirst du zudem lernen, wie du ein Verkaufsgespräch führst, sodass die allererste Unterhaltung, die du mit Kunden hast, zum Kern ihrer Probleme führt. Das ermöglicht es dir, die richtige Lösung für den richtigen Preis anzubieten.

3.2 Wo liegt die richtige Lösung?

Wenn du das Problem deines Kunden kennst, musst du beginnen, nach der richtigen Lösung zu schauen. Die größte Herausforderung ist es, die Lösung mit Blick auf Ergebnisse und Auswirkungen zu beschreiben, nicht mit Blick auf Maßnahmen, Aktivitäten oder Prozesse. Experten sind es gewohnt, in Prozessen zu sprechen. Wir erledigen die Buchhaltung mit der Software X, Y oder Z, wir nutzen unsere Steuererklärungssoftware für die Steuerklärungen und wir erledigen die Löhne und Gehälter mit unserem entsprechenden Partner. Das klingt alles gut, aber dies sind in der Regel nicht die Lösungen, nach denen deine Kundin sucht. Deine Kundin kümmert es vermutlich nicht, wie die Löhne und Gehälter abgerechnet werden und ist absolut nicht daran interessiert, welche Software und welchen Partner ihr dafür nutzt. Deine Kundin möchte, dass ihr Team jeden Monat pünktlich das richtige Gehalt ausgezahlt bekommt.

Auf den ersten Blick mag das aussehen, als wäre es das Gleiche – ist es aber nicht. Denn selbst wenn du oder dein Lohn-Abrechnungspartner die Abrechnungen korrekt und pünktlich erledigt, ist das noch immer keine Garantie dafür, dass der Unternehmer die Gehälter pünktlich zahlen können wird. Sicher nicht – und das erscheint viele Kunden alljährlich als große Überraschung –, wenn das Urlaubsgeld fällig wird. „Warte!", höre ich dich denken, „Das ist doch nicht meine Verantwortung, oder?" Genau jetzt möchte ich dich auffordern, das Ungewöhnliche zu denken. Denn dies sind genau die Lösungen, nach denen Unternehmerinnen und Unternehmer suchen: Sie möchten in der Lage sein, sich selbst und das Team pünktlich zu bezahlen. Sie möchten sich keine Sorgen darüber machen müssen, wo sie das Geld herbekommen, um die Steuern zu bezahlen. Sie möchten weniger Diskussionen mit ihrem Partner oder der Partnerin um

Geld. Sie möchten nicht über diesen Prozess oder dessen Basis nachdenken müssen. Sie möchten die Ergebnisse, und sie brauchen deine Expertise, um sie zu erreichen.

Wenn du das wahre Problem deiner Kundinnen und Kunden erfolgreich identifiziert hast, wirst du häufig feststellen, dass die Lösungen dafür zumeist außerhalb der traditionellen Buchhaltung und Steuerberatung liegen. Doch ist Buchführung das Einfallstor, das du nutzen kannst, um deinen Kunden zu den Ergebnissen zu verhelfen, die sie sich wünschen. Wenn du, anstatt deinen Kundinnen Aktivitäten zu verkaufen, damit beginnst, ihnen Ergebnisse zu verkaufen, werden sie weit eher geneigt sein, mit dir zu arbeiten. Und sie werden bereit sein, dir einen guten Preis dafür zu bezahlen.

Lass uns ehrlich sein. Was würdest du vorziehen? Jemanden, die oder der die Steuererklärung für dich ausfüllt, oder jemanden, die oder der dafür sorgt, dass du wegen deiner Steuernachzahlung nie wieder nachts wach liegen musst? Würdest du jemanden vorziehen, die sich um deine Personalkosten kümmert, oder jemanden, der dafür sorgt, dass dein Team immer pünktlich bezahlt wird? Möchtest du jemanden, die dir die Bücher führt, oder jemanden, die dich dabei unterstützt, Gewinn zu erwirtschaften?

Das ist kein billiger Marketingtrick. Das sind keine leeren Worte. Die Absicht ist es, dass du deinem Kunden hilfst, diese Ergebnisse zu erzielen. Dann bist du in der Gewinnberatung aktiv und wirst bezahlt, wie ein Gewinnberater oder eine Gewinnberaterin.

Um die Ergebnisse zu beschreiben, die deine Kundinnen mit deiner Hilfe erreichen werden, ist es sinnvoll, auf die wichtigen Bereiche ihres Lebens zu schauen.

Welche Ergebnisse erzielt deine Kundin in Kooperation mit dir in den folgenden Bereichen ihres Lebens?

Sicherheit

Jeder Mensch wünscht sich Sicherheit; ein Bereich, in dem Finanzen eine wichtige Rolle spielen. Finanzielle Sorgen können viel Unsicherheit hervorrufen. Denk an eine Kundin, die kein Geld für Steuern auf Seite gelegt hat oder einen Kunden, der kein Geld für die eigene Rente zurückgelegt hat oder an jemanden, die ein dermaßen dürftiges Gehalt von ihrer eigenen Firma ausgezahlt bekommt, dass sie weder die Miete noch Lebensmittel davon bezahlen kann. Und denke auch an Unternehmer, die ihre Zahlen nicht verstehen oder mit ihrer Buchhaltung Monate im Rückstand sind. Auch sie fühlen sich mit Blick auf die Finanzen sehr verunsichert.

Dies sind keine seltenen Beispiele. Wir alle kennen Geschichten von Kundinnen und Kunden mit derartigen Problemen, was nicht überraschend ist. Leider ist versteckte Armut bei Unternehmerinnen und Unternehmern viel zu weit verbreitet. Wir sehen gar fünfmal so viel Armut unter Selbstständigen wie unter regulär Angestellten. Beinahe 10% der Selbstständigen leben unterhalb der Armutsgrenze, während dies 1,7% der Angestellten betrifft. Unternehmer und Unternehmerinnen mit einem Team leben dreimal häufiger in Armut als Angestellte.[7] Diese Tatsachen dürfen nicht ignoriert werden. Bist du für die Lösung dieses Problems verantwortlich? Nein, das glaube ich nicht. Kannst du jedoch einen positiven Beitrag leisten? Ich bin sicher, das kannst du.

Wie vermarktest du die Ergebnisse, die Kundinnen und Kunden erreichen können, wenn sie mit dir im Bereich der finanziellen Sicherheit und Absicherung arbeiten? Du kannst ihnen helfen:

- immer genug Geld für die Steuern auf Seite zu legen.
- das eigene Gehalt zu sichern.
- die Gehälter fürs Team immer pünktlich zu überweisen.
- ausreichend Geld für die Zukunft zu haben.
- Erkenntnisse aus den Zahlen zu nutzen, um aktiv auf Gewinn hinzuarbeiten.

Gesundheit

Ein zweiter wichtiger Bereich, in dem Geld eine Rolle spielt, ist Gesundheit – insbesondere im Bereich der Stressbewältigung und -vermeidung. Geld ist ein wichtiger Stressor und Forschung (auch aus Harvard und

---

7 Bericht des Zentralen Statistikbüros der Niederlande (CBS): „Armoede en social uitsluiting 2018" (Armut und soziale Exklusion, 2018). Eine Studie von Slivinski aus dem Jahr 2015 unter Amerikanern mit geringen Einkommen zeigt, dass Selbstständige häufiger in Armut leben (0,38%) als die Gesamtbevölkerung (0,3%) (Slivinski, Stephen. „Bootstraps tangled in red tape: How state occupational licensing hinders low-income entrepreneurship." *Policy Report* 272 (2015)).

Princeton) zeigt, dass das Bewusstsein von Menschen von Geldsorgen stark beeinflusst wird. Das bedeutet auch, dass Finanzsorgen negative Auswirkungen auf die Fähigkeit von Unternehmerinnen und Unternehmern haben, innovativ zu sein und ihr Unternehmen am Laufen zu halten.

Du kannst die Gesundheit deiner Kundinnen und Kunden durch folgende Dinge unterstützen:

- Sorgen und Schlaflosigkeit vermeiden, die aus der Angst um Steuerzahlungen resultieren.
- Sie dazu ermuntern, dass eine Minute pro Tag auf Buchhaltung verwendet wird plus 30 Minuten pro Woche.
- Sie darauf vorbereiten, dass sie ihre Steuererklärung innerhalb einer Minute finalisieren können.
- stressfreie Buchhaltung organisieren.

Beziehungen

Bei vielen Streitigkeiten in Partnerschaften geht es um Geld. Und wenn einer der Partner Unternehmer ist, ist Geld zweifellos regelmäßig Gesprächsthema. Jedes Mal, wenn eine Unternehmerin oder ein Unternehmer nicht genügend Geld in die Familienkasse einzahlt, bringt das Unruhe in die Beziehung. Der Partner wird dann häufig Fragen zum Umsatz, zu den Betriebskosten und dem Budget stellen. Unternehmer, die keinen Einblick in diese Zahlen haben – weil sie sie ignorieren, weil die Konten nicht aktuell sind, weil sie keine Finanzberichte verstehen; such dir was aus – werden diese Fragen nicht beantworten können. Informationsdefizite helfen nicht. Sobald Unternehmerinnen und Unternehmer ihre Zahlen verstehen, können sie ihrer Partnerin bzw. ihrem Partner Klarheit vermitteln, was die Spannung verringert.

Hilf deinen Kundinnen und Kunden, Beziehungskrisen zu reduzieren, indem du:

- sie bei der täglichen Aktualisierung ihrer Konten unterstützt, damit sie immer einen Einblick in Echtzeit in ihre Zahlen haben.

Identität/Status

Ein rentables Unternehmen zu haben, gibt häufig das Gefühl eines höheren Status und erzeugt Stolz. Ich weiß das aus eigener Erfahrung. Ich glaube, Gewinn zu erwirtschaften ist am besten, denn für mich ist das der Beweis für ein erfolgreiches Unternehmen. Ich bin in der Lage, etwas aus nichts zu erschaffen. Wie cool ist das denn? Die Tatsache, dass ich (gemeinsam mit meinem Mann) den Unterhalt für unsere Familie bestreiten kann, macht mich ebenfalls stolz.

Ergebnisse, die du vermarkten kannst, sind zum Beispiel:

- Gewinn erwirtschaften;
- 10% mehr Gewinn erwirtschaften;
- einen Erfolgsplan entwickeln und Ziele erreichen.

Spiritualität/Wachstum

Viele Unternehmerinnen und Unternehmer dienen mit ihrem Unternehmen einem höheren Zweck. Sie möchten etwas erschaffen, die Welt verbessern und Menschen helfen. Leider höre ich bei zu vielen Unternehmensinhabern, dass sie sich nicht aufs Geldverdienen oder den Gewinn konzentrieren, weil sie hehre Ziele verfolgen. Diese Unternehmer verpassen eine große Chance, weil sie nur dadurch, dass sie mehr Geld verdienen, investieren können, mehr Menschen erreichen und einen gewichtigeren Beitrag leisten können. Geld kann ein wundervoller Hebel sein, um spirituelle Ziele zu erreichen.

Die Ergebnisse deiner Kundinnen und Kunden in diesem Bereich können die Folgenden sein:

- Ziele durch ein rentables Unternehmen erreichen;
- die Welt durch ein rentables Unternehmen verbessern;
- regelmäßig einen Teil des Gewinns an Non-Profit-Unternehmen spenden.

3.3 Wer ist dein idealer Kunde, deine ideale Kundin?

Du kennst die echten Probleme deiner Kundschaft und weißt, was sie mit dir gemeinsam erreichen möchten. Um den größten Nutzen zu stiften und zwar mit dem geringstmöglichen Aufwand, ist es wichtig, dass du genau weißt, wer dein idealer Kunde, deine ideale Kundin ist.

Finanzexperten sind häufig nicht sonderlich wählerisch. Außer einigen grundlegenden Spezialisierungen (Selbstständige, Kleinunternehmen, GmbHs, Steuerberatung usw.) sind alle willkommen. Schließlich ist Buchhaltung nun einmal Buchhaltung. Und doch, ... wenn du genauer darüber nachdenkst, dann stimmt das so vermutlich nicht. Wie häufig klopft eine Kundin an deine Tür, die ein Problem hat, bei dem du denkst: „Oh ... da muss ich erst einmal recherchieren!“ Oder ein Kunde arbeitet mit einem Software-Programm, mit dem du keine Erfahrung hast? Wenn du jedweden Auftrag übernimmst, der auf deinem Tisch landet, ohne dass du dich fragst, was du am liebsten tun möchtest und für wen, dann verursachst du für dich selbst reichlich – häufig unbezahlte – Arbeit.

Ich erinnere mich daran, dass ich eine Kundin angenommen habe, die diverse Steuerthemen mitbrachte. Ich bin keine Steuerspezialistin, ich bin eher im grundlegenden Beratungsbereich sehr gut aufgestellt. Des ungeachtet entschied ich mich dafür, für diese Kundin tätig zu werden. Das hat mir viel Kopfzerbrechen beschert. Ich musste mich in Dinge einarbeiten, bei denen ich mich nicht auskannte und die ich nicht mochte. Ich habe später durchgerechnet, wie viel ich an dieser auf den ersten Blick gut zahlenden Kundin verdient hatte. Ich kam bei ein paar Euro pro Stunde an. Die vielen Stunden unbezahlter Recherchearbeit hatten mich jede Menge gekostet. Unsere Vereinbarung enthielt keinen Passus über mein Honorar für Recherchearbeiten. Wenn du dich dazu entschließt, dich für Recherche bezahlen zu lassen, hast du am Ende möglicherweise unzufriedene Kunden, weil die Rechnung deutlich höher ausfallen würde, als erwartet.

Such dir eine Nische

Derartige Situationen kannst du vermeiden, indem du dich spezialisierst, indem du dir eine Nische suchst. Eine Nische ist eine spezifische Zielgruppe oder ein Teilbereich, in dem du dich zu Hause fühlst. Du sprichst die Sprache, bewegst dich mit Leichtigkeit und kannst Nutzen stiften, ohne zu viel Energie aufzuwenden. Es ist der Ort, an dem du eine bessere Ausgangsposition hast im Vergleich zu deiner Konkurrenz. Wenn du dich in einer Nische positionierst, ist es viel leichter, Kunden anzuziehen. Finanzexperten, die alles für alle anbieten, gehen in der Menge unter. Sie stechen in keinem Bereich hervor und finden ihre Kunden über Mundpropaganda. Wenn du von Empfehlungen abhängig bist, bedeutet dies auch, dass du keinen Einfluss darauf hast, wer sich von dir angesprochen fühlt. Und du hast keine Ahnung, ob eine potenzielle Kundin das Zeug hat, deine ideale Kundin zu sein. Wenn du wachsen möchtest, kannst du Werbung machen. Doch wenn sich deine Werbebotschaft an „alle Unternehmen im Lande" wendet, wird es schwierig, gezielt Kundinnen und Kunden anzusprechen. Du verpasst damit die Chance, eine bestimmte Kundschaft anzusprechen, die einen spezifischen Bedarf hat.

Wenn du dich auf eine Nische konzentrierst, betrifft dies drei Bereiche:

1. Je mehr du über die Unternehmen deiner Kundinnen und Kunden weißt, umso wertvoller wirst du und umso höher kannst du dein Honorar ansetzen.
2. Bist du in einer Nische positioniert, unterscheidest du dich von den „gewöhnlichen" Finanzexperten.
3. Du machst es dir selbst leichter. Sobald du eine Zielgruppe oder Branche gewählt hast, kennst du die Probleme deiner Kunden, bevor sie diese kennen. Du weißt beinahe alles über die verwendete Software und relevanten Steuergesetze.

Kurz gesagt: Es wird leichter für dich, Kunden zu finden, und du kannst mit weit weniger Mühe weit mehr Nutzen bieten.

Nach der idealen Kundschaft zu schauen, bedeutet für viele Unternehmer richtig Stress. Sobald du damit anfängst, den Markt von allen potenziellen Kundinnen auf die Unternehmerinnen aus einer bestimmten Branche oder Zielgruppe zu verkleinern, begrenzt du deinen potenziellen Markt von einer Million auf ein paar Hunderttausend oder sogar auf ein paar Zehntausend. Das fühlt sich vielleicht kontra-intuitiv an, doch wird es dir auf diesem Wege viel leichter fallen, Kunden anzuziehen und ihnen außergewöhnlich viel Nutzen ohne außergewöhnlich viel Aufwand zu bieten.

Seit Herbst 2017 konzentriere ich mich mit den Profit First Professionals auf Buchhalter, Steuerberaterinnen und Business Coaches. Weil ich mich zuvor auf Solopreneure konzentriert hatte, arbeite ich in einer neuen Nische und mit einer völlig neuen Zielgruppe. Zunächst war ich ein wenig angespannt, doch es hat sich beinahe sofort bezahlt gemacht. Es war einfacher für mich, mit meinen idealen Kunden in Kontakt zu kommen, Verkaufsgespräche waren nahezu mühelos und meine Kunden haben sehr schnell großartige Ergebnisse erzielen können.

Ein Zusatzeffekt bestand darin, dass ich alsbald von Branchenmedien um Interviews gebeten wurde; zum Beispiel von „Activa" (die von der niederländischen Vereinigung von Verwaltungs- und Steuerexperten (NOAB) herausgegeben wird) oder von „AccountancyVanmorgen" (die vom Nationalen Netzwerk der Steuer- und Finanzberater veröffentlicht wird). Als Expertin in meiner Nische wahrgenommen zu werden, hat mir noch mehr ideale Kundinnen und Kunden gebracht.

Menschen möchten mit den Besten arbeiten!

Sobald du sagst, dass „alle Unternehmerinnen und Unternehmer" deine idealen Kunden sind, erweist du dir und deinen potenziellen Kunden einen Bärendienst. Sobald du versuchst „alle" anzusprechen, richtest du dich an niemanden. Die Menschen möchten Hilfe von den Besten, aber wenn du behauptest, allen helfen zu können, dann bist du nirgendwo der oder die Beste. Wenn du dich spezialisiert und Experte in einem Sektor oder für eine Zielgruppe wirst, dann machst du es deinen Kunden weitaus einfacher, sich für dich zu entscheiden. Es wird einfacher für deine Kundinnen, ihre Kolleginnen an dich zu verweisen: „Hey, du bist Friseurin, nicht wahr? Dann musst du mit Martin sprechen, der ist Gewinnberater für Friseure. Er weiß alles über die Branche und ich bin sicher, dass er dir dabei helfen kann, deine Ziele zu erreichen."

Eine der Profit First Professionals, die ich ausgebildet habe, arbeitet vor allem im Gastgewerbe. Das ist eine ziemlich spezifische Branche. Die Tatsache, dass sie alles über die Margen, Lieferantenvereinbarungen, spezifische Software, POS-Systeme, generelle Probleme und Stolperfallen weiß, bedeutet, dass die Kunden sie aufspüren und nicht andersherum. Sie ist in ihrer Branche die beliebteste Gewinnberaterin.

Wenn du dich auf einen Bereich spezialisiert hast, kannst du auf diesem Gebiet jeden Tag klüger werden. Du liest Branchenmedien, hörst Podcasts, passt deinen Newsfeed an. Du lernst täglich und machst dich damit für deine Kundinnen und Kunden immer wertvoller. Deine Kunden erzielen durch die Arbeit mit dir großartige Ergebnisse und empfehlen dich innerhalb ihrer Branche weiter. Sie zahlen dir gern mehr, weil du ihnen hilfst, mehr zu verdienen.

Deine Kunden sind leichter zu finden, wenn du weißt, wo du suchen sollst

Neue Kundinnen und Kunden zu finden, wird weit einfacher, wenn du weißt, wo du nach ihnen Ausschau halten kannst. „Einfach eine Anzeige zu schalten" ist so, als würdest du mit Schrot schießen. Du hast keine Kontrolle darüber, was genau du triffst. In einer Branchenzeitschrift zu inserieren, die von deinen Lieblingskunden gelesen wird, ist weit effektiver. Wenn du deine Facebook-Anzeigen genau zuschneiden kannst, bekommst du für das gleiche Geld mehr Interessenten. Ein Messebesuch ist eine ziemlich ermüdende Angelegenheit – jedenfalls empfinde ich das so. Besonders wenn du die ganze Zeit mit Menschen sprichst, von denen du sofort weißt, dass sie niemals zu deiner Kundschaft zählen werden. Doch wenn du zu einer Messe gehst, bei der 80 Prozent der Besucher deine Kunden werden könnten, weil sie alle in deiner Nische sind, ist das wunderbar! Und wie ist das mit jenen Kundinnen, die dich finden, weil sie „Steuerberatung für Physiotherapeuten" gegoogelt haben und sofort deinen Namen auf der ersten Seite gefunden haben? Das ist eine großartige Vorstellung! Das erzeugt sofort Vertrauen, weil klar wird, dass du weißt, wovon du sprichst.

Drei weitere verbreitete Sorgen

Ich habe bereits eine große Sorge von Unternehmern angesprochen: dass sie weniger Kundschaft anziehen, wenn sie sich spezialisieren. Es gibt weitere Sorgen:

1. Wirst du nie wieder mit anderen Kunden arbeiten können?

Viele Unternehmer befürchten, dass sie nicht nur Kunden verlieren, sondern auch Menschen ausschließen, die ihrer Hilfe bedürfen, wenn sie zu allen Kunden „Nein“ sagen müssen, die nicht ihre idealen Kunden sind. Denk dran: Du bist der Boss. Du kannst jeden Kunden annehmen, den du haben möchtest. Selbst wenn du dich auf eine spezifische Zielgruppe konzentrierst, gibt es keinen Grund, Kundinnen aus anderen Nischen nicht anzunehmen, wenn du das möchtest. Du machst dein eigenes Leben jedoch einfacher, wenn du deine eigene Expertise der Welt da draußen klar kommunizierst. Du kannst das mit dem Unterschied zwischen einem Laden und einem Warenlager vergleichen. In einem Laden stellst du das aus, was du am liebsten verkaufen möchtest, doch im Lager hast du natürlich weitere Produkte.

2. Ist Spezialisierung nicht langweilig?

Eine weitere Sorge, die ich häufig höre, ist: Spezialisierung ist langweilig. Unternehmer lieben Herausforderungen und möchten laufend Abwechslung. „Mehr vom Selben“ mag vielleicht wenig interessant klingen, aber du kannst den Fokus auf das erste Wort legen: „mehr“. Innerhalb deines Spezialgebiets kannst du dein Wissen vertiefen und verbreitern. Du kannst es mit jedem Problem aufnehmen, das deines Weges kommt. Deine Kundin ist mit ihrer Software unzufrieden? Du weißt genau, welches Softwarepaket für sie geeignet ist, denn du kennst die fünf wichtigsten Angebote in- und auswendig. Dein Kunde braucht Geld für Investitionen? Du kannst drei Investoren empfehlen und bereitest mit ihm die Unterlagen vor. Dein Kunde hat ein Problem mit der Marge? Du erkennst, was schief läuft, weil du gerade erst eine Kundin mit dem gleichen Problem hattest. Deine Kundin möchte einen neuen Bereich eröffnen? Du kennst dich mit diesem komplexen Prozess aus und bist in der Lage Expertenrat und Unterstützung zu geben. Der Zusatznutzen, den du liefern kannst, ist gigantisch. Und das bedeutet, dass du rasch über die langweilige „Grundlagenarbeit“ hinausgehen und diese eine Branche in der Tiefe erkunden kannst. Du bist ein wahrer Gewinnberater.

3. Kann ich die Erwartungen erfüllen?

Sobald du beginnst, dich als Experte oder Expertin zu positionieren, wirst du wahrgenommen. Die Chance steigt plötzlich, in den Medien aufzutauchen. Andere beginnen, über dich zu sprechen. Du fürchtest dich vielleicht ein wenig. Das Imposter Syndrom hebt möglicherweise seinen Kopf. Insbesondere Frauen leiden offenbar unter dem Gefühl, nicht genug zu sein. Trotz reichlicher Beweise für die eigene Kompetenz (die Kunden sind zufrieden und erreichen großartige Ergebnisse, sie haben viele Urkunden an der Wand und werden von den Medien als Expertinnen wahrgenommen), haben Menschen, die unter diesem Syndrom leiden, immer noch das Gefühl, sie wären Hochstapler und würden den eigenen Erfolg nicht verdienen. Die Beweise für den eigenen Erfolg werden nicht der eigenen Kompetenz zugerechnet, sondern als Glück bezeichnet, als gutes Timing oder als grobe Inkompetenz Dritter. Sobald du dich spezialisierst, löst du dich aus der Menge. Es hilft dir, wenn du dir klarmachst, dass du nur ein bisschen mehr über einen spezifischen Bereich oder Gegenstand zu wissen brauchst als alle anderen, um in der Lage zu sein, den Kunden in deiner angepeilten Zielbranche zu helfen.

So identifizierst du deinen idealen Kunden

Wie findest du heraus, wer deine idealen Kunden sind? Deine idealen Kunden sind vielleicht Teil einer bestimmten Branche oder Zielgruppe, doch es können auch Menschen mit einem spezifischen Problem sein. Deine idealen Kunden sind immer Menschen, mit denen du gern arbeitest. Mit diesen Unternehmern zu arbeiten, kann völlig mühelos sein.

Als ich noch dabei war, „Finanzen für Nicht-Finanz-Manager“ zu lehren, waren meine idealen Kundinnen und Kunden Manager, die keine Ahnung von Finanzen hatten. Einige von ihnen kannten nicht einmal den Unterschied zwischen einer Bilanz und einer EÜR. Sobald ich begann, mit ihnen zu arbeiten, war ich voller Leidenschaft. In kürzester Zeit konnte ich diesen Managern sowohl Selbstvertrauen als auch neue Kompetenzen mitgeben. Wenn ich auf ein Follow-up-Training angesprochen wurde (ein Training für Manager, die bereits eine gute Finanzbasis hatten), lehnte ich regelmäßig ab. Sie waren nicht meine idealen Kundinnen und Kunden. Ich hatte keinen Spaß daran, mit ihnen zu arbeiten. Und, schlimmer noch:

Sie fanden meine Herangehensweise häufig zu simpel. Weil ich meine ideale Kundschaft so genau kannte, konnte ich meine Wahl sehr leicht treffen und die Arbeit ging mir mühelos und mit großer Freude von der Hand.

Dein idealer Kunde ist häufig bereits da – du weißt es bloß noch nicht. Du brauchst diese Kundinnen und Kunden nur zu identifizieren und in deiner Marketing-Botschaft anzusprechen, um den potenziellen Kunden den Weg zu dir aufzuzeigen.

Lass uns rasch ein Experiment machen.

Stell dir vor, es klingelt an der Tür. Dein idealer Kunde steht dort. Bevor du ihn (oder sie) hereinlässt, ist es wichtig, dass du ihn dir genauso ausmalst, wie du ihn gern hättest! Du musst keine Zugeständnisse machen oder die Sorge haben, dass dies endgültig wird. Deine Vorstellung von deinem idealen Kunden kann und wird sich in den folgenden Tagen, Wochen, Monaten und Jahren möglicherweise verändern, vertiefen oder transformieren. Stell dir deinen idealen Kunden so vor, wie du ihn in diesem Augenblick gern hättest. Wer ist es? Ist es ein Mann? Eine Frau? Alt? Jung? Wie steht es um Hobbys und Interessen? Hat er oder sie ein großes oder ein kleines Unternehmen? Ein Team? Welche Rechtsform hat das Unternehmen? Wie sieht der Umsatz aus? Ist es produzierendes Gewerbe? Dienstleistung? Handel? Was für ein Typ Mensch ist er oder sie? Was sind die wichtigsten Werte dieses Menschen? Wie ist eure Beziehung? Wie hoch ist dein Honorar? Wo liegt sein größtes Problem? Entwirf das ideale Bild und mach keine Zugeständnisse. Mach dir keine Gedanken darum, ob dieses Bild realistisch ist. Es ist dein Bild. Du kannst es so malen, wie du möchtest. Macht das Bild dieses idealen Kunden oder dieser idealen Kundin dich glücklich? Wie wäre es, dich auf diese Kundschaft zu fokussieren?

Vielleicht gibt dir dieses kleine Experiment eine erste Ahnung, wie deine idealen Kundinnen oder Kunden aussehen könnten. Vielleicht stellst du fest, dass sie in einer Branche angesiedelt sind, in der du viel Erfahrung hast – oder in einer Branche, die du noch fast gar nicht kennst, die aber deinen Herzschlag beschleunigt. Es gibt an dieser Stelle keine gute oder schlechte Entscheidung: Es geht nur ums Experimentieren, Entdecken und darum, deinen idealen Kundinnen und Kunden immer näher zu kommen.

Kunden-Assessment

Du kannst auch herausfinden, wer deine idealen Kundinnen und Kunden sind, indem du auf deinen aktuellen Kundenstamm schaust. Eine gute Übung dafür ist das Kunden-Assessment (s. Abb. 2).

Schritt 1

Erstelle einen Überblick über alle deinen Kundinnen und Kunden der letzten zwölf Monate in einem Excel-Sheet. Sortiere sie nach Umsatz – den höchsten Umsatz oben.

Stunden
Neben die Umsatz-Spalte fügst du eine Stunden-Spalte ein. Hier hältst du fest, wie viele Stunden pro Monat du jeweils mit deinen Kundinnen und Kunden verbracht hast.

€ pro Stunde
In der nächsten Spalte berechnest du den durchschnittlichen Stundensatz, indem du die Höhe der Einnahmen mit der Anzahl der Stunden vergleichst, die du für den Kunden aufwendest.

€ pro Stunde ☺ ☹
Inwieweit entspricht der Stundensatz deinen Wünschen und Erfordernissen? Du brauchst diese Spalte, um den Stundensatz zu bewerten (in Schritt 2).

☺ ☹
Wie glücklich machen dich deine Kundinnen und Kunden jeweils? Gehst du ans Telefon, wenn sie anrufen? Oder tust du so, als würdest du das Klingeln nicht hören? Freust du dich auf ein Treffen? Beginnst du den Tag gern mit ihren Konten?

Finanzen
Schau auch aus finanzieller Perspektive auf deine Kundinnen und Kunden. Bezahlen sie pünktlich? Gibt es Spielraum für weiteres Wachstum oder ist diese Kundin bereits am oberen Limit?

Kommunikation
Wie läuft die Kommunikation mit deinen Kundinnen und Kunden? Werden deine Fragen rasch beantwortet? Werden klare Fragen gestellt? Respektieren sie deine Arbeitszeiten? Erledigen sie ihre „Hausaufgaben"?

Werte
Passen die Kundinnen und Kunden zu den Werten, die dir wichtig sind?

Weiteres
Wenn nötig kannst du weitere Kriterien hinzufügen, die dir bei der Bewertung deiner Kundinnen und Kunden wichtig erscheinen.

Schritt 2

Bewerte alle Kundinnen und Kunden deinen Kriterien entsprechend. Gib jedem Kunden 5 Punkte, wenn du sie bei einem Kriterium sehr hoch bewertest und 0 Punkte, wenn es wirklich kaum schlimmer kommen könnte. Nutze 1, 2, 3 oder 4, wenn deine Bewertung irgendwo dazwischen liegt.

Schritt 3

Ermittle den Durchschnittswert für jeden Kunden. Wenn du ein bestimmtes Kriterium besonders wichtig findest, kannst du es in deinem Assessment doppelt oder dreifach werten.

Schritt 4

Jetzt sortierst du die Aufstellung nach den Durchschnittswerten. Die dem Ideal am nächsten kommenden Kundinnen und Kunden sind oben, die am weitesten entfernten unten.

Dieses Assessment gibt dir eine Menge Informationen. Du bekommst nicht nur einen guten Überblick über deine aktuelle Kundschaft, du kannst daraus auch ableiten, von welchen Kundinnen und Kunden du mehr möchtest. Konzentriere dich auf diese Kunden! Zögere nicht, mit den Kundinnen und Kunden zu sprechen, die in deinem Assessment wenig Punkte bekommen haben. Du kannst dein Honorar anpassen oder dein Angebotspaket oder – wenn nichts anderes funktioniert, um das Ganze zu verbessern – dich von diesen Kundinnen und Kunden verabschieden.

Abb. 2: Kundenbewertung (inspiriert vom Bewertungsbogen aus „Der Pumpkin-Plan" von Mike Michalowicz)

Kunde	Umsatz (Jahr)	Stunden (Monat)	€ pro Stunde	€ pro Stunde ☺ ☹	☺ ☹	Finanzen	Kommunikation	Werte	...	Durchschnittswert
Beispiel A	15.000 €	10	125 €	9	8	8	9	9		8,6
Beispiel B	12.000 €	10	100 €	8	7	7	8	8		7,6
Beispiel C	12.000 €	15	67 €	6	5	5	6	6		5,6

3.4 Was tust du, um die Probleme deiner Kunden zu lösen?

Wenn du Klarheit hast bezüglich der Probleme und wirklichen Ziele deiner idealen Kundinnen und Kunden, hilft dir das in vielfacher Hinsicht. Es erleichtert dir die Akquise neuer Kunden, Verkaufsgespräche laufen glatter, die Zusammenarbeit mit deinen Kundinnen und Kunden bekommt eine klarere Richtung und du kannst auf dieser Basis deine Preise festlegen. Doch bevor du Ergebnisse verkaufen und abliefern kannst, musst du zunächst die Probleme und Ziele deiner idealen Kundinnen und Kunden in die Produkte übersetzen, die du verkaufen möchtest. Als Gewinnberater rechnest du keine Stunden mehr ab. Die Kundinnen und Kunden wollen nicht bloß, dass du ihr Zeug erledigst: Sie erwarten Ergebnisse. Du hast die Ergebnisse deiner idealen Kundschaft bereits kartiert. Die nächste Frage, die aufkommt, lautet: Wie kommen meine Kundinnen und Kunden von ihrer aktuellen Situation zu ihrer gewünschten Situation? Welche Schritte müssen wir in der Zusammenarbeit angehen?

Du bist vielleicht versucht, zu sagen, dass es hier keine generelle Antwort gibt und dass es von Kunde zu Kunde unterschiedlich aussieht. Und das stimmt auch zum Teil: Letztlich wird die Zusammenarbeit mit jedem Kunden unterschiedlich aussehen. Doch kannst du grobe Linien zeichnen. Das ist nicht nur für dich großartig, weil du nicht jedes Mal das Rad neu zu erfinden brauchst, sondern auch für deine Kundinnen und Kunden. Sie wissen, wo sie stehen. Sie verstehen deine Erwartungen und Zeitschienen und sie wissen, was du abliefern wirst.

Vergleichen wir dies nochmal mit dem Hausbau. Dein Haus wird sich stark von dem unterscheiden, was dein Trainingskumpel aus dem Fitnessstudio plant. Das verstehe ich. Doch die Schritte, die du und dein Trainingskumpel auf dem Weg zu euren neuen Häusern gehen müsst, sind im Grund genommen die gleichen. Ich weiß nicht viel über Hausbau, doch im Großen und Ganzen dürfte es etwa so aussehen:

- *Schritt 1: Träume.* Wie sehen deine Wünsche und Träume aus? Wie sieht das Haus in deiner Vorstellung aus?
- *Schritt 2: Architekt.* Ein Architekt entwirft einen Plan, der deine Träume visualisiert.
- *Schritt 3*: *Grundstück.* Du suchst nach einem Grundstück, auf dem dein Traumhaus gebaut werden kann.
- *Schritt 4*: *Geld.* Stelle sicher, dass du genügend Geld zur Verfügung hast.
- *Schritt 5*: *Bauleiter.* Beauftrage einen Bauleiter.

Du kannst den gleichen Plan Schritt für Schritt aufsetzen, um den Pfad zu beschreiben, den deine idealen Kundinnen und Kunden gehen, um ihre Probleme zu lösen.

Lass mich als Beispiel zeigen, welche Schritte ich mit Unternehmern gehe. Mein idealer Kunde, meine ideale Kundin, das bist du. Ich arbeite in der Hauptsache mit Buchhaltern, Steuerberaterinnen und Business Coaches. Doch meine idealen Kundinnen und Kunden waren Solopreneure, die Umsätze zwischen 250.000 und 1 Mio. Euro erzielten. Sie arbeiteten mit einem traditionellen Steuerbüro. Sie bezahlten ihrem Steuerbüro zu viel und verstanden ihre eigenen Finanzen nicht. Sie führten erfolgreiche Unternehmen mit wachsenden Umsätzen, doch ihre Gewinne wuchsen nicht mit. In einem Zeitraum von zwölf Monaten durchlief ich mit diesen Kundinnen und Kunden einen dreistufigen Prozess:

- *Schritt 1: Grundlagen ordnen.* Dieser Schritt dauerte in der Regel etwa vier bis sechs Monate. Wir verlagerten die gesamte Buchhaltung in die Cloud und arbeiteten an einem neuen Buchhaltungsprozess und neuen Gewohnheiten. Manchmal wurde es nötig, ein neues Steuerbüro zu finden. Das waren schwierige Monate, in denen die Leichen aus dem Keller kamen und bittere Pillen zu schlucken waren.

- *Schritt 2: Der Finanzplan zum Erfolg.* Sobald wir dank der Buchhaltung in Realtime die finanzielle Position des Unternehmens kannten, begannen wir, am Finanzplan zum Erfolg zu arbeiten. Wir übersetzten Ziele in Zahlen, sodass wir wussten, ob der Plan realisierbar war und worauf wir uns zu konzentrieren hatten.
- *Schritt 3: Steuerung mit Profit First.* Im dritten Schritt installierten wir Profit First, sodass die Unternehmer tägliche Entscheidungen auf der Basis ihrer Kontenstände fällen konnten. Unsere Absicht war es, genügend Geld zu haben, um unsere Steuern zu zahlen. Wir legten als erstes Gewinn auf die Seite und es wurde niemals mehr Geld ausgegeben, als sinnvoll war.

In den folgenden Kapiteln bespreche ich diese drei Teile ausführlicher, weil sie dir helfen können, deine Kundinnen und Kunden besser zu beraten. Bevor ich das allerdings mache, schauen wir uns die Schritte an, die deine idealen Kunden durchlaufen, wenn sie die Arbeit mit dir aufnehmen.

Welche Schritte durchlaufen deine Kunden?

Welche drei bis zehn Schritte durchlaufen deine Kundinnen und Kunden, um ihre Ziele zu erreichen? Nimm dir Zeit, über die Reise deiner idealen Kunden nachzudenken. Nimm dir dafür einen Strategietag. Bestimme die Schritte und schreibe sie für dich selbst auf. Du wirst sie mit der Zeit verfeinern und anpassen, doch diese Schritte bilden die Basis deines Programms, deines einzigartigen Weges, deine Kundinnen und Kunden dabei zu unterstützen, ihre Ziele zu erreichen.

Sobald du dein Programm aufgesetzt hast, kannst du anfangen, es mit einem Versuchskunden zu testen. Das ist eine Win-win-Situation. Du bekommst die Gelegenheit, dein einzigartiges Programm zu entwickeln und zu verfeinern. Und dein Kunde erzielt Ergebnisse für ein Investment, das in dieser Phase weit niedriger ist, als zu einem späteren Zeitpunkt.

Sobald du deinen einzigartigen Schritt-für-Schritt-Plan verfeinert hast, hast du etwas Greifbares in der Hand. Du verkaufst nicht länger deine Zeit, du verkaufst Ergebnisse. Diese Ergebnisse lassen sich weit besser vermarkten als die gewöhnlichen „Ich bin Steuerberater"-Pitches. Ein einzigartiges Programm, das andere dabei unterstützt, spürbare Ergebnisse zu erreichen, kann mit der Zeit sogar unabhängig von dir werden. Du kannst Teile deines Programms von anderen durchführen lassen, sodass dein Unternehmen Umsatz generiert, selbst wenn du nicht arbeitest.

3.5 Zu welchem Preis verkaufst du deine Dienstleistung?

Nach Stunden bezahlt zu werden, ist nicht nur ein unattraktives Verdienstmodell für dich, es ist auch unattraktiv für deine Kundinnen und Kunden. Für dich bedeutet die Bezahlung auf Stundenbasis, dass du nur dann mehr verdienen kannst, wenn du mehr Stunden arbeitest, wenn du deine Stundensätze erhöhst oder wenn andere für dich arbeiten. Zudem bist du keine Stundenfabrik. Du bist ein Berater oder eine Beraterin mit ungeheurem Wissen und wahnsinnig viel Erfahrung. Manchmal kann die richtige Frage für deinen Kunden Tausende Euros bringen. Wenn du für den Wert bezahlt wirst, den du erbringst, ist das weit logischer und befriedigender.

Es ist auch für deine Kundinnen und Kunden nicht attraktiv, dich pro Stunde zu bezahlen. Die Kunden wollen keine Stunden, sie wollen eine Lösung für ein Problem und wollen diese Lösung so effizient wie möglich bekommen. Wenn du auf Stundenbasis arbeitest, kann es zu Konflikten über die Zahl der Stunden kommen, die es für die Problemlösung braucht. Schlimmer noch: Manchmal wurde viel Zeit investiert und die Kundin hat noch immer keine Lösung für ihr Problem. Deshalb ist es weit sinnvoller, das Honorar auf der Basis dessen zu berechnen, was du lieferst, als auf Basis der Stunden, die du investierst. Wie bestimmst du den Wert der Lösungen, die du bietest?

Arbeite an deinem Mindset

Wenn du Ergebnisse statt Stunden verkaufst, liegt die größte Herausforderung darin, deine eigenen Gedanken zu managen. Meiner Erfahrung nach ist das ein Prozess. Du kannst nichts tun, wenn du den Wert deiner eigenen Leistung nicht anerkennst. Es hilft unheimlich, wenn du zu erkennen beginnst, dass deine Kundinnen und Kunden dank deiner Beratung deutlich mehr verdienen. Als ich sah, dass meine Kundinnen und Kunden dank unserer Zusammenarbeit Zehntausende Euro pro Jahr verdienten, war ich einerseits sehr glücklich und stolz. Doch andererseits begann mich auch etwas zu pieksen. Ich hatte nicht einmal einen kleinen Teil dessen verdient, was unsere Zusammenarbeit ihnen gebracht hatte. Der Wert, den ich lieferte, stand in keinem Verhältnis zur finanziellen Gegenleistung, dich ich erhielt. Das war nicht win-win – es kam nur meinen Kunden zu Gute.

Es ist wichtig, dass du den Nutzen erkennst, den du erbringst. Doch ist das noch nicht alles. Wir sind so daran gewöhnt, alles auf einen Stundensatz herunterzubrechen, dass es zu Beginn recht schwierig ist, den Wert dessen zu beziffern, was du tust. Auch das ist ein Prozess. Nimm dir die Zeit, dich selbst wieder und wieder zu fragen: Was bedeutet dies für den Kunden? Und zögere gewiss nicht, den Kunden zu fragen: „Wenn du jetzt zurückschaust, was hat der Prozess, den wir in den letzten Monaten durchlaufen haben, dir gebracht?“

Beziffere die Kosten des Problems

Bestimme, was das Problem kostet. Das gibt dir eine Orientierung mit Blick auf den Wert deiner Lösung. Wenn Robert einen Tag pro Monat braucht, um seine prähistorische Buchhaltung in Ordnung zu bringen und sein Stundensatz bei 100 Euro liegt, dann liegen die Problemkosten bereits bei 800 Euro pro Monat. Doch bin ich sicher, dass Robert sogar noch weitere Probleme hat. Wenn seine Margen mickrig sind, kostet ihn das locker Hunderte, Tausende oder Zehntausende Euro pro Monat. Wenn er nachts aufgrund finanzieller Sorgen wachliegt, ist es schwierig, das in Euro auszudrücken, doch kannst du dies mit einbeziehen, wenn du deinen Wert berechnest. Sorgen verringern die Kreativität und Effektivität von Unternehmern und kosten deshalb Geld.

Bestimme den intrinsischen Wert deines Programms oder deiner Dienstleistung

Wenn du ein einzigartiges Programm entwickelt hast, das nachgewiesenermaßen deinen Kundinnen und Kunden dabei hilft, ihre Probleme zu lösen und ihre Ziele zu erreichen, dann repräsentiert dieses Programm selbst einen Wert. Dank deiner Weisheit, Jahren der Erfahrung und kreativer

Kraft warst du in der Lage, eine einzigartige Lösung für ein Problem deiner idealen Kundinnen und Kunden zu entwickeln. Diese Lösung besteht aus einem stufenweisen Plan, einem Prozess oder einer Vorlage, die wieder und wieder genutzt werden kann. Du musst möglicherweise nicht einmal dieses Programm oder diesen Prozess gemeinsam mit deinen Kunden durchlaufen. Dein Team kann das auch erledigen. Weil du aber ein einzigartiges und bewährtes Programm entwickelt hast, bezahlen deine Kunden deutlich mehr, als die Stundensätze deines Teams das erwarten lassen würden. Sie bekommen mehr als nur Stunden: Sie bekommen eine bewährte Lösung.

Neue Kunden

Häufig ist es gar nicht so schwierig, neuen Kundinnen und Kunden deine neue Preisstruktur vorzustellen. Wenn du in einem Verkaufsgespräch (s. Kap. 7) die Schmerzen deiner Kundin verstehst und die Lösung, die du bietest, deutlich wertvoller ist als das Investment in diese Lösung, wird die Kundin mit Leichtigkeit „ja" zu deinem Angebot sagen.

Bestandskunden

Bei Bestandskunden möchtest du vermutlich von deiner aktuellen Preisgestaltung zu deiner neuen wechseln. Das kann schwieriger sein. Sobald du beispielsweise Robert bittest, mehr für dasselbe zu bezahlen, schuldest du ihm zumindest eine Erklärung. Das Beste ist natürlich, du zeigst ihm, dass die neue Situation auch für ihn ein „Win" ist und dass er auf diesem Weg weit mehr Wert bekommt. Du sprichst mit Robert über seine Situation und sagst ihm, wie du glaubst, ihm besser zu Diensten sein zu können. Dann erläuterst du, dass du nur noch deinen neuen Prozessen entsprechend arbeitest und dass du damit ab einem bestimmten Datum beginnst. Du bittest deinen Kunden zum neuen Modell zu wechseln und gibst ihm aber genug Zeit, sich zu entscheiden. Wenn dein Kunde keinen Mehrwert möchte (nehmen wir an, Robert möchte seine Steuererklärung einfach nur so günstig wie möglich abgeben), dann gibst du ihm die Chance, sich nach einem anderen Dienstleister umzuschauen. Vielleicht entschließt er sich dazu, dich zu verlassen. Doch wenn das für dich nicht in Ordnung ist, solltest du diesen Schritt nicht gehen … jedenfalls noch nicht. Dabei ist es ziemlich wahrscheinlich, dass der Kunde mit deinem neuen Angebot sehr zufrieden sein wird. Vielleicht hat er nur darauf gewartet!

Action Step

Dieses Kapitel war eigentlich ein einziger großer Action Step:

- ↳ Benenne deinen idealen Kunden.
- ↳ Stelle das wirkliche Problem deines Kunden fest und formuliere die richtige Lösung dafür.
- ↳ Entwickle einen Stufenplan, den du wieder und wieder durchlaufen kannst, um die Probleme deines idealen Kunden zu lösen.
- ↳ Beziffere den Wert deiner Lösung.

In diesem Kapitel haben wir besprochen, wie du das Problem deiner idealen Kundinnen und Kunden lösen kannst und welchen Wert diese Lösung hat. In den kommenden Kapiteln zeige ich dir die Schritte, die ich mit tausenden Kundinnen und Kunden in den letzten Jahren gegangen bin (von Solopreneuren bis hin zu KMUs). Diese Schritte haben sich wieder und wieder bewährt und ich denke, dass sie dich inspirieren können, damit du deine eigene ideale Lösung entwickeln kannst.

4 Verwaltungsaufgaben in 30 Minuten pro Woche plus einer Minute am Tag

„Wir sind, was wir wiederholt tun. Exzellenz ist von daher keine Aktion, sondern eine Gewohnheit."

– Will Durant

Peter und ich wurden eher mal zurückhaltend begrüßt. Wenn deine Kunden einen Berater engagieren und der Berater sich mit dir als Steuerberater treffen will, dann weißt du, dass etwas nicht stimmt. Uns wurde Kaffee angeboten – ein zarter Versuch, höflich zu erscheinen. Währenddessen ließ ich meine Augen das Büro erkunden. Es war ein altmodisches Büro: Teppichboden, Jalousetten. Überall Papierstapel. Vier große Aktenschränke enthielten vermutlich Aktenmappen. Dieser Ort bestätigte meine Vermutung. Ich hatte es nicht mit einem modernen Steuerbüro zu tun. Das war kein Steuerberater, der in der Cloud arbeitet und sich über digitale Neuerungen freut. Dies war ein typisches altmodisches Steuerbüro.

Nach dem üblichen Smalltalk stellte ich eine wichtige und wie ich glaubte, unschuldige Frage. „Ich verstehe, dass die Zahlen des vergangenen Jahres noch nicht vollständig vorliegen," fing ich an, „aber mich würden Peters vorläufige Zahlen interessieren. Wie sehen sie mit Blick auf Umsatz und Gewinn aus?"

Greg schaute überrascht auf. Diese Informationen konnte er mir nicht geben. Es gab keine vorläufigen Zahlen.

Ich war verwirrt. „Du hast die Umsatzsteuer abgegeben, oder nicht?", setzte ich erneut an. „Dann muss es doch vorläufige Zahlen geben, oder nicht?"

Gregs Antwort schockte mich: „Wir haben die Umsatzsteuer von Hand erstellt, in Excel. Wir haben noch keine Zahlen in die Buchhaltungssoftware eingegeben."

Das hat er gesagt.

Ich wurde still. Ich hatte in der Zusammenarbeit mit meinen Kunden schon viel erlebt – aber das schoss den Vogel ab.

***

Jetzt hast du eine Vorstellung von deinen idealen Kundinnen und Kunden und deren realen Problemen und Zielen. Jetzt gehen wir tiefer. Was lieferst du als Gewinnberater, was ein gewöhnliches Steuerbüro nicht liefert? Wie lieferst du so viel Zusatznutzen, dass du dich als Gewinnberater bezeichnen kannst?

Einerseits hängt die Antwort darauf natürlich von deiner Expertise und deinen Kompetenzen ab. Andererseits gibt es zahlreiche Schritte, die jeder Unternehmer zu gehen hat. Ich begleite dich auf diesem Weg in diesem und dem nächsten Kapitel.

Schritt 1: Du hilfst deinen Kundinnen und Kunden, ihre Buchhaltung in 30 Minuten pro Woche zu erledigen (dieses Kapitel).

Schritt 2: Du hilfst deinen Kunden dabei, einen Finanzplan zum Erfolg zu erstellen (Kapitel 5).

Schritt 3: Du bringst deinen Kundinnen und Kunden bei, wie sie ihre Finanzen mit Hilfe von Profit First managen können (Kapitel 6).

Bevor du deinen Kunden wirklich und wahrhaftig dabei helfen kannst, mehr Gewinn zu erzielen und die schönen Dinge an ihrem Haus zu gestalten, muss das Fundament stehen. Die Buchhaltung muss stimmig sein, bevor du mit dem Zeug starten kannst, von dem du träumst: die wundervolle Küche einbauen zu lassen oder, mit unternehmerischen Worten, Gewinn zu machen. Die Konten müssen tagtäglich in Ordnung sein, und zwar mit so wenig Einsatz an Zeit, Energie und Geld wie möglich.

In diesem Kapitel zeige ich dir, warum Buchhaltung zu teuer ist und erkläre dir, wie du deine Kunden Schritt für Schritt dahinbringen kannst, dass sie ihre Buchhaltung in einer halben Stunde pro Woche erledigen können.

4.1 Der Verwaltungsschmerz

Frag Unternehmer, wie es ihrer Buchhaltung geht und sie fragen dich, ob du kein spannenderes Gesprächsthema hast. Ich habe zahlreiche Webinare für Unternehmer gehalten und habe über ein Umfragetool einige Fragen gestellt. Eine der Fragen war:

„Was kostet dich die Buchhaltung?"

a. … zu viel Zeit
b. … zu viel Geld
c. … zu viel Energie
d. … zu viel Zeit, Geld und Energie
e. Ich bin sehr zufrieden mit meiner Buchhaltung

In einem normalen Webinar bekam ich in der Regel die in Abbildung 3 dargestellten Ergebnisse.

Abb. 3: Antworten auf die Frage „Was kostet dich die Buchhaltung?"

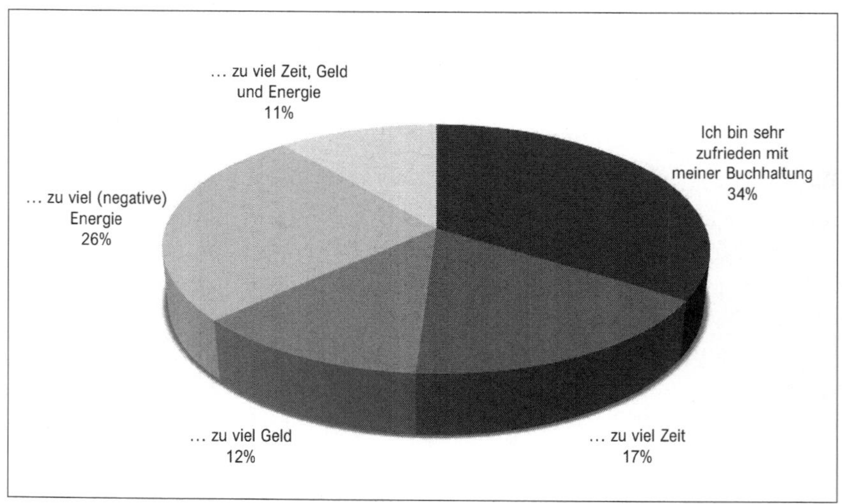

Wir können vorsichtig schlussfolgern, dass zwei Drittel der Unternehmer mit ihren Finanzen nicht zufrieden sind. Die Buchhaltung kostet zu viel Zeit, zu viel Geld oder zu viel Energie oder zu viel von allen dreien. Wenig überraschend, dass Unternehmer lieber über etwas anderes sprechen möchten.

Suche mal auf Facebook oder Twitter einen Tag vor der Abgabefrist für die Umsatzsteuererklärung nach „Umsatzsteuer". Ausnahmslos findest du zumindest in den Niederlanden Kommentare wie:

Unternehmerische Qualen in einem Wort: #Umsatzsteuer.

*Unglaubliches Sch*ßwetter, also ist Zeit für den Sch*ßjob des Quartals: Umsatzsteuererklärung! #hoffentlichschnellfertig #Umsatzsteuer #Steuererklärung.*

Bäh … #Verwaltung #Steuerklärung, lästige #Belege, #Buchhaltung und #Umsatzsteuer gehören natürlich auch dazu …

Ok, das Stressding des Quartals ist mal wieder erledigt: #Umsatzsteuer #Steuererklärung abgegeben!

Warum ist die Umsatzsteuererklärung für Unternehmer ein solches Drama? Eines der größten Probleme ist, dass Unternehmer in den Niederlanden, wo die Umsatzsteuer immer quartalsweise zu erklären ist, drei Monate lang ihren Kopf in den Sand stecken und alles geben, um ihre Buchhaltung zu ignorieren. Und dann, wenn sie es wirklich nicht mehr aufschieben können, manchmal wirklich zehn Minuten vor Abgabeschluss, müssen sie das Chaos der letzten drei Monate abarbeiten. Da ist es kein Wunder, dass dies zu Stress und Widerstand führt.

Die Lösung ist zugleich einfach wie komplex. Der Kunde braucht Buchhaltungsgewohnheiten, Prozesse und Systeme. Wenn Buchführung zur täglichen Routine wird, braucht sie kaum noch Zeit und Energie und ist immer aktuell. Sieh es wie Zähneputzen. Die meisten Menschen mögen das Zähneputzen nicht sonderlich. Und doch putzen wir alle unsere Zähne zweimal am Tag. Das ist ein faszinierendes Phänomen: Warum tun wir etwas, das wir gar nicht tun möchten? Es gibt mindestens zwei Hauptgründe dafür:

1. Es ist eine Gewohnheit. Wir werden schon in jungen Jahren darauf getrimmt. Du putzt deine Zähne zweimal täglich für jeweils zwei Minuten. So einfach ist das.
2. Diese Gewohnheit aufzugeben, hätte furchtbare Konsequenzen. Wenn du deine Zähne nur einmal im Jahr oder einmal im Quartal putzt, wirst du bald Wurzelbehandlungen über dich ergehen lassen müssen oder gar Zähne verlieren. Und das will niemand.

Genau aus diesen beiden Gründen ist es wichtig, auch die Buchhaltung zu einer Gewohnheit zu machen:

1. Wenn die Buchhaltung täglich aktualisiert wird, müssen deine Kunden sich nie wieder fragen, ob sie jetzt Lust darauf haben. Sie machen es einfach.
2. Die Konsequenzen einer quartalsweisen Buchhaltung sind furchtbar. Im Vergleich zu täglicher Aktualisierung kann es zehnmal länger dauern, die Konten einmal im Quartal auf den aktuellen Stand zu bringen. Fehlende Belege; Erinnerungen an diese Belege, die du deinen Kunden wieder und wieder geschickt hast; Belege, die unauffindbar bleiben, obwohl du zigmal daran erinnert hast; Vorgänge, die kein Mensch mehr wirklich durchdringen kann, selbst wenn man stundenlang darauf gestarrt hat – all das kostet viel Geld. Tausende Euro werden auf diese Weise jährlich vergeudet, weil Buchhaltung keine Gewohnheit ist, sondern etwas, das man über Wochen und Monate aufschiebt.

Stell dir vor, wie das Leben wäre, wenn all deine Kundinnen und Kunden eine Minute pro Tag auf ihre Konten verwenden würden – einfach als eine tägliche Gewohnheit? Alle Belege und Rechnungen werden sofort im System erfasst. Du musst nie wieder einem Beleg nachjagen. Belege gehen nicht mehr unter. Stell dir vor, was das für deine internen Prozesse und Vorgänge bedeuten würde. Die Arbeit lässt sich viel leichter organisieren, weil du jeden Tag ein bisschen tust, anstatt einen Riesenberg einmal pro Monat oder pro Quartal zu bewältigen. Dein Team spielt nicht den ganzen Sommer über Tischtennis, während sie im Februar Nachtschichten schieben müssen.

Und das sind nur die internen Prozesse. Stell dir vor, was es für deine Kunden bedeuten würde, wenn sie ihre Umsatzsteuererklärungen am Monats- oder Quartalsende ohne jeden Stress und ohne jede Mühe abgeben könnten. Einfach nur per Knopfdruck. Und was würde es deinen Kunden bedeuten, wenn sie ihre eigene finanzielle Situation mit einem Blick aufs Dashboard erfassen könnten, weil ihre Buchhaltung regelmäßig aktualisiert wird. Und was es für die Ergebnisse bedeuten würde, wenn du deinen Kunden helfen könntest, höhere Gewinne zu erwirtschaften – dank dieser Basis. Wenn erst einmal alles eingerichtet ist, wird es himmlisch. Allerdings kann es, abhängig von der Ausgangsposition deines Kunden, einige Mühe kosten, diese Basis zu errichten.

Es ist deine Aufgabe, deine Kundinnen und Kunden beim Einführen dieser Prozesse und Gewohnheiten zu begleiten, bis sie ihre Buchhaltung in einer Minute pro Tag und 30 Minuten pro Woche erledigen können. Ich gebe dir drei Grundvoraussetzungen und sieben Schritte, um diesen Zustand zu erreichen.

4.2 Verwaltung in 30 Minuten pro Woche

Bevor deine Kundin ihre gesamte Buchhaltung in einer Minute pro Tag und 30 Minuten pro Woche erledigen kann, müssen drei Voraussetzungen erfüllt sein:

1. Die Buchhaltung muss vollständig online laufen.
2. Alle Prozesse müssen von passender Technologie gestützt sein.
3. Die Prozesse müssen eingeführt, organisiert und laufend implementiert werden.

Grundvoraussetzung 1: Online-Buchhaltung

Deine Kundinnen sagen vielleicht, dass sie daran kein Interesse haben. Oder vielleicht bist du seit 15 Jahren Steuerberater oder Buchhalter und erledigst die Arbeiten immer noch so wie früher. Doch als Gewinnberater ist die Buchhaltung offline keine realistische Option mehr und zwar aus zwei Gründen:

1. Es ist notwendig, dass dein Kunde die Belege und Rechnungen abliefert und du möchtest, dass diese Ablieferung so reibungslos und rasch wie möglich vorgenommen wird. Nur so kannst du dich darauf konzentrieren, deinen Kunden dabei zu helfen, mehr Gewinn zu erwirtschaften. Du möchtest nicht, dass Belege verloren gehen und du möchtest deinen Kunden nicht daran erinnern müssen, dass noch Belege eingereicht werden müssen. Und du möchtest ganz sicher nicht, dass deine internen Prozesse vom Kunden vorgegeben werden.
2. Sowohl du als auch deine Kunden – ihr beide braucht zeitnahen Einblick in die Zahlen – nicht die vom letzten Jahr, nicht einmal die vom

letzten Quartal. Und auch nicht durch einen Bericht, den du einmal pro Monat erstellst und schickst. Buchungsvorgänge des Vortages müssen verfügbar und aktuell sein, damit deine Kundin ihre Bücher prüfen kann, während sie auf den Zug wartet. Einfach gesagt: Alle deine Kundinnen und Kunden müssen online arbeiten.

Grundvoraussetzung 2: Technologie

Über die Online-Buchhaltungssoftware hinaus gibt es viele weitere technologische Entwicklungen, die deinen Kunden und dir helfen, Zeit, Geld und Energie zu sparen. Es braucht möglicherweise Zeit, diese Programme zu finden und zu installieren, doch sobald sie im Einsatz sind, kannst du für alle Seiten Zeit sparen und die Gewinne erhöhen. Ich spreche von automatisierten Schnittstellen mit Banken, Verknüpfung des Onlineshops mit dem Buchhaltungssystem, Scanning- und Erkennungsfunktionen, Rechnungslegung aus dem Buchhaltungssystem heraus (und nicht aus Word, Excel oder einem weiteren Rechnungssystem.de, das nicht mit dem Buchhaltungssystem verlinkt ist). Und es wird in naher Zukunft noch weit mehr geben. Geh voran, spare deinen Kundinnen und Kunden die Mühe und lass die Computer die Arbeit erledigen.

Grundvoraussetzung 3: Prozesse implementieren

Dieser Punkt ist vermutlich der teuerste, wenn er nicht richtig funktioniert. Und leider humpeln beinahe alle Unternehmer an dieser Stelle etwas hinterher. Häufig sind die grundlegendsten Prozesse nicht ordentlich aufgesetzt und führen daher zu hohen Kosten. Beispielsweise gibt es eine Vermischung privater und geschäftlicher Ausgaben und Belege, außerdem werden Rechnungen nicht ordentlich abgelegt. Doch es geht auch um etwas komplexere Prozesse: Wie überträgst du deinen Umsatz aus dem Onlineshop ins Buchhaltungssystem? Häufig basteln Unternehmer irgendwie eine Lösung zusammen – und das kann am Ende jede Menge Geld kosten.

Mein Lieblingsbeispiel ist die Pizza, ... die am Ende deutlich mehr als 50 Euro kostet.

Angenommen dein Kunde – wir nennen ihn Omar – arbeitet mit seinem Team spät in den Abend hinein und sie bestellen Pizza. Die Pizza wird geliefert und er nimmt den Beleg für 44,95 Euro von der obersten

Pizzabox und legt sie auf seinen Schreibtisch (Schritt 1). Das Team futtert die Pizzen. Am nächsten Tag, wenn die Kontenbewegungen gebucht werden, siehst du die Ausgabe in Höhe von 44,95 Euro, zu der du keinen Beleg hast. Du buchst den Betrag auf ein Umbuchungskonto, auf dem du Beträge sammelst, die du nicht zuordnen kannst (Schritt 2). Am Monatsende schickst du deine Liste mit nicht zugeordneten Beträgen an Omar (Schritt 3). Er bekommt die E-Mail, schaut sie sich an und hat keine Lust, sich darum zu kümmern (Schritt 4). In den nächsten Tagen schaut er rund zehn Mal auf die E-Mail und hat noch immer keine Lust, sich damit zu befassen (Schritte 5 bis 14). Du schickst ihm eine Erinnerungsmail (Schritt 15). Omar beschließt, aktiv zu werden und beginnt, nach dem Beleg zu suchen. Er gräbt seinen gesamten Schreibtisch um, findet aber den Beleg nicht (Schritt 16). Am Ende des Arbeitstages unternimmt er einen weiteren Anlauf und findet endlich den Beleg (Schritt 17). Er schickt dir den Beleg mit einer kurzen Erläuterung (Schritt 18). Du bekommst die E-Mail (Schritt 19), arbeitest allerdings gerade mit einem anderen Kunden und machst erst einmal nichts damit. Am nächsten Tag schaust du dir Omars E-Mail an. Du machst die Buchhaltungssoftware auf und verarbeitest den Beleg (Schritt 20). Wenn du die gesamte Zeit addierst, die mit einer kleinen Ausgabe verbunden ist, dann kostet die Pizzabestellung für 44,95 Euro mittlerweile 244,95 Euro.

Ist das eine witzige Geschichte? Ja, klar. Ist sie überzogen? Nein, eigentlich nicht. Du weißt so gut wie ich, dass Klärungen und die Jagd nach Belegen bei weitem der größte Posten an Ineffizienz in der Buchhaltung deiner Kunden ist. Das kostet die Kundinnen und Kunden locker Tausende Euro jährlich mit Blick auf die Schritte, die du zu unternehmen hast – was du im Übrigen lieber gar nicht tun müsstest. Stell dir nur einfach mal vor, was es bedeuten würde, wenn du nie wieder Posten ohne Belege auf dem Umbuchungskonto parken müsstest, weil Omar und deine anderen Kunden ihre Belege immer sofort in die Buchhaltungssoftware einscannen. Ihr bemerkt beide den Effekt der erhöhten Effizienz in euren Brieftaschen. Natürlich profitieren auch deine Kunden davon, dass du weniger Zeit mit ihrer Buchführung verbringen musst. Und zugleich zahlen sie dir gern mehr Geld, als sie einem altmodischen Buchhalter zahlen würden, der ihnen nicht dabei hilft, effiziente Prozesse zu implementieren. Du hast Omars größtes Ärgernis identifiziert: Hilf ihm es loszuwerden.

4.3 Buchhaltung in 30 Minuten pro Woche

Die erste Herausforderung liegt darin, deinen Kunden dabei zu helfen, ihre Buchhaltung wie das Zähneputzen zu handhaben. Es ist kein elendiges Durchquälen am Quartalsende, sondern eine tägliche Gewohnheit, bei der sie nicht länger darüber nachdenken müssen, ob sie Lust haben, ihre Verwaltungsarbeit zu erledigen. Sie machen es einfach. Eine zweite Herausforderung liegt darin, entsprechend dem „First-time-right"-Prinzip zu arbeiten (aus Lean Six Sigma). Dabei geht es darum, so viele Aktivitäten wie möglich direkt beim ersten Mal richtig zu machen. Einen Fehler zu machen, ihn zu entdecken und dann zu korrigieren, ist immer teurer, als es direkt richtig zu machen. Noch dazu nervt es die Kunden.

Mit diesen drei Grundvoraussetzungen – Online-Buchhaltung, Einsatz von Technologie und Implementieren von Prozessen – deutlich vor Augen können wir auf den Schritt-für-Schritt-Plan schauen, der einen Unternehmer dazu befähigt, die Buchhaltung in 30 Minuten pro Woche und einer Minute am Tag zu erledigen. Gib deinen Kundinnen und Kunden diesen Schritt-für-Schritt-Plan. Kunden wissen, wo sie stehen und – was nicht unwichtig ist – verstehen zudem sofort, warum das Investment möglicherweise höher ist, als das, was sie dem Buchhalter an der Ecke bezahlen würden. Sie erfassen den Wert deiner Leistung sofort und umfassend.

Schritt 1: Online-Buchhaltung

Stelle Unternehmer-freundliche Software zur Verfügung. Deine Kundinnen und Kunden können Eingangsrechnungen in ein solches System hochladen und selbst Ausgangsrechnungen darin erstellen. Sie können darüber hinaus Belege sofort mit der zugehörigen App einscannen. Wähle am besten eine Software, die einen direkten Link zur Bank deines Kunden erlaubt, sodass Kontobewegungen automatisch jeden Tag in die Buchhaltungssoftware einfließen. Natürlich brauchst auch du eine Option, dich einzuloggen, damit du alle notwendigen Schritte unternehmen kannst, um die Grundsätze der ordentlichen Buchführung und Steuerpflichten zu erfüllen.

Eine wichtige Wahl, die du zu treffen hast, ist, ob du ein Standardsystem verwenden möchtest, mit dem all deine Kunden arbeiten, oder ob du und dein Kunde jeweils aus einer Reihe von Optionen auswählen. Das bedeutet auch, dass du und dein Team mit einer Reihe von Systemen arbeiten müsst. Ein festes System für all deine Kundinnen und Kunden zu verwenden, hat zahllose Vorteile. Du und dein Team, ihr müsst nur ein einziges System meistern. Ihr müsst nur einmal herausfinden, welche Schnittstellen mit anderen Apps hergestellt werden müssen. Du reduzierst die Kosten durch die Economy of Scale. Wenn du einen sehr klaren idealen Kunden hast, dann hat dies ebenfalls Vorteile für dein Unternehmen. Du hast ein System ausgewählt, das am besten zu dieser Branche passt, sodass du deine Kundinnen beraten kannst, ohne dass du zahlreiche Systeme für jeden Kunden recherchieren müsstest. Auf der anderen Seite kann die Arbeit mit nur einem System dich auch einschränken. Was, wenn dein idealer Kunde an deine Tür klopft und glücklich und zufrieden mit einer Software arbeitet, die nicht deine bevorzugte Wahl ist? Was machst du dann?

Du musst darüber im Vorfeld nachdenken. In Kapitel 11 besprechen wir die Wahl der richtigen Software im Detail.

Schritt 2: Systeme aufsetzen und vernetzen

Nimm dir genügend Zeit, um die verschiedenen Systeme, mit denen dein Kunde arbeitet, zu verlinken (Buchhaltung, Onlineshop, Bank, Kassensysteme usw.) und organisiere das Ganze sorgfältig. Dein Kunde muss diese Systeme aufsetzen. Besprecht miteinander, welche Einblicke dein Kunde sowohl in die Umsätze als auch in die Kosten benötigt und eröffne neue Konten innerhalb des Kontenrahmens, mit Namen, die deinem Kunden nutzen. Ich sehe immer wieder Konten mit Bezeichnungen, die für den Kunden keine Bedeutung haben. Es ist dagegen hilfreich, ein klares Konto je Produkt zu führen. Der Kunde kann dann beispielsweise sehen, dass ein bestimmtes, zeitaufwendiges Produkt nahezu keine Erlöse bringt. Besprich ebenfalls mit deinem Kunden, welche Ausgabenposten besonders dringend im Auge gehalten werden müssen. Und stelle sicher, dass diese Kosten ihr eigenes entsprechend benanntes Konto bekommen.

Außerdem solltet ihr besprechen, wie eine Ausgangsrechnung erstellt wird. Mit den Produkten zu arbeiten, die korrekt mit den Konten innerhalb des Kontenrahmens verlinkt sind, spart deinen Kunden viel Zeit beim Fakturieren und hilft, Fehler zu vermeiden.

Abhängig von der Software gibt es viele Möglichkeiten, Zeit und Geld zu sparen und einen guten Überblick über die Zahlen zu generieren. Auf diesem Wege kannst du deinen Kunden dabei helfen, dass sie Spaß an ihren Zahlen haben und dass die Finanzen für deine Kunden praktisch und leicht zugänglich sind. Das macht dich rasch zu einem sehr wertvollen Berater!

Schritt 3: Arbeitsteilung

Triff klare Absprachen darüber, wer wann welche Arbeit macht. Zunächst kümmere dich dabei um die wichtigsten Dinge. Eine wichtige Frage ist, wer die Eingangsrechnungen verarbeitet. Macht der Kunde das selbst oder kümmerst du dich darum? Meiner Erfahrung nach gibt es bei beiden Optionen Vor- und Nachteile.

Wenn dein Kunde die Eingangsrechnungen verarbeitet, vermeidest du Frustrationen bei ihm. „Nein, das gehört dort nicht hin!" oder „Wie können diese Kosten so niedrig sein? Ich habe eine Rechnung vergessen!" Andererseits macht dein Kunde eher Fehler als du. Wie geht man zum Beispiel mit Rechnungen aus der EU oder Drittländern um? Du wirst sie im Nachgang prüfen müssen. Es gibt natürlich noch andere Arten, eure Zusammenarbeit zu organisieren. Viele Kunden wollen diese Aufgabe einfach nicht selbst erledigen. In diesem Falle ist es wichtig, den Kontenrahmen mit ihnen im Detail durchzugehen, sodass sie eine Übersicht über ihre Konten bekommen (s. a. Schritt 2 zum Implementieren von Systemen). Auch du erfährst so genau, was auf welches Konto gebucht werden muss.

Die Kontenbewegungen zu buchen, obliegt in der Regel dir. Allerdings gibt es auch viele Kundinnen und Kunden, die dies lieber selbst tun, weil sie gern die Kontrolle behalten wollen. Oder weil sie noch immer nicht genug verdienen, um diese Arbeit outsourcen zu können. Das gleiche gilt für die Umsatzsteuererklärung. Häufig ist dies eine Aufgabe für den Buchhalter oder Steuerberater, der dann sofort die Zahlen prüft. Die monatliche (oder in den Niederlanden quartalsweise) Umsatzsteuererklärung einzureichen, ist vor allem im ersten Dreivierteljahr häufig nicht mehr als ein Knopfdruck. Unternehmer können das in der Regel auch selbst erledigen. Meiner Erfahrung nach gibt es nicht den einen richtigen Weg. So lange, wie ihr euch darüber im Klaren seid, welchen Weg ihr miteinander geht und ihr euch beide daran haltet, ist dies der richtige Weg für euch.

Dokumentiere die Arbeitsteilung, sodass du ein Dokument hast, an dem du dich orientieren kannst. Du kannst dies auf einem einzigen Blatt tun. Besonders am Anfang wirst du deine Kundinnen und Kunden disziplinieren müssen. Es braucht eine Weile, bevor das neue Verhalten zur Gewohnheit geworden ist. In diesen Wochen musst du in der Lage sein, ihnen genau zu sagen, welche Aufgaben sie haben. Es hilft, wenn du dann dieses Dokument hast, auf dem die Absprache klar notiert ist.

Schritt 4: Prozesse aufsetzen

Zusätzlich zur Software müssen auch neue Prozesse aufgesetzt werden. Du kannst hier aller Voraussicht nach die größten Ersparnisse erzielen! Vermutlich warst du schon zigmal frustriert über die Art und Weise, wie deine Kundinnen und Kunden ihre Unterlagen einreichen oder wie sie ihre Bücher führen. Die ersten drei Male wunderst du dich, warum, zum Beispiel ein Kunde andauernd das falsche Konto anspricht. Doch die Korrektur benötigt nur wenige Mausklicks. Nach einiger Zeit gewöhnst du dich daran. Ein neuer Status quo ist geboren – einer, der auf Dauer viel Geld kostet. Du kannst diese Ressourcenverschwendung verhindern, indem ihr gemeinsam die Prozesse durchgeht. Gib Feedback, sobald sie von der Vereinbarung abweichen oder Fehler machen. Die Prozesse sind:

1. Eingangsrechnungen erhalten,
2. Eingangsrechnungen verarbeiten,
3. Belege erhalten und verarbeiten,
4. Ausgangsrechnungen versenden,
5. Eingangsrechnungen bezahlen,
6. Mahnungsmanagement.

Allerdings sind abhängig von deinem Kunden noch weitere Prozesse vorstellbar, wie beispielsweise Warenwirtschaft, Barkasse usw.

1. Eingangsrechnungen erhalten

Was tun deine Kunden, wenn sie eine Eingangsrechnung per E-Mail erhalten? Vermutlich tun sie gar nichts. Viele Unternehmer lassen ihre Eingangsrechnungen in der Inbox, weil sie nie über eine Möglichkeit nachgedacht haben, sie rasch und effizient zu verarbeiten. Das kostet Geld. Du weißt das und ich weiß das. Du brauchst nichts weiter zu tun, als deinen Kunden zu helfen, einen transparenten und einfachen Prozess aufzusetzen. Es gibt nicht den einen richtigen Prozess. Zentral ist, welchen Prozess auch immer ihr entwickelt, dass dieser so einfach und logisch ist, dass die Kunden ihn wieder und wieder durchführen, bis er zur Gewohnheit wird. Einen festen Ablauf von Schritten zu absolvieren, verhindert, dass die Rechnung verschwindet, zweimal bezahlt wird oder 15 Mal angeschaut wird, bevor sie richtig verarbeitet wird. Ich schildere dir einen Standardprozess, doch natürlich muss das für deinen Kunden nicht der ideale Prozess sein.

Beispielprozess (Buchhaltungssoftware mit Bezahlfunktion):

1. Die Rechnung wird mit dem Eingang sofort in dein Buchhaltungssystem hochgeladen.
2. Setze für einen festen Tag pro Woche einen Zahlungslauf an (Erläuterung s. u. Punkt 5 Eingangsrechnungen bezahlen) und zahle die Rechnungen.

Beispielprozess (einfache Buchhaltungssoftware):

1. Die Rechnung wird mit dem Eingang sofort in dein Buchhaltungssystem hochgeladen.
2. Dann ziehe die Rechnung in den „Rechnungen zu bezahlen“-Ordner.
3. Bezahle alle Rechnungen aus dem „Rechnungen zu bezahlen“-Ordner an einem festen Tag pro Woche (Erläuterung s. u. Punkt 5 Eingangsrechnungen bezahlen).

Ob du es glaubst oder nicht: Einige Eingangsrechnungen kommen nach wie vor mit der gelben Post. Sie gehen sogar noch häufiger verloren als digitale Rechnungen: Sie werden auf dem Schreibtisch hin- und hergeschubst oder landen in einer Schublade. Das Folgende trifft auch auf diese Rechnungen zu: Führe einen festen Prozess ein. Ich fotografiere die Rechnung und maile sie mir sofort. Dann durchläuft sie den gleichen Prozess wie digitale Eingangsrechnungen. Du kannst dir natürlich auch andere Prozesse ausdenken. Es ist wichtig, dass dein Kunde immer die gleichen Schritte in der gleichen Reihenfolge absolviert.

2. Eingangsrechnungen verarbeiten

Wenn Eingangsrechnungen verarbeitet werden, ist das Direkt-richtig-Prinzip besonders wichtig. Eine Eingangsrechnung, die zunächst auf ein falsches Konto gebucht wird, sorgt beim Kunden für viel Irritation. Der Unternehmer muss dann entweder den Fehler berichtigen oder dich bitten, das zu tun. Die erste Option ist häufig schneller, doch mit der zweiten Option ist die Chance größer, dass du die nächste ähnliche Rechnung direkt richtig buchst. In jedem Falle benötigt das direkt richtige Buchen der Rechnung weniger Zeit, als den Fehler zu machen, das zu entdecken und schließlich zu korrigieren.

Ein weiterer wichtiger Punkt, auf den beim Verarbeiten von Eingangsrechnungen geachtet werden muss, ist die korrekte Benennung der Rechnung. Viele Eingangsrechnungen bekommen kaum eine vernünftige Beschreibung, allenfalls vielleicht ein Wort wie „Miete" und im schlimmsten Falle die Standard-Beschreibung, die von der Buchhaltungssoftware angeboten wird. Das mag zum Beispiel der Dateiname sein. Fast immer bekommt man so zu wenig Informationen. Natürlich hast du kein Problem dabei, wenn du die Kosten verbuchst, doch es wird ein großes Problem, wenn du die Zahlen einige Monate später zu analysieren versuchst. Unternehmer, die verstehen wollen, wofür sie so viel Geld ausgeben, profitieren sehr von klaren Beschreibungen. Ich empfehle die folgenden Beschreibungen für jede Zeile im Journal: Was, wer, wann. Zum Beispiel: Telefonrechnung, Verizon, Dezember 20xx.

3. Belege erhalten und verarbeiten

Belege sind für gewöhnlich das größte Problem. Sie verschwinden auf Nimmerwiedersehen in einer Brief- oder Handtasche. Belege können eine Menge Zeit, Energie und Geld kosten. Vorsteuer kann nicht zurückgefordert, Kosten können nicht geltend gemacht werden. Kunden hassen Buchhaltung besonders, wenn sie nach verlorenen Belegen suchen müssen. Die Lösung ist recht einfach: Wenn deine Kunden etwas kaufen und keine Barkasse führen, bitte sie, mit Karte zu zahlen. Zumindest sorgst du so dafür, dass keine Transaktionen mehr verschwinden. Dann bringst du deinen Kunden bei, ihre Belege sofort einzuscannen – und damit meine ich wirklich „sofort", während sie noch im Laden sind – mit Hilfe ihrer Buchhaltungs-App. Dann können sie von mir aus den Beleg in irgendeine

Kiste werfen (abhängig von der geltenden Aufbewahrungspflicht). Wenn du das erreichen kannst, dann hast du einen großen Sieg errungen!

4. Ausgangsrechnungen versenden

Ausgangsrechnungen zu verschicken, ist in der Regel kein Problem. Da dies die Aktivität ist, die das Geld bringt, meistern Unternehmer diesen Teil in der Regel zügig. Und doch, wenn ihr den Prozess Schritt für Schritt durchgeht, kannst du fast immer feststellen, dass die Effizienz noch gesteigert werden kann. Ich kenne viele Unternehmer, die die Rechnungen erneut händisch ausstellen, die von ihrem Warenkorbsystem automatisch ausgestellt wurden. Anstatt diese Rechnungen neuzuschreiben, ist es häufig möglich, diesen Prozess zu automatisieren. Wenn dies keine Option ist, ist es vielleicht möglich, monatliche Transaktionen zu exportieren und importieren. Mit etwas Recherche kann in diesem Prozess viel Zeit und Energie gespart werden. Selbst wenn der Unternehmer die Rechnungen händisch erstellt, kann viel davon automatisiert werden: Vom Anlegen von Produkten (inklusive Preis) in der Buchhaltungssoftware und die Verbindung mit einer Zeiterfassung, bis hin zur Arbeit mit einem Warenkorbsystem, das die gesamte Rechnungserstellung übernimmt. Es gibt viele Möglichkeiten.

Schau dir auch den eigentlichen Augenblick an, in dem die Rechnungen ausgestellt werden. Ich berate Kunden häufig dahingehend, dies weit häufiger zu tun als nur einmal pro Monat; zum Beispiel wöchentlich am wöchentlichen Verwaltungstag oder zweimal pro Monat. Je länger deine Kunden damit warten, Rechnungen auszustellen, umso länger dauert es, bis sie ihr Geld bekommen. Vielen Unternehmern kann es auch die Augen öffnen, dass sie ihre Rechnungen im Vorfeld ausstellen und so auch im Voraus bezahlt werden können.

5. Eingangsrechnungen bezahlen

Mein erster Tipp mit Blick auf Zahlungsausgänge ist, sich auf einen Zahltag festzulegen. Viele Unternehmer bezahlen ihre Rechnungen, sobald sie eingehen. Das ist schlicht nicht effizient: Sie verwenden unnötig viel Zeit darauf, Rechnungen zu bezahlen. Wenn sie in Schritt 1 einen guten Prozess aufgesetzt haben, ist dies überhaupt nicht notwendig.

Was darüber hinaus sinnvoll sein kann, ist, die Zahlung mit einer bestimmten Beschreibung zu versehen. Zunächst notierst du die Rechnungsnummer (und, sofern zutreffend, die Bestellnummer und weitere notwendige Informationen), damit der Adressat die Zahlung verarbeiten kann. Doch füge Weiteres hinzu: Was, wer, wann (zum Beispiel: Telefon Verizon Januar). Genau genommen ist das nicht notwendig, doch Unternehmer schauen häufiger auf ihr Bankkonto, als du denkst, besonders dann, wenn sie mit Profit First arbeiten (s. Kapitel 6). Es ist für Unternehmer sehr hilfreich, wenn Informationen bei den Zahlungsströmen zu finden sind.

Wenn die Buchhaltungssoftware Zahlungen gesammelt verarbeiten kann, stelle sicher, dass die Unternehmer dies auch nutzen!

Es ist in der Regel eine große Erleichterung für deine Kunden, wenn nichts weiter getan werden muss! Es braucht auf der Rechnung nicht vermerkt zu werden, dass sie bezahlt worden ist; die Rechnung muss nicht ins Kreditorenalphabet einsortiert oder zu den Kontoauszügen geheftet werden. Nachdem sie bezahlt und an die Buchhaltungssoftware geschickt worden ist, ist sie erledigt.

6. Mahnungsmanagement

Kundinnen an unbezahlte Rechnungen zu erinnern, kann in einer halben Minute pro Woche erledigt werden. Dies setzt natürlich voraus, dass bestimmte Dinge in Ordnung sind: Die Buchhaltung wird vollständig online erledigt, die Software verfügt über die Funktionalität, Mahnungen zu versenden, die Konten sind immer aktuell und es gibt Standardtexte für Zahlungserinnerungen. Wenn all dies steht, können die Erinnerungen in der Regel mit einem Mausklick erledigt werden.

Das Einzige, das deine Kunden möglicherweise von dieser Art des Debitorenmanagements abhält, ist das eigene Mindset. Merkwürdigerweise finden Unternehmer es häufig schwierig, Mahnungen auszusenden. Sie haben die Sorge, nervig zu wirken oder Kunden zu verlieren. Und deshalb machen sie nichts. Doch dieser nichtzahlende Kunde kostet sie täglich Energie. Diese Unternehmer würden definitiv davon profitieren, wenn du ihnen dabei hilfst, das Mahnungsmanagement aus der Unternehmensperspektive zu betrachten. Ihnen ist vielleicht gar nicht klar, dass Rechnungen verloren gehen können oder dass manch ein großes Unternehmen immer erst nach der ersten Mahnung zahlt. Eine freundliche Erinnerung ist dann vielleicht schon ausreichend, um die Zahlung zu auszulösen. Doch selbst wenn es einen anderen Grund geben sollte: Es gibt natürlich eine Vereinbarung. Wenn der Unternehmer seine Seite der Vereinbarung erfüllt hat, dann ist es nur logisch und angemessen, dass die Kunden daran erinnert werden sollten, dass sie ihre Seite der Vereinbarung einzuhalten haben. Hilf deinen Kunden dabei, diesen Prozess einzurichten und hilf ihnen dabei, ihr Geld auf professionelle Art und Weise zu bekommen. Auf diesem Wege vermeidest du bei deinen Kunden viel Frustration, Zeit- und Geldverschwendung.

4.4 Buchhaltungsgewohnheiten

Das Versprechen dieses Kapitels ist es, dass deine Kunden ihre Buchhaltung in 30 Minuten pro Woche plus einer Minute pro Tag erledigen können. Wenn dein Kunde ein gigantischer multinationaler Konzern ist, ist das vermutlich keine echte Option. Doch für viele Solopreneure und, entsprechend angepasst, für Kleinunternehmen kann das Ganze wirklich so einfach sein. Natürlich müssen die drei Grundvoraussetzungen aus 4.2 erfüllt sein, der Schritt-für-Schritt-Plan aus 4.3 muss stehen und jetzt muss dein Kunde neue Buchhaltungsgewohnheiten lernen.

Dieser letzte Punkt kann eine große Herausforderung sein. Wir verstehen, dass viele Unternehmer keine natürliche Affinität zu Finanzen verspüren. Sie sind häufig recht zufrieden, wenn sie nichts von dir hören und wenn sie über Wochen und Monate nichts mit ihrer Buchhaltung tun müssen. Doch letztlich ist die Buchhaltung immer präsent. Verwaltungstätigkeiten aufzuschieben, sorgt nicht dafür, dass man sie los wird. Der Stapel wird nur größer.

Ich vergleiche es oft mit dem Zähneputzen und erwähne zwei wichtige Dinge:

1. Wenn die Buchhaltung täglich aktualisiert wird, müssen deine Kunden nie wieder darüber nachdenken, ob sie Lust dazu haben oder nicht. Sie machen es einfach. Genauso, wie wir nicht darüber nachdenken, ob wir Lust haben, unsere Zähne zu putzen oder nicht. Wir putzen sie.

2. Die Auswirkungen der Monat für Monat nachträglichen oder gar quartalsweisen Buchhaltung sind katastrophal. Im Vergleich zu den täglichen Aktualisierungen kann es zehnmal so lange dauern, die Buchhaltung nachträglich oder quartalsweise zu erledigen. Genauso katastrophal sind auch die Auswirkungen, wenn du deine Zähne nur einmal im Monat putzt. Ruckzuck brauchst du eine Wurzelbehandlung.

Aus dieser Perspektive ist es gar nicht mehr so eine verrückte Idee, aus der Buchführung eine Gewohnheit zu machen. Woraus besteht die Buchhaltung in 30 Minuten pro Woche und einer Minute pro Tag genau?

Eine Minute pro Tag

Einige Aktivitäten müssen zu täglichen Gewohnheiten werden. Um deinen Kunden zu helfen, gibst du ihnen regelmäßig Rückmeldung, insbesondere während der ersten Wochen. Lobe sie, wenn du siehst, dass die Dinge über lange Zeit gut laufen und zögere nicht, sofort zu reagieren, wenn dir ein Beleg fehlt! Zögere nicht, vielleicht „nervig“ zu wirken. Wenn du es in dieser Phase versäumst, Rückmeldungen zu geben, dann seid ihr bald wieder am Ausgangspunkt und die ganze Mühe war völlig umsonst.

Die täglichen Aktivitäten sind bei dem einen oder anderen möglicherweise unterschiedlich, doch diese Dinge sind üblich:

- Belege sofort bei Erhalt in die Buchhaltungs-App einscannen.
- Eingangsrechnungen sofort bei Erhalt in die Buchhaltungssoftware hochladen und, wenn nötig, sie in den Ordner „Rechnungen zu bezahlen“ schieben.
- Behalte die Bankkonten im Auge, um den Cashflow im Blick zu behalten.

30 Minuten pro Woche

An einem festen Tag, vielleicht sogar zu einer festen Zeit setzt sich der Unternehmer für 30 Minuten mit seiner Buchhaltung hin. Dies beinhaltet:

- Profit-First-Aktivitäten (s. Kapitel 6),
- Eingangsrechnungen verarbeiten,
- Ausgangsrechnungen schreiben,
- Mahnungen versenden,
- Eingangsrechnungen bezahlen,
- Zeiten und Kilometer nachhalten.

Die Einführung neuer Systeme, Prozesse und Gewohnheiten benötigt vermutlich mehrere Monate. Ist dies einmal erreicht, ist es wichtig, dieses erinnerungswürdigen Moments zu gedenken und deine Kunden daran zu erinnern, was sie bereits alles geschafft haben. Der Unternehmer ist jetzt bereit für den zweiten Schritt: den Finanzplan zum Erfolg!

Action Step

Beschreibe, welche Schritte du mit deinen idealen Kunden durchläufst, damit sie ihre Buchhaltung in einer Minute pro Tag und 30 Minuten pro Woche erledigen können. Dies ist Teil deines einzigartigen Programms. Dokumentiere diesen Schritt-für-Schritt-Plan. Du hast jetzt ein wertvolles Produkt in deiner Hand: Ein Produkt, das sowohl dir als auch deinen Kunden Geld bringt und hilft, das Unternehmen effizient zu führen.

Jetzt, da die Basics geschafft sind und die Buchhaltung immer in Ordnung ist, ohne zu viel Zeit, Geld und Energie zu benötigen, kann die eigentliche Arbeit beginnen. Du wirst den Unternehmern helfen, Gewinn zu generieren. Es gibt eine wundervolle Redensart: „Ein Ziel ohne Plan ist nur ein Wunsch." Mit anderen Worten, ein gutes Ergebnis zu erzielen, setzt vor allem einen soliden Plan voraus. Darum geht es im folgenden Kapitel: um den Finanzplan zum Erfolg.

5 Unterstütze deinen Kunden dabei, einen Finanzplan zum Erfolg zu entwickeln

„Ein gutes Ergebnis beginnt mit einem guten Plan."
– Femke Hogema

Mir wurde bald klar, dass wir in diesem ersten Interview mit Greg keinen Einblick in die Finanzen von Peters Unternehmen bekommen würden. Doch ich wollte nicht mit leeren Händen nach Hause gehen und hoffte, auf einem anderen Weg zu einer ersten Vorstellung über die finanzielle Situation zu kommen. Ich sprach zu Peter, doch zählte ich auch auf Gregs Input.

„Peter", sagte ich, „wie verdienst du dein Geld?"

Peter sah mich verwirrt an. „Ich verkaufe Apps", sagte er vorsichtig.

„Großartig", sagte ich. „Wie viele Apps musst du dieses Jahr verkaufen, um deinen geplanten Gewinn zu erreichen?" Jetzt hatte ich Peters Aufmerksamkeit.

„Gute Frage", sagte er. „Ich habe nur keine gute Antwort darauf. Wenn ich das wüsste, wäre es einfacher, meinen Vertriebler zu managen und meinen Terminplan aufzuräumen."

„Welche Marge hast du bei deinen Apps im Schnitt, Peter?", fragte ich mit einem Seitenblick auf Greg. „Ich meine damit, nachdem du die Entwicklungskosten abgezogen hast, welcher Prozentsatz bleibt übrig?"

Ich sah Peter an, dann Greg, dann wieder Peter und wartete auf eine Antwort. Ich erwartete, dass einer von beiden in der Lage wäre, mir zu sagen, wie in diesem Unternehmen das Geld verdient wurde.

***

Ist die Basis erst einmal solide gelegt – die Bücher sind 24/7 auf dem Laufenden mit dem geringstmöglichen Einsatz und Kosten –, kann die beste und wertvollste Arbeit beginnen: nämlich, deinen Kunden dabei zu helfen, Gewinn zu erzielen. Lass mich das völlig klar sagen: Ich meine nicht theoretischen, Auf-dem-Papier-Gewinn. Ich meine echtes Geld, Geld, das du in Händen halten kannst. Eins der Werkzeuge, um dafür den Weg zu bereiten, ist der Finanzplan zum Erfolg.[8] Ein solcher Plan ist die Übersetzung der Unternehmerziele in Zahlen: Umsatz, Kosten und Gewinn. Ein solcher Plan zeigt, ob das Unternehmen Gewinn macht, ob wirklich Geld verdient wird.

Der Plan hat Ähnlichkeiten mit einem Budgetplan. Doch der Begriff Finanzplan zum Erfolg ist für Unternehmer weit attraktiver, sodass damit die erste Hürde bereits genommen ist. Andere Einwände gegenüber den eher traditionellen Budgetplänen sind, dass sie mühevoll sind und sich eher theoretisch anfühlen. Der Finanzplan zum Erfolg überwindet diese Einwände mit Leichtigkeit.

5.1 Die Ziele des Finanzplans zum Erfolg

Der Finanzplan zum Erfolg hat drei Hauptziele:

1. Deine Kundinnen wissen im Voraus, ob ihre Pläne funktionieren und ob sie mit ihrem Traum, Plan oder ihrer Idee genug einnehmen werden.
2. Es hilft deinen Kunden dabei, sich zu konzentrieren und sie erwirtschaften Gewinn. Sie wissen, was sie tun müssen, um das gewünschte Ergebnis zu erreichen.
3. Dein Kunde kann frühzeitig einschreiten und Anpassungen vornehmen, wenn die gewünschten Ergebnisse nicht erzielt werden.

Angemessenheit

Es klingt offensichtlich: Unternehmer müssen im Vorfeld wissen, ob ihre Pläne angemessen sind. Doch in meiner Arbeit mit Tausenden Unternehmern über mehr als zehn Jahre hat sich wieder und wieder herausgestellt, dass dies keineswegs so offensichtlich ist. Nur wenige Unternehmer bestimmen im Vorfeld, ob ihre Pläne finanziell machbar sind. Grundsätzlich

8 Im Oktober 2019 schrieb und veröffentlichte ich das Buch „Winstgevende Plannen" (Der Finanzplan zum Erfolg; dt. Übersetzung von 2021). In den Niederlanden wurde das Buch innerhalb von zehn Tagen zum Bestseller. Ich hoffe, dass dir dieses Buch ebenfalls hilft.

verwenden sie viel Zeit auf die kreative Seite ihrer Idee. Unternehmer machen alles in ihrer Macht stehende, um Pläne mit Blick auf Inhalte auszuarbeiten und sich am Markt zu positionieren. Wenn du sie fragst, wie viel Geld sie damit verdienen werden, haben sie in der Regel keine Antwort darauf. Manchmal erzählen mir Kunden: „So lange ich tue, was ich gut kann, wird das Geld von alleine kommen."

Leidenschaft und Durchhaltevermögen sind sehr kraftvolle Triebkräfte. Mit ihnen beiden erschaffen Unternehmer etwas aus dem Nichts. Doch Gewinn benötigt mehr als nur Leidenschaft. Wenige Unternehmer berechnen wirklich den korrekten Preis, wie hoch die Herstellkosten sind, wie hoch die Gemeinkosten sind und wie viel verkauft werden muss, damit sie in den schwarzen Zahlen sind. Unternehmer mögen das nicht. Finanzen können sehr komplex aussehen und sie wissen nicht, wo sie anfangen sollen. Mit deinen Kunden zu arbeiten, um eine klare Vorstellung davon zu bekommen, wie viel sie wirklich verkaufen müssen und zu welchem Preis, ist sowohl durchschlagend als auch notwendig. So erreicht man Ziele.

Fokus und Gewinn

Ein Plan gibt Fokus. Ohne einen Plan tappen viele Unternehmer in die Falle, angetrieben von ihrem E-Mail-Postfach und Social Media zu arbeiten. Sobald sie morgens ihr Laptop öffnen, strömt Arbeit hinein. Jeder möchte irgendwas: einen Rat, eine Antwort, ein Angebot für ein neues Projekt.

Es gibt immer viel zu tun, wenn du ans Internet angeschlossen bist. Manchmal verdient ein Unternehmer dabei sogar ein bisschen Geld. Ein Angebot kann zu einem Auftrag führen, ein gemeinsamer Kaffee zu einem Projekt. Doch Achtung: All diese Aktivitäten werden von den Bedürfnissen anderer gelenkt. Unternehmer ohne Plan arbeiten reaktiv. Sie reagieren auf das, was andere möchten, was uns zu der Frage bringt, ob diese reaktiv arbeitenden Unternehmer wirklich das tun, was sie tun wollen. Erreichen sie ihre Ziele? Verfolgen sie ihre Träume? Oder – und das passiert allzu häufig – stellen sie am Jahresende fest, dass sie tatsächlich etwas Geld verdient, aber ganz sicher nicht die Welt verändert haben?

Wenn Unternehmer auf der Basis eines Plans arbeiten, können sie fokussieren. Sie wissen genau, was sie dieses Jahr zu tun haben, diesen

Monat, diese Woche, heute, jetzt, um ihre Träume zu verwirklichen. Sie beginnen, auf ihre eigenen Ziele hinzuarbeiten, anstatt auf die Bedürfnisse anderer zu reagieren. Sie erwirtschaften zudem fast sofort mehr Gewinn, einfach, weil sie die richtigen Dinge tun.

Management

Einen Plan zu verfolgen bietet zudem die Chance, auf Ergebnisse hinzuarbeiten. Da die Buchhaltung in Ordnung ist, können deine Kunden tagtäglich sehen, was sie verkaufen und wie viel sie einnehmen. Sobald sie feststellen, dass ihre Umsätze nicht so aussehen, wie sie sich das vorstellen, oder dass sie nicht den Gewinn erwirtschaften, den sie machen möchten, kann ihnen der Finanzplan zum Erfolg zeigen, wo etwas schiefläuft. Vielleicht war der Plan nicht realistisch. Super, das ist ein Weckruf. Manchmal müssen Kunden aktiv werden oder akzeptieren, dass sie ihre Ziele nicht erreichen werden. So einfach ist das. Es kann aber auch sein, dass ihr Plan nicht mit dem übereinstimmt, was sie wirklich erreichen wollen. Prima, dann können sie einfach ihre Pläne dementsprechend ändern. Wie auch immer: Die Kombination aus einem Plan und exakten Zahlen liefert uns wertvolle Informationen.

Widerstand gegen den Finanzplan zum Erfolg

Vielen Unternehmern widerstrebt es, einen Finanzplan zum Erfolg zu machen. Sie sagen zum Beispiel:

„Ich weiß nicht, wie viel Umsatz ich nächstes Jahr machen werde, oder?“
„Nein“, antworte ich immer. „Du weißt nicht im Voraus, wie viele Kunden du anziehen wirst und wie viel Umsatz du mit ihnen machen wirst. Doch das ist nicht das Ziel eines Finanzplans zum Erfolg. Das Ziel ist, dass du im Vorfeld kalkulierst, ob du genug einnehmen kannst, wenn du das tust, was du vorhast. Wenn du auf dem Papier keinen Gewinn erwirtschaften kannst, dann wirst du dies im richtigen Leben auch nicht tun.“ Darüber hinaus ist es wichtig, dass der Unternehmer versteht, dass der Finanzplan zum Erfolg nicht in Stein gemeißelt ist. Er kann sich laufend verändern: Es ist ein lebendiger, atmender, wachsender Plan.

„Ich mache keine Pläne. Ich liebe es, im natürlichen Flow zu arbeiten."
Diese Aussage könnte erkennen lassen, dass dieser Kunde Verantwortung vermeiden möchte. Wer dies sagt und glaubt, sieht sich selbst nicht in der Verantwortung, spezifische Ergebnisse zu erzielen. Wer jetzt noch keinen Gewinn erwirtschaften muss, braucht jetzt nichts zu erreichen. Wenn es keinen Plan gibt und kein Ziel, dann kann man nicht scheitern. Wenn du glaubst, dies ist bei deinem Kunden der Fall, dann musst du das herausfinden. Andernfalls könnt ihr nicht vorankommen. Unternehmertum setzt voraus, dass man mit dem arbeitet, was kommt, und dass man sich an die Umstände anpassen kann – sowohl im Positiven wie im Negativen. Doch ist das noch nicht die ganze Geschichte. Du brauchst einen strategischen Plan, um die gewünschten Ergebnisse zu erzielen.

„Bis der Plan so weit ist, ist er schon überholt."

Unternehmer, die dies sagen, denken häufig an einen dicken Bericht, der sich „Business Plan" nennt, den sie einreichen mussten, als sie ihr Unternehmen gegründet haben oder Geld brauchten. Ein Finanzplan zum Erfolg ist etwas ganz anderes. Zunächst einmal passt ein solcher Plan oft auf ein oder zwei Seiten. Du brauchst keine Wochen oder Monate, um einen Finanzplan zum Erfolg aufzusetzen. Er kann innerhalb eines halben Tages fertig sein und wird sofort zu Erkenntnissen führen. Zudem ist er ein lebendiges Dokument. Wenn deine Pläne sich ändern, verändern sich die Zahlen dementsprechend. Ein Finanzplan zum Erfolg ist dazu gedacht, sich zu entwickeln und er ist niemals überholt.

5.2 Einen Finanzplan zum Erfolg erstellen

Sobald du den Widerstand deiner Kunden gegenüber einem Finanzplan zum Erfolg überwunden hast, ist es Zeit, loszulegen! Du solltest mindestens einen halben Tag für den ersten Entwurf des Plans reservieren und deinem Kunden im Vorfeld Hausaufgaben aufgeben.

Hausaufgaben zur Vorbereitung

Hausaufgaben im Vorfeld sind sowohl für dich als auch den Unternehmer wichtig. Du bekommst die Informationen, die du brauchst, um das Meeting vorzubereiten. Und wenn du im Meeting selbst große Schritte machen möchtest, muss der Unternehmer in den Wochen zuvor einige Dinge durchdacht haben. Durch das Nachdenken über die Fragen, die du stellst, wird dein Kunde neue Erkenntnisse und Ideen gewinnen. Wenn die Hausaufgaben im Vorfeld erledigt werden, dann seid ihr darauf vorbereitet, sofort produktiv zu werden.

Für gewöhnlich bestehen die Hausaufgaben aus einem Fragebogen und der Bitte, dir vorläufige Zahlen zukommen zu lassen.

Fragebogen

Teils kannst du die Fragen selbst entwickeln, die du dem Unternehmer stellen möchtest, mit dem du arbeitest. Ein Unternehmer, der physische Produkte verkauft, bekommt andere Fragen als jemand aus dem Dienstleistungsbereich. Du stellst jemandem, der seit Jahren mit seinem Unternehmen erfolgreich ist, andere Fragen als einem Startup. Du versuchst deinen grundlegenden Fragebogen so stark wie möglich zu standardisieren, damit du so wenig Zeit wie möglich einsetzen musst, jedem Kunden aufs Neue echten Wert zu liefern. Je klarer du deinen idealen Kunden definiert hast, umso einfacher ist es, den Standardfragebogen zu entwickeln.

Ich gebe dir verschiedene Themen vor, um die herum du deine Fragen aufbauen kannst:

1. *Mission und Vision* – Bitte deinen Kunden, seine Mission (Warum tust du, was du tust?) und seine Vision (Wohin möchtest du?) in wenigen Sätzen zu erläutern.

Deine Kunden können gar nicht häufig genug über ihre Mission und Vision nachdenken. Sie sollten sich den Grund in Erinnerung rufen, warum sie ihr Unternehmen überhaupt gegründet haben und die großen Ziele, die sie erreichen möchten. Dies ist eine grundlegende Voraussetzung, um einen Finanzplan zum Erfolg zu entwickeln.

2. *Einzigartiges Angebot* – Frage deine Kunden, warum ihre Kunden bei ihnen kaufen und nicht beim Wettbewerb. Wie ihre Mission und Vision sollten deine Kunden ihr einzigartiges Angebot[9] kennen und beschreiben können. Dies ist die Basis der Pläne, die ihr entwickelt.
3. *Wer ist der ideale Kunde?* – Bitte deine Kunden, ihren idealen Kunden zu beschreiben. Wenn dieser ideale Kunde jetzt vor der Tür stünde, wer wäre das?
4. *Welche Probleme löst du?* – Bitte deine Kunden, zu beschreiben, welche Probleme sie mit ihrer Dienstleistung oder ihrem Produkt lösen. Deine Kunden tendieren möglicherweise dahin, eher in Aktivitäten und Prozessen zu denken („Ich mache Marketing." „Ich bin Anwalt." „Ich mache Webdesign."), als darüber nachzudenken, welche Probleme sie lösen.
5. *Lösung/Produkt* – Bitte deine Kunden, das konkrete Produkt zu benennen, das sie verkaufen. Diese Produkte sollten logischerweise die Antwort auf das Problem sein, das sie unter Punkt 4 beschrieben haben. Falls nicht, dann erlebt dein Kunde jetzt ein starkes Feedback. Du hast deinem Kunden soeben geholfen, einen Schritt in Richtung Gewinn zu gehen.
6. *Ziel für das nächste Jahr* – Was wollen deine Kunden im Laufe der nächsten zwölf Monate erreichen? Was wollen sie verkaufen, produzieren oder entwickeln?
7. *Hindernisse/Herausforderungen* auf dem Weg zum Ziel – Welche Hindernisse oder Herausforderungen kann dein Kunde schon jetzt erkennen?

Bitte deinen Kunden, dir die Antworten auf diese Fragen spätestens drei Tage vor eurem Meeting zukommen zu lassen und versichere dich, dass diese Antworten auch wirklich da sind. Indem du eine Deadline setzt, hilfst du deinem Kunden, die notwendigen Schritte zu gehen.

9 Lies den Pumpkin Plan (ebenfalls auf Deutsch verfügbar) meines guten Freundes und Businesspartners Mike Michalowicz, wenn du mehr darüber wissen möchtest, wie du ein einzigartiges Angebot entwickelst und deine idealen Kunden findest.

Das Meeting

Nehmt euch einen halben bis ganzen Tag, um gemeinsam den Finanzplan zum Erfolg zu entwickeln. Springe hier nicht zu kurz. Du brauchst diese Zeit. Bemühe dich zudem, dieses Treffen so zu gestalten, dass es in Erinnerung bleibt.

Setzt euch nicht in ein langweiliges Büro, sondern lade deinen Kunden in eine wundervolle Location ein, am besten draußen, wo es guten Kaffee gibt und ein tolles Mittagessen. Lass deinem Kunden eine echte VIP-Behandlung zuteilwerden. Dies hilft euch, den Kunden selbst, dich und die Pläne ernst zu nehmen. Zudem ist es sehr wahrscheinlich, dass die Arbeit in einem inspirierenden Umfeld positive Auswirkungen auf eure Ergebnisse haben wird. Schließlich wird dein Kunde anfangen, dich mehr und mehr als Gewinnberater wahrzunehmen und nicht länger nur als Steuerberater.

Im Vorfeld zum Meeting kannst du diverse Dinge vorbereiten:

- Wenn du einen Überblick über die Kosten deines Kunden hast, dann trage die Gemeinkosten deines Kunden in eine Excel-Version des Finanzplans zum Erfolg ein.[10] Diese Vorbereitung hilft dir ungemein bei der Frage 5 unten.
- Bring ausreichend viele Haftzettel und Marker mit. Du brauchst diese für die Frage 2 unten.
- Nutze ein großes Flipchart-Papier, um die nächsten zwölf Monate von links nach rechts darzustellen. Dies benötigst du für die Frage 3 unten.

Das Endergebnis des Meetings ist ein detaillierter Finanzplan zum Erfolg auf einem A4-Blatt. Dieser Plan braucht noch nicht vollständig zu sein, aber ihr werdet einen ersten Entwurf entwickeln. Während des Meetings oder unmittelbar danach erstellst du eine digitale Version des Plans, die du deinem Kunden nach dem Meeting zukommen lässt.

Führe deinen Kunden durch das Meeting und stelle ihm die folgenden Fragen – in der angegebenen Reihenfolge:

10 Auf www.benita-koenigbauer.de/shop findest du eine deutschsprachige Version; auf www.theprofitadvisor.eu findest du ein englischsprachiges Excel-Template für den Finanzplan zum Erfolg unter „products“.

1. Warum tust du, was du tust, und was möchtest du damit erreichen?
Du beginnst mit der Mission und Vision deines Kunden. Es ist wichtig, den Tag damit zu beginnen. Ein Plan, der nicht auf dem Warum des Unternehmers basiert, ist ein leerer Plan. Ein kraftvolles Warum gibt Energie und Richtung. Es mag vielleicht ein wenig furchteinflößend sein, mit diesen „vagen" Fragen zu beginnen, doch ich habe noch keinen Unternehmer getroffen, der nicht wusste, was er damit anfangen sollte. Und die Hunderte von Finanzplänen zum Erfolg, die mit meiner Unterstützung entstanden sind, haben alle ein besonders solides Fundament, weil wir mit der Frage nach dem Warum begonnen haben. Wenn die Hausaufgaben unlogische Antworten zu Tage gefördert haben oder zu weiteren Fragen geführt haben, ist es Zeit, sich um das einzigartige Angebot deines Kunden zu kümmern, ihre idealen Kunden und die Probleme, die sie für ihre idealen Kunden lösen.

2. Was verkaufst du in den nächsten zwölf Monaten?
Bitte deine Kunden, alle Produkte und Dienstleistungen aufzulisten, die sie verkaufen wollen. Bitte sie, jedes Produkt und jede Dienstleistung auf ein separates Post-It zu schreiben und klebe die Post-Its auf den Tisch vor euch. Unternehmer haben an diesem Schritt generell viel Freude. All das, was sie in ihrem Kopf schon hundert Mal durchgegangen sind, haben sie nun schriftlich vor sich liegen. Das gibt Ruhe und Erkenntnis.

3. Wann verkaufst du was?
Nun lässt du den Unternehmer die Post-Its auf das Flipchart kleben, das du in der Vorbereitung an die Wand gehängt hattest. Auch dieser Schritt liefert jede Menge Einsichten. Unternehmer kommen häufig zum Schluss, dass sie mehr wollen, als vernünftigerweise in der zur Verfügung stehenden Zeit möglich ist. Während dieses Schrittes ist es auch wichtig, nach der „Menge" zu fragen. Wie viele neue Webseiten wird dein Kunde im Januar entwickeln? Wie viele neue Teilnehmer registrieren sich für das Coachingprogramm X pro Monat? Notiere all diese Produkte und die zugehörigen Zahlen in der digitalen Version des Finanzplans zum Erfolg. Übrigens: Sag deinen Kunden, was du da tust. Andernfalls riskierst du, dass sie denken, du schreibst E-Mails oder bist anderweitig abgelenkt.

4. Was kosten deine Dienstleistungen/Produkte?
Du bittest den Unternehmer, für jedes Produkt einen Preis zu notieren. Das kann ein Stundenlohn sein, ein Produktpreis oder der Preis für ein Programm. Wenn dieser Preis noch nicht ganz klar ist, bitte den Unternehmer, einen Preis auf der Basis seines Bauchgefühls oder eines aktuellen Preises zu notieren.

Eine weitere Hausaufgabe ist es, klare Preise auf der Basis von Produktionskosten, Stunden und dem Wert des Produkts für den Kunden zu bestimmen. Wenn dies in die Vereinbarung passt, die du mit deinem Kunden hast, könntet ihr die Preise später gemeinsam festlegen.

Die Fragen 3 und 4 sind für die meisten Unternehmer und Gewinnberater eine Herausforderung. Der Grund dafür ist, dass hier Fragen gestellt werden, die sich nicht unmittelbar beantworten lassen. Deine Kunden wissen noch nicht genau, welcher Preis der richtige ist oder sie finden es möglicherweise schwierig zu schätzen, wie viel sie von diesem oder jenem Produkt verkaufen werden. Ermutige sie laufend, die beste Antwort zu finden. Es geht nicht darum, die Wahrheit auf den Tisch zu bringen. Das wichtigste Ziel ist, zu Papier zu bringen, was im Kopf des Unternehmers ist. Das gibt euch die Informationen, auf denen ihr aufbauen könnt.

Notiere die angeführten Preise im digitalen Plan. Dieser Schritt ist nur dann vollständig, wenn es einen ersten Entwurf der Umsätze gibt, die der Kunde erzielen wird, spezifiziert durch die Produkte, die verkauft werden und die Monate, in denen das Produkt verkauft wird. Teile deine Ergebnisse an diesem Punkt noch nicht mit deinem Kunden – es würde ihn nur ablenken.

5. Welche Kosten musst und möchtest du aufwenden, um deine Ziele zu erreichen?
Frage deine Kunden nun, welche Kosten sie aufwenden müssen und möchten, um diesen Plan umzusetzen. Ich betone „möchten", weil sich Kosten häufig negativ anfühlen. Doch um Ziele zu erreichen, müssen nahezu immer auch Investments getätigt werden. Das kann gut und gern als etwas Positives gewertet werden.

Während der Vorbereitung hast du bereits die Gemeinkosten in die Excel-Version des Finanzplans zum Erfolg eingetragen. Zumeist erwähnen Unternehmer die laufenden Kosten wie Telefon und Miete nicht. Wenn sie es tun, bürde ihnen auch auf, auf Kosten zu schauen, die jetzt noch nicht da sind, die aber notwendig sind, um Ziele zu erreichen. Sollten neue Mitarbeiter eingestellt werden? Wie viele? Und was wird das kosten? Musst du in Maschinen oder Software investieren?

Welches Investment – schätzt der Unternehmer – wird notwendig sein? Wiederum ist es nicht von Bedeutung, zu sehr ins Detail zu gehen. Lass die Kunden nicht dadurch vom Pfad abkommen, dass sie genaue Softwarepreise recherchieren: Fokussiert auf das, was zählt. Was zählt, ist, auf Papier zu bringen, dass es ein Software-Investment geben wird, inklusive einer ersten groben Schätzung bezüglich der Kosten. Um die Details kümmern wir uns später.

6. Welches Nettoeinkommen möchtest du jeden Monat erzielen?
Ob dein Kunde Einzelunternehmer ist oder ein Konzern, macht mit Blick auf diese Frage letztlich keinen Unterscheid. Du nimmst an, dass jeder ein angemessenes Gehalt erzielen möchte. Wer ist schließlich der beste Mitarbeiter deines Kunden? Tipp: Es ist er oder sie selbst! Die Frage ist: Wie hoch sollte das Gehalt sein? Abhängig von fiskalischen Vorgaben, die sich von Land zu Land deutlich unterscheiden, und der Rechtsform, solltet ihr das Gehalt in den Finanzplan zum Erfolg eintragen.

7. Welche Knöpfe sollten wir drücken, um das richtige Ergebnis zu erzielen?
Jetzt haben wir den ersten Entwurf für den Finanzplan zum Erfolg. Wenn du mit dem Unternehmer erfolgreich mitgetippt hast, kannst du jetzt den ersten groben Gewinnbetrag errechnen. Dies gibt dem Unternehmer wertvolle Einblicke, wenn du eine erste grobe Steuerschätzung auf der Basis dieses Gewinns berechnen kannst. Jetzt könnt ihr auf einen Blick sehen, ob die Pläne deines Kunden tragfähig sind. Verdient der Kunde Geld?

Wenn das Ergebnis nicht positiv ist, die Firma also Verlust macht oder nicht genügend Gehalt zahlen kann, müsst ihr den Plan verfeinern. Möglicherweise hast du schon gesehen, dass die Kosten deines Kunden zu hoch sind, doch dein Kunde wollte das nicht hören. Jetzt ist es, dank des Plans, offensichtlich, dass die Kosten im Vergleich zum Umsatz zu hoch sind – und das hat einen großen Einfluss.

Wenn die Berechnungen deinen Kunden zeigen, dass ihr Unternehmen derzeit keinen Gewinn erwirtschaftet, gibt es eine begrenzte Anzahl an Möglichkeiten: Der Umsatz muss erhöht werden (mehr Produkte/

Dienstleistungen verkaufen und/oder höhere Preise pro Produkt/Dienstleistung) oder die Kosten müssen gesenkt werden. Andere Optionen gibt es nicht. Dies kann für Kunden ein recht ungemütlicher Moment sein. Doch ist dieser Schritt meiner Erfahrung nach einer der hilfreichsten mit Blick auf das Angehen echter Veränderungen, die zu wahrem Gewinn führen.

Am Ende des Meetings gibst du deinen Kunden einen ersten Entwurf ihres Finanzplans zum Erfolg. Maile ihn direkt. Als Experte hast du vielleicht das Gefühl, du müsstest das Ganze noch einmal durchgehen, bevor du es verschicken kannst. Doch wenn du sicher bist, dass die Formeln korrekt hinterlegt sind und dass du alles eingegeben hast, was deine Kunden aufgeführt haben, dann sollten sie die Ersten sein, die diesen Plan bekommen. Wenn du ihn sofort mailst, übernehmen sie von Anfang an die Verantwortung dafür. Es ist ihr Plan, nicht deiner. Natürlich kannst du Unterstützung und Beratung anbieten, insbesondere wenn dies in den Prozess passt, den du erläutert hattest. Doch das kommt später! Für den Moment solltest du deine Kunden auffordern, sich das Ganze allein in Ruhe anzuschauen.

5.3 Management mit dem Finanzplan zum Erfolg

Ein Finanzplan zum Erfolg ist ein lebendiges Dokument. Er ist nicht in dem Augenblick fertig, an dem ihr einen halben Tag daran gearbeitet habt. Er ist eigentlich nie richtig fertig. Und „fertig" zu werden, ist gar nicht das Ziel dieses Plans. Die Konsequenzen von Entscheidungen zu verstehen und die richtigen Dinge zu tun, das sind die wichtigen Ziele des Finanzplans zum Erfolg.

Feedback dank des Plans

Die Wochen, die auf das Meeting folgen, können für deine Kundinnen und Kunden recht ungemütlich sein. Das Unternehmerleben geht weiter und allzu häufig passiert es im richtigen Leben, dass die Ergebnisse, die auf dem Papier so toll aussahen, nicht erreicht werden. Deine Kunden sind vielleicht enttäuscht und glauben, dass der Plan nicht funktioniert. Lass dich dadurch nicht entmutigen. Es geht nicht darum, dass der Plan nicht funktioniert. Es geht darum, dass deine Kunden auf der Basis des Plans nun Feedback bekommen. Nur wenn sie sich aktiv das Ziel setzen, endlich einen ausgewogenen Beitrag zum Familieneinkommen abzuliefern, schmerzt es sie, wenn sie dies nicht erreichen. Nur wenn sie sich das Ziel setzen, passives Einkommen zu erzielen, wird es ihnen wehtun, wenn dies nicht passiert.

Nur wenn sie laut ausgesprochen (und aufgeschrieben) haben, dass sie endlich dieses neue Produkt auf den Weg bringen werden und enttäuscht wurden, tun diese Ergebnisse weh. Wenn Unternehmer keine Ziele setzen, werden sie nicht durch ihre Ergebnisse enttäuscht. Gleichzeitig werden sie die angestrebten Ergebnisse nicht erzielen. Letztlich bleibt es deinen Kundinnen und Kunden überlassen, welche Alternative sie zufriedenstellender finden. Meiner Erfahrung nach führt Ziele zu setzen zu mehr Erfolg als keine Ziele zu setzen.

Deine Kunden bekommen nun Feedback und sie können Entscheidungen treffen. Sie müssen das Feedback ernst nehmen und Schlüsse daraus ziehen. Deine wichtigste Rolle in diesem Prozess ist es, Tatsachen festzustellen und zu benennen (Was sagen dir die wirklichen Ergebnisse?) und die richtigen Fragen dazu zu stellen. Weitere Impulse mit Blick auf die richtigen Fragen findest du in den Kapiteln 9 und 10.

Wenn du monatliche Meetings mit deinen Kunden hast, dann ist dies der perfekte Augenblick, die tatsächlichen Zahlen mit dem Plan zu vergleichen. Wo sind die Hauptdifferenzen? Und, am wichtigsten: Wo werden die gewünschten Ergebnisse erzielt? Sobald du erkennst, dass ein Produkt sich nicht verkauft, dass bestimmte Kosten viel zu hoch sind oder dass etwas anderes deutlich abweicht, musst du diesen Punkt benennen und Fragen dazu stellen. Der Sinn hinter den Fragen ist nicht so sehr, Antworten zu bekommen, sondern viel eher, deine Kundinnen und Kunden zum Nachdenken zu bringen. Sie müssen handeln, nicht du.

Management als Reaktion aufs Feedback

Ermutige deine Kunden, nach den Ursachen der Probleme zu suchen. Aus welchem Grund verkauft sich ein Produkt nicht oder schlecht? Aus welchem Grund sind die Kosten weit höher als erwartet? Als nächstes hilfst du deinen Kunden, zu konkreten Lösungen zu gelangen. Was werden sie nun verändern, da ihre Ergebnisse hinter ihren Zielen zurückliegen? Was werden sie tun, um sicher zu stellen, dass sich ein spezifisches Produkt verkauft? Oder sollten sie zum Schluss kommen, dass das Produkt ihren Kundinnen und Kunden keine Lösung für deren Probleme liefert? Können Sie das Produkt verändern? Oder, falls die Kosten zu hoch sind: Wie können sie mit geringeren Kosten die gleichen Ergebnisse erzielen? Was passiert, wenn sie einen bestimmten Kostenpunkt eliminieren?

Es ist nicht deine Aufgabe, Lösungen zu finden. Das ist die Aufgabe deiner Kunden. Doch diese Fragen zu stellen, bringt sie dazu, über Lösungen nachzudenken und sich auf die Ergebnisse zu konzentrieren, die sie erreichen wollen.

Manchmal sind Pläne einfach nicht realistisch. Insbesondere dann, wenn Kunden jeden Monat sagen: „Das wird schon“, während sich an den Tatsachen und an den Zahlen rein gar nichts ändert. Dann ist es an der Zeit, den Kunden mit der Wahrheit zu konfrontieren. Der Punkt kommt, an dem sich Unternehmer der Wahrheit stellen müssen. Sie sind möglicherweise zu optimistisch und dieser überzogene Optimismus gefährdet die Gesundheit des Unternehmens. Manchmal müssen Unternehmer ermuntert werden, die Umsatzpläne nach unten zu korrigieren. Wenn Kunden ihren Erfolgsplan dementsprechend anpassen, sehen sie unmittelbar die Auswirkungen dieser Veränderung auf ihren Gewinn.

Action Step

Lege fest, wie du deinen Kundinnen und Kunden helfen möchtest, ihren Finanzplan zum Erfolg zu entwickeln. Füge zu den Informationen aus diesem Kapitel deine eigene Vision hinzu, deine Kompetenz, Erfahrung und Systeme und erstelle daraus dein eigenes einzigartiges Produkt als Teil deines Programms.

In diesem Kapitel hast du die Werkzeuge bekommen, mit denen du Unternehmern dabei helfen kannst, ihre Ziele, Träume und Ideen in einen machbaren Erfolgsplan zu übersetzen. Im nächsten Kapitel zeige ich dir, wie Profit First ihnen helfen kann, den täglichen Cashflow zu managen.

6 Management mit Profit First

„Unternehmerische Armut ausmerzen!"
– Mike Michalowicz

Ich war nicht irrsinnig zufrieden, als wir wieder auf die Straße hinaustraten. Und Peter sah sehr beunruhigt aus. Er verstand nun, dass er nicht den fortschrittlichsten aller Steuerberater hatte. Ich fühlte, wie sein Mut sank. In der kurzen Zeit, die er mit mir gemeinsam gearbeitet hatte, hatten sich sein Selbstbild und das seines Unternehmens um 180 Grad gedreht. Er dachte, er sei ein erfolgreicher Unternehmer, weil sein Unternehmen einen Jahresumsatz von 300.000 Euro erwirtschaftete und wuchs. In seiner Vorstellung war er dabei, ein starkes Unternehmen aufzubauen, weil er jeden Cent, den er verdiente, wieder ins Unternehmen „investierte". Doch nun wurde ihm klar, dass er ein geldvernichtendes Monster erschaffen hatte. Ihm war ebenfalls klar geworden, dass der Mensch, der ihm eigentlich mit seinem Geld hatte helfen sollen, ihn nur tiefer und tiefer in den Sumpf führte. Es war deutlich, dass Peter sich nicht mehr so optimistisch fühlte. Zum Glück war ich weiterhin zuversichtlich, denn ich wusste genau, was gebraucht wurde, um aus diesem Schlamassel herauszukommen und ein rentables Unternehmen aufzubauen!

Nach dem Steuerberater-Debakel gingen wir in ein Café. Nach einem Sandwich, einem guten Cappuccino und als Peter sich ein bisschen von dem Schock erholt hatte, bat ich den Manager, ob ich vier Tassen und ein Schälchen Würfelzucker haben könnte. Er sah mich verwirrt an, aber ich war charmant genug, um zu bekommen, worum ich bat. Ich stellte die vier Tassen vor Peter und legte den Stapel Zuckerwürfel auf den Tisch.

„Ich möchte dich etwas fragen. Stell dir vor, diese Stücke Würfelzucker repräsentieren deinen Umsatz des vergangenen Jahres und die Tassen stehen für deine vier Finanzziele: 1. Gewinn, 2. Inhabergehalt, 3. Steuern und 4. Kosten. Kannst du die Zuckerwürfel auf die vier Tassen aufteilen?"

Peter begann zu lachen, doch dann sah er mich besorgt an. „Ernsthaft?"

„Unbedingt", sagte ich.

Peter schob mir die erste, zweite und dritte Tasse leer entgegen. Er packte so viele Zuckerwürfel in die vierte Tasse wie möglich und schob sie mir herüber: „Kosten."

Wir schwiegen beide für einen Moment. Ich sah, dass der Groschen bei Peter endlich gefallen war. In diesem Augenblick war ihm klar geworden, dass sein Umsatz vier Ziele hatte, nicht nur eines. Es war an diesem Punkt, dass Peter seine Firma rettete. Er entschloss sich dazu, die anderen Tassen ebenfalls zu füllen.

***

Nun, da die Buchhaltungsgrundlagen gelegt sind und deine Kunden dank ihres Finanzplans zum Erfolg genau wissen, ob ihre Pläne Geld verdienen oder nicht und was sie tun müssen, um ihre Pläne umzusetzen, geht es um das alltägliche Finanzmanagement. Wenn wir darüber sprechen, Management auf der Basis korrekter Finanzinformationen zu betreiben, sagst du vielleicht: „Die Konten sind dank Schritt 1 in Ordnung. Wir haben dank Schritt 2 Pläne, also sind wir fertig!" Nicht so schnell. Obwohl wir eine wichtige Grundlage geschaffen haben, reicht dies für den Unternehmer noch nicht aus, um die richtigen Finanzentscheidungen zu treffen und die Rentabilität zu erhöhen. In diesem Kapitel zeige ich dir, warum das so ist und wie Profit First[11] genau die Informationen liefert, die ein Unternehmer benötigt.

6.1 Welches Problem löst Profit First?

Die Buchhaltung läuft sauber und die Informationen sind aktuell und für den Unternehmer unmittelbar zugänglich. Und doch treffen die Kunden nach wie vor nicht die richtigen Entscheidungen. Es gibt mindestens fünf Hauptprobleme: Das erste Problem ist, dass die Unternehmer nicht in ihre Bücher schauen. Das zweite Problem liegt darin, dass die Informationen in den Büchern reine Fiktion sind. Das dritte Problem ist, dass nicht alle

11 „Profit First" ist ein Buch und eine Methode von Mike Michalowicz. Lies das Buch „Profit First" oder gehe zu www.profit-first.de, um dich über die Möglichkeiten zu informieren, selbst Profit First Professional zu werden. Die entsprechende Zertifizierung ist weltweit möglich.

wichtigen Informationen in den Büchern stehen. Meiner Meinung nach haben das vierte und das fünfte Problem den größten Einfluss. Viertens: Ein Unternehmer ist ein Mensch und trifft von daher eher emotionale als rationale Entscheidungen. Und fünftens tappen Unternehmer mit finanziellen Problemen in die Überlebensfalle, die da lautet: Umsatz, Umsatz, Umsatz. Doch Umsatz allein reicht nicht, um ihre Probleme zu lösen. Lass mich die fünf Probleme im Detail erläutern.

1. Der Unternehmer schaut nicht in die Bücher

Natürlich gibt es Teile der Buchhaltung, die deine Kunden studieren. Es ist ziemlich wahrscheinlich, dass sie sich ihre Umsatzzahlen mindestens einmal die Woche anschauen, dank der aktuellen Buchhaltung und dank des Finanzplans zum Erfolg. Mit ein bisschen Glück schauen sie auch auf die Kosten und den Gewinn. Doch sie schauen selten über diese Dinge hinaus. Zum Beispiel gibt die Buchhaltung schlicht Auskunft darüber, wo die Umsatzsteuer heute steht, doch der Unternehmer fängt mit dieser Information nichts an. Wenn die Umsatzsteuererklärung abgegeben ist, kann die Zahllast erschütternd hoch sein.

Warum schauen Unternehmer nicht in ihre Bücher? Weil die meisten von ihnen die entsprechenden Dokumente zu kompliziert finden, vor allem die Bilanz.

Sie verstehen nicht, was diese Berichte ihnen sagen wollen und wenn sie sie verstehen, nachdem du sie ihnen erläutert hast, wissen sie nicht, was sie damit anfangen sollen. Es gehört einfach zu den Aspekten ihres Unternehmens, die sie weniger interessant finden als andere.

2. Die Zahlen der Buchhaltung sind Fiktion

Selbst wenn deine Kunden ihre Aufmerksamkeit auf ihre Buchhaltung richten, empfinden sie es möglicherweise nach wie vor als Herausforderung, sie in etwas ausreichend Aussagekräftiges zu übersetzen, das sie zum Handeln bringt. Umsatz ist zum Beispiel reine Fiktion. Das ist kein echtes Geld. Wenn – entsprechend der Gewinn-und-Verlustrechnung (GuV) – der Unternehmer derzeit 100.000 Euro Umsatz macht, sein größter Kunde hat hingegen eine Rechnung über 20.000 Euro noch nicht gezahlt, dann gibt es eine große Kluft zwischen dem buchhalterischen Umsatz von 100.000 Euro und dem Geld, was bereits eingegangen ist, nämlich 80.000 Euro. Wenn der Unternehmer, der GuV entsprechend, 50.000 Euro Gewinn gemacht hat, aber kein einziger Cent auf dem Konto liegt, wie viel ist dann dieser Gewinn wert?

Unternehmer mit Schulden könnten theoretisch anhand ihrer Bilanz sehen, wie hoch diese Schulden im Augenblick sind. Doch die Bilanz gibt keine Auskunft darüber, wie viel von diesen Schulden pro Monat sinnigerweise bezahlt werden können. Kunden, die zentrale Produkte launchen, was zu hohen Umsatzspitzen führt, könnten theoretisch anhand ihres vorfakturierten Umsatzes sehen, dass sie noch immer hart für das Geld arbeiten müssen, das sie bereits bekommen haben. Doch bevor sie das verstehen und in praktische, aktuelle Konsequenzen übertragen … – wird das nicht passieren.

3. Relevante Informationen fehlen

Manche Informationen fehlen vollständig. Die Bücher zeigen – bei einer Einzelfirma – weder die Höhe des Unternehmergehalts noch die Steuern, von denen bereits klar ist, dass sie anfallen werden. Die Bücher zeigen deinen Kunden nicht, was sie wissen müssen, um jeden Tag die richtigen Finanzentscheidungen zu treffen und die Rentabilität ihres Unternehmens zu erhöhen.

4. Unternehmer treffen eher emotionale als rationale Entscheidungen

Das vierte Problem mit der Buchhaltung ist, dass sie nicht das normale menschliche Verhalten reflektiert. Über hunderte von Jahren haben Finanzexperten gesagt: „Unternehmer, schau deine Buchhaltung an und triff bessere Entscheidungen“, doch die Unternehmer tun das nicht. Sie sind Menschen und treffen deshalb eher selten rationale Entscheidungen. Wir denken, dass wir rational handeln, doch der größte Teil unserer Entscheidungen ist emotional.

Untersuchungen zeigen, dass eine Entscheidung häufig innerhalb einer Millisekunde im limbischen Teil des Gehirns getroffen wird, wo unsere Emotionen sitzen. Dann begründen wir diese Entscheidung mit dem rationalen Teil unseres Gehirns, der im Neocortex sitzt. Deshalb sieht es so aus, als hätten wir die Entscheidung bewusst und rational getroffen, doch dies ist nicht der Fall. Denk mal an das letzte Auto, das du gekauft hast. War es nicht so, dass du zuerst ein bestimmtes Auto haben wolltest (diesen bestimmten Audi, VW oder BMW) und dann angefangen hast, Beweise zu sammeln, um deine Wahl zu begründen? Mit Blick auf Unternehmensentscheidungen verfahren wir nicht anders. Unternehmer entscheiden sich für ein Investment in eine bestimmte Sache und schauen dann nach Beweisen, um vor sich selbst und ihren Shareholdern zu rechtfertigen, dass dies für den Moment die richtige Entscheidung ist. Die Tatsache, dass es im Budget keinen finanziellen Spielraum gibt, ist irrelevant. In diesem Augenblick ist das Budget lediglich Fiktion und ein theoretisches Konzept.

5. Unternehmer tappen in die Überlebensfalle

„Meine Umsätze steigen, aber ich sehe das nicht in meinem Gewinn." Dies ist ein Problem, das viele Unternehmer mit wachsenden Unternehmen kennen. Sie haben beständige Geldsorgen. Sie überleben von einem Geldeingang zum nächsten und warten nervös, bis der Kunde die Rechnung bezahlt, damit sie ihre Lieferanten bezahlen können. Sie bekommen ein winziges oder nicht-existentes Inhabergehalt. Sie liegen nachts wach, weil sie nicht wissen, wie viel Steuern sie werden zahlen müssen oder wie sie durch die ruhigen Sommermonate kommen sollen.

Sobald Unternehmensinhaber aus welchem Grund auch immer nicht mehr wissen, wie sie ihre Lieferanten bezahlen sollen, tun sie alles in ihrer Macht Stehende, um Geld aufzutreiben. Mehr Einnahmen, mehr Umsatz; da sie mit diesem zusätzlichen Umsatz ihre Rechnungen bezahlen können, ... zumindest denken sie das. Doch können sie das Problem selten auf diese Art und Weise lösen. Sie kümmern sich nicht um die Ursache, die dazu geführt hat, dass sie ihre Rechnungen nicht bezahlen können. Sobald der Umsatz wächst, wächst auch die Größenordnung des Problems. Ich habe einen Kunden, der sich durch seinen Fokus auf Umsatz selbst mehr und mehr in die Schulden manövriert hat. Er dachte, „Wenn ich diesen nächsten Deal lande, kann ich die Rechnungen bezahlen." Doch der nächste Deal verursachte wiederum neue Kosten. Diese Rechnungen landeten auf einem bereits sehr großen Berg. Hinzu kamen seine Schulden aus der Umsatzsteuer, die mit den wachsenden Umsätzen stieg. Er kümmerte sich nicht um das, was dem zu Grunde lag. Nämlich, dass er ein Unternehmen führte, das Geld verbrannte. Im Vorjahr hatte er ein Problem auf der Basis von 250.000 Euro jährlich. Und wenn er sich nicht um die Ursachen kümmert, wird er in diesem Jahr ein Problem auf der Basis von knapp einer Million haben.

Die Lösung: Das System anpassen

Die Lösung liegt nicht darin, mehr Informationen in Form von Finanzberichten zu liefern. Unternehmer schauen sich diese Berichte nicht an und wenn sie es doch tun, dann nutzen sie diese Berichte nicht, um ihre Entscheidungen zu treffen. Profit-First-Guru Mike Michalowicz hat eine Lösung geschaffen. Er schreibt: „Lasst uns aufhören, Unternehmern zu erklären, dass sie ihr Verhalten anpassen müssen. Lasst uns die Systeme an die Unternehmer anpassen. Wir sollten sicherstellen, dass das System es dem Unternehmer ermöglicht, seine Finanzen so zu managen, dass er sich immer als Erstes bezahlt, dass er immer Gewinn erwirtschaftet, ausreichende Steuerrücklagen bildet und seine Rechnungen pünktlich bezahlen kann."

Mike Michalowicz ist ein amerikanischer Bestseller-Autor und Gründer einiger Unternehmen mit mehreren Millionen Jahresumsatz. Er fand sich am Rande der Insolvenz nicht lange, nachdem er seine erste Million verdient hatte. Er lernte, wie er Geld verdienen konnte, aber er hatte nie gelernt, wie er es auch behalten konnte. Während er durch unterschiedliche Fernsehkanäle zappte, stolperte er über einen Fitness-Experten, der erklärte, warum Diäten nicht funktionieren. Er fand eine Parallele zu seinen eigenen Geldproblemen und befand: „Es muss einen anderen Weg geben!" Daraufhin entwickelte er inspiriert von der Diät-Industrie die Profit-First-Methode.[12]

Profit First ist eine einfache und praxistaugliche Methode, die Unternehmern hilft, ihren Cashflow zu managen, und zwar auf der Basis ihrer Bankkonten. Die Methode basiert auf dem System der Marmeladengläser, das unsere Eltern und Großeltern vor Jahrzehnten benutzten: Jedes Finanzziel hatte sein eigenes Marmeladenglas. Meine Großmutter hatte ein Glas für den Lebensmitteleinkauf, eines für die Miete und eines für Extras für die Kinder. Wenn sie einkaufen ging, nahm sie nur den Inhalt des Glases für den Einkauf mit. Sie nutzte niemals das Geld, das für einen an-

12 Mike Michalowicz erläutert diese Methode im Detail in seinem Buch „Profit First". Ich war an der niederländischen Ausgabe des Buches beteiligt (die deutsche Ausgabe ist ebenfalls verfügbar) und gebe dir in diesem Kapitel mit Mikes Erlaubnis eine Zusammenfassung des Systems. Möchtest du mit deinen Kunden mit Profit First arbeiten? Dann gehe bitte auf www.profit-first.de.

deren Zweck gedacht war. Die Profit-First-Methode funktioniert genauso, mit dem einzigen Unterschied, dass die Gläser Bankkonten und die Ziele Unternehmensziele sind. Unternehmer, die mit Profit First arbeiten, haben mindestens fünf Unternehmenskonten. Ein EINNAHMEN-Konto, auf dem alles Geld eingeht und vier Konten für die wichtigsten Unternehmensangelegenheiten: GEWINN, INHABERGEHALT, STEUER und LAUFENDE KOSTEN.

Es ist eine umstrittene Methode, da sie etwas tut, das keinerlei buchhalterische oder steuerliche Bedeutung hat. Profit First sagt wörtlich: „Öffne ein separates Bankkonto für jeden Zweck, den dein Geld erfüllen soll." Für Finanzexperten fühlt sich dies häufig zunächst sinnlos an, da du aus buchhalterischer Sicht nichts gewinnst. Schlimmer noch, es erzeugt Verwaltungsaufwand und zahlreiche interne Geldtransfers. Aber das System funktioniert! Und wie! Profit First funktioniert bereits für hunderttausende Unternehmer weltweit. Die Methode wird im Buch „Profit First" erläutert. Im Folgenden findest du eine Zusammenfassung des Systems.

6.2 Die neue Formel und die vier Grundprinzipien von Profit First

Profit First funktioniert dank einer neuen Formel und vier Prinzipien.

Neue Formel

Die uralte Formel, Gewinn zu kalkulieren, obgleich mathematisch korrekt, ist eine Formel, die in der Praxis nicht funktioniert. Die Formel besagt: Umsatz – Kosten = Gewinn. Dies lädt Unternehmer dazu ein, soviel wie möglich zu verkaufen und dann alle Kosten zu decken, die notwendig sind, um das Unternehmen zu betreiben. Das ist genau das, was Unternehmer tun: Verkaufen, verkaufen, verkaufen. Sobald ein Kunde eine Rechnung begleicht, bezahlt der Unternehmer so viele ausstehende Rechnungen wie möglich. In dieser Formel ist der Gewinn das Überbleibsel. Wenn du Glück hast, ist am Ende der Reise etwas Geld übrig. Viele Unternehmer zahlen sich selbst wenig oder gar kein Gehalt. Und ganz sicher generieren sie keinen Gewinn. Wenn du allerdings als Unternehmer von den Überbleibseln lebst, dann wirst du niemals die finanzielle Freiheit erreichen, von der du träumst.

Die alte Formel ermuntert Unternehmer, mehr zu verkaufen. Unabhängig davon jedoch, wie viel Umsatz sie generieren, finden sie immer einen Weg, das Geld auch auszugeben. Zusätzlich erlaubt diese Formel dem Unternehmer, sich auf Umsatz und Kosten zu konzentrieren, nicht auf Gewinn. Aufgrund des Primacy-Effekts wollen wir das vermehren, was zuerst kommt (Umsatz und Kosten) und wir achten nicht so sehr auf das, was am Schluss kommt (Gewinn).

Weil die alte Formel Unternehmern nicht dabei hilft, Gewinn zu generieren, dreht Mike Michalowicz sie mit Profit First um. Die neue Formel lautet: Umsatz – Gewinn = Kosten. Mathematisch gesehen ändert sich nichts. Emotional jedoch viel! Unternehmer müssen nach wie vor verkaufen – ohne Umsatz kein Unternehmen. Danach jedoch müssen sie ihre Aufmerksamkeit dem Gewinn zuwenden. Sie kümmern sich tatsächlich zuerst um den Gewinn. Die Kosten müssen mit dem gedeckt werden, was dann noch übrig ist.

Wenn das Unternehmen auf diesem Wege nicht nachhaltig ist, stimmt etwas nicht mit dem Geschäftsmodell oder der Strategie, was bedeutet, dass wir daran arbeiten müssen. Der Zustand der Bankkonten gibt uns ein sehr klares und exaktes Feedback über die finanzielle Gesundheit des Unternehmens.

Gewinnausschüttung

Den Gewinn zuerst zu entnehmen – Profit First – ist nicht nur ein theoretisches Umdrehen der Formel: Es ist eine reale, wiederkehrende Aktion. Wenn die Einnahmen auf die unterschiedlichen Konten verteilt werden, sichern deine Kunden zuerst den Gewinn. Die Unternehmer, die mit Profit First arbeiten, erzählen mir einstimmig, dass dies eines der Highlights ihrer Woche ist. Oft können sie es kaum erwarten, die nächste Ausschüttung vorzunehmen. Es ist sehr motivierend, Geld auf das Gewinnkonto zu überweisen und zu sehen, wie der Betrag wächst.

Einmal im Quartal bekommen die Unternehmer eine Gewinnausschüttung von ihrem Unternehmen. Sie gewähren sich selbst 50% von ihrem Gewinnkonto. Die anderen 50% sind reserviert. Die Gewinnausschüttung ist eine Belohnung für die Unternehmensinhaber: für das Risiko, das sie tragen, für ihre innovative Kraft und harte Arbeit. Sinn des Ganzen ist, das Geld für etwas ganz Besonderes zu verwenden. Das Geld darf nicht in die Firma re-investiert werden. Es darf nur dazu genutzt werden, Erinnerungen zu kreieren, etwas Schönes zu kaufen, zum Essen auszugehen und so weiter. Weil die Gewinnausschüttung nur einmal im Quartal stattfindet, wird es nicht zu etwas, das Unternehmer erwarten. So wird das Geld nicht einfach Teil ihrer normalen Kompensation: Es ist ein echter besonderer Bonus.

Vier Prinzipien

Zusätzlich zum Umdrehen der Formel funktioniert Profit First dank der vier Prinzipien, die alle ihren Ursprung in der Diät-Industrie haben.

Prinzip 1: Kleinere Teller

Eine Studie von Koert van Ittersum und Brian Wansink zeigte 2012, dass die Größe der Teller in den USA in 100 Jahren um 23% gewachsen war. Weil die Menschen ihre Teller gerne vollständig füllen (und dann leeren), führte dies zu einem Anstieg in der Kalorienaufnahme von zusätzlichen 50 Kalorien pro Tag. Das führt zu einer Gewichtszunahme von etwa 2,5 kg pro Jahr. Die Diät-Industrie rät, kleinere Teller zu verwenden, wenn du Gewicht verlieren möchtest. Du isst dann kleinere Portionen, nimmst weniger Kalorien zu dir und verlierst Gewicht.

Dies basiert auf dem Parkinsonschen Gesetz, das besagt: „Arbeit dehnt sich in dem Maße aus, wie Zeit zu ihrer Erfüllung zur Verfügung steht“. Dies lässt sich in gleicher Weise auf Essen anwenden, auf Zeit und Geld. Du weißt vermutlich: Wenn dein Kunde dir eine Woche Zeit gibt, ein Projekt zu vollenden, dann brauchst du eine Woche. Genau um 17.00 Uhr am Freitagnachmittag bist du mit der letzten Zeile fertig und drückst den „Senden“-Knopf. Hast du aber nur einen Tag für das Projekt zur Verfügung, dann dauert es auch nur einen Tag … und häufig mit dem gleichen Ergebnis. Du arbeitest effizienter und deine Bemühungen sind fokussierter.

Je mehr du von etwas hast, umso mehr davon wirst du einsetzen. Das gilt für alles: Essen, Zeit und ganz sicher Geld. Hast du je eine Gehaltserhöhung bekommen? Vielleicht 100 Euro? Denk zurück an diese Gehaltserhöhung. Am Ende des Monats, an dem du diese Gehaltserhöhung bekommen hattest, hattest du da 100 Euro über? Vermutlich nicht. Es ist sehr wahrscheinlich, dass das ganze Geld ausgegeben war: Wir nutzen, was uns zur Verfügung steht.

Auch im Unternehmen nutzen Unternehmer alles, was zur Verfügung steht. Sie denken vielleicht, dass sie vernünftige Finanzentscheidungen treffen, doch das Parkinsonsche Gesetz gilt auch fürs Unternehmen. Je mehr hereinkommt, umso mehr geht raus. So einfach ist das. Profit First erkennt das Parkinsonsche Gesetz an und sagt: „Lass uns das System so anpassen, dass das Parkinsonsche Gesetz für uns arbeitet, nicht gegen uns, liebe Unternehmer.“ Lass uns das Prinzip der kleinen Teller für die Unternehmen unserer Kundinnen und Kunden nutzen.

Wie zuvor erwähnt, arbeiten Unternehmer mit Profit First nicht mit einem sondern mit mindestens fünf Bankkonten – ein Bankkonto für jeden Zweck: Einnahmen, Gewinn, Inhabergehalt, Steuern und laufende Betriebskosten. Weil deine Kunden nicht mehr nur ein Bankkonto haben, einen großen Teller, den ihr Unternehmen vollständig leeren kann, treffen sie weit bessere Entscheidungen. Zuerst sichern sie ihren Gewinn auf einem separaten Bankkonto. Sie tun das Gleiche für das Inhabergehalt und das Geld, das sie brauchen, um das Finanzamt zu bezahlen. Dann haben sie einen weit kleineren Teller zur Verfügung, um die Kosten zu decken. Deine Kunden treffen bessere Entscheidungen, weil sie dies müssen. Sie werden kreativer und geben kein Geld aus, das nicht da ist.

Prinzip 2: Der Reihe nach servieren

Das zweite Prinzip stammt ebenfalls aus der Diät-Industrie. Wenn du Gewicht verlieren möchtest, lautet der Tipp, das Gemüse zuerst zu essen, damit du deinen Magen mit gesundem Essen füllst, mit hohem Ballaststoffanteil und Vitaminen. Erst danach isst du deine Kartoffeln mit Soße, damit du weniger davon isst. Bei Profit First legen die Unternehmer immer zuerst den Gewinn auf Seite. Dann legen sie das Gehalt für ihren besten Mitarbeiter weg (für sich selbst!). Dann legen sie Geld fürs Finanzamt weg und schließlich geben sie Geld auf das Betriebskostenkonto, von dem die Lieferanten bezahlt werden. Erst wenn all das Geld auf die unterschiedlichen Konten verteilt wurde, widmet sich dein Kunde den Kosten. So kümmern sich die Unternehmer gut um sich selbst und müssen sich nicht um die Steuer sorgen. Sie bekommen klare Rückmeldungen von ihrem Bankkonto, wenn die Firma zu viel Geld ausgibt.

Prinzip 3: Entferne Versuchung

Wenn du keine Süßigkeiten essen möchtest, musst du dafür sorgen, dass du keine zuhause hast. Entferne die Versuchung. So einfach ist das. Das gleiche gilt beim Geld. Sobald deine Kundinnen und Kunden damit beginnen, die Prinzipien von Profit First anzuwenden, fangen sie damit an, das Geld bestimmten Zwecken zuzuordnen. Und natürlich darf das Geld dann nicht für andere Zwecke eingesetzt werden. Doch ist die Versuchung häufig groß. Der Steuer-Teller füllt sich manchmal rasch mit zehntausenden Euro. Für einen Unternehmer mag dies sehr verführerisch sein, sich von diesem Teller etwas zu leihen. Die Steuer muss vielleicht erst in einem Jahr bezahlt werden. Und so lange könnte das Geld ja für etwas anderes eingesetzt werden.

Doch letztlich führt das Leihen von Geld, das nicht dem Unternehmer gehört, sondern dem Finanzamt, nur zu viel Stress. Eines Tages muss die Steuer gezahlt werden und dann muss das Geld dafür zur Verfügung stehen!

Das dritte Prinzip von Profit First bringt Unternehmensinhaber dazu, die Versuchung zu entfernen, indem das infrage kommende Geld auf ein Sparkonto bei einer anderen Bank eingezahlt wird. Es ist im wahrsten Wortsinne aus den Augen, aus dem Sinn! Wenngleich Unternehmer zu Beginn gelegentlich zögern und sagen: „Ist das wirklich notwendig? Ich geh da nicht dran!", hat es sich in der Praxis wirklich bewährt. Seltsamerweise scheinen wir zu vergessen, dass wir das Geld auf einem anderen Konto haben. Und im Ergebnis geraten wir nicht in Versuchung, uns das Geld zu leihen. Zusätzlich zu einem „Keine-Versuchungskonto" für Steuern gilt der Rat auch ein „Keine-Versuchungskonto" für Gewinn zu eröffnen. Dies nimmst du für den Teil des Gewinns, den der Unternehmer nicht an sich selbst ausschüttet. Diese Reserve dient als Puffer für rentable Investitionen oder als Fond für finanzielle Freiheit.

Prinzip 4: Arbeite mit einem Rhythmus

Das vierte Prinzip ist Rhythmus. Wenn du mit dem Essen wartest, bist du Hunger hast, ist es häufig zu spät, weil du dann anfängst, ungesundes Zeug zu essen. Mit Blick auf Buchhaltung ist das Fehlen von Regelmäßigkeit häufig katastrophal. Unternehmer haben oft eine derartige Abneigung gegenüber der Buchhaltung, dass sie die Arbeit damit so lange aufschieben wie irgend möglich. Im Ergebnis führt die Buchhaltung, wenn sie sie dann endlich machen, zu viel Stress und durchgearbeiteten Nächten.

Die Herausforderung liegt darin, deinen Kunden einen Buchhaltungsrhythmus von einer Minute pro Tag plus 30 Minuten pro Woche beizubringen. So wird Buchführung zu einer Gewohnheit und deine Kundinnen und Kunden müssen nicht mehr darüber nachdenken. Auf diesem Wege kostet die Buchhaltung letztlich weniger Zeit und Geld und bedeutet ganz sicher weniger Stress. Zu guter Letzt führt dies auch noch zu den gewünschten Erkenntnissen!

Teil der täglichen Routine ist es, die Salden der unterschiedlichen Bankkonten zu prüfen. „Den Finger am Puls zu halten“, gibt uns eine klare Vorstellung von der Gesundheit unseres Unternehmens. Wir wissen, wie viel Geld monatlich durch unser Unternehmen fließt. Während der wöchentlichen 30-Minuten-Buchhaltungssitzung ordnen wir die Belege den vier Konten zu und bezahlen die Rechnungen aus dem Betriebskosten-Konto.

6.3 Profit First einführen

Unternehmer erkennen oft sehr schnell Sinn und Nutzen von Profit First. Wenn ich ihnen von dieser Methode erzähle, höre ich sie häufig sagen: „Warum habe ich nicht selbst daran gedacht?“ Diese Methode nutzt unsere natürlichen Verhaltensweisen, sodass sich deine Kunden rasch daran gewöhnen werden. Es ist im Kern eine sehr schlichte Methode, was nicht bedeutet, dass sie leicht umzusetzen ist. Profit First einzuführen, heißt, die Methode zu individualisieren. Die individuelle Situation eines jeden Unternehmers muss sorgfältig betrachtet werden: Wie sieht die Unternehmensstruktur aus? Wie gesund ist das Unternehmen zurzeit finanziell oder auch nicht? Welche Ziele gibt es? Wie sind die Buchhaltungsprozesse strukturiert? Und so weiter.

Konten eröffnen

Der erste Schritt für die Einführung von Profit First liegt darin, fünf Bankkonten zu eröffnen: Geldeingang, Gewinn, Inhabergehalt, Steuern und Betriebskosten bei deiner Hausbank und „Keine-Versuchungs"-Konten, Steuer-Sammel- und Gewinn-Sammel-Konten, bei einer zweiten Bank, Bank 2.

- *Einnahmen-Konto* – Dies ist das Konto, auf dem dein Umsatz eingeht. Von diesem Konto aus wird das eingegangene Geld regelmäßig auf die anderen Konten überwiesen.
- *Gewinn-Konto* – Wenn du die Geldeingänge auf die anderen Konten verteilst, wird immer zuerst der Gewinn zugewiesen.
- *Inhabergehaltskonto* – Von diesem Konto erhält der Unternehmer sein monatliches Gehalt.
- *Steuerkonto* – Dieses Konto wird für alle Steuern genutzt: Umsatz- wie auch Einkommens- oder Körperschaft- und Gewerbesteuer. Jedes Quartal wird ein Teil dieser Beträge auf das entsprechende „Keine-Versuchungs"-Konto bei Bank 2 überwiesen.
- *Betriebskosten-Konto* – Nachdem das Geld auf die unterschiedlichen Konten verteilt wurde, bezahlt der Unternehmer seine Lieferanten von diesem Betriebskosten-Konto.

Was beim Eröffnen der Konten zu beachten ist

Nicht alle Banken mögen es, wenn man mindestens fünf Konten eröffnet. Und wenn sie diese Möglichkeit bieten, ist dies manchmal recht teuer.[13]

Es ist auch wichtig, eine Schnittstelle zur Buchhaltungssoftware des Unternehmens zu haben. Es ist zu aufwändig und zu teuer, wenn Daten von all diesen Konten einzeln importiert werden müssen.

---

13 Informationen zur Anwendung von Profit First in Deutschland auf https://www.profit-first.de/.

Gewinn-Assessment

Die Beträge, die vom Einnahmen-Konto auf die anderen Konten übertragen werden, basieren auf festen Prozentzahlen. Diese Prozente sind je nach Unternehmer und Branche unterschiedlich. Sie sind beispielsweise von der finanziellen Gesundheit und der Größe eines Unternehmens abhängig. Beim Profit-First-Assessment werden Zielprozente auf individueller Basis festgelegt.

6.4 Profit First in der Praxis

Sind die Prozente einmal festgelegt, die Konten eröffnet und – falls das zutrifft – Kunden und Lieferanten über die neuen Kontonummern informiert, können die Unternehmer loslegen. Jetzt managen sie das Geld einem festen Rhythmus entsprechend mit täglichen, vierzehntägigen, monatlichen und quartalsweisen Aktionen. Sie verteilen die Einnahmen, bezahlen die Rechnungen, erhalten Gewinnausschüttungen und so weiter. Als Gewinnberater solltest du dies am besten jedes Quartal prüfen, um sicherzustellen, dass ausreichende Gelder für Steuerzahlungen auf dem „Keine-Versuchungs-" Steuerkonto bei Bank 2 liegen. Sollte dies nicht zutreffen, müssen die Prozente für Steuerrücklagen angepasst werden. Ich empfehle ebenfalls, dass du jedes Quartal einen genauen Blick auf die anderen Prozente wirfst und diese anpasst, sollte dies notwendig oder möglich sein.

Feedback von der Bank

Wenn Unternehmer eine Weile mit Profit First gearbeitet haben, kommt der Augenblick, den Mike Michalowicz den „Moment der Erleuchtung" nennt, den Augenblick der Wahrheit. Profit-First-Neulinge entdecken, dass ihr Betriebskosten-Konto beständig leer ist, obwohl es noch immer unbezahlte Rechnungen gibt. Oder sie stellen fest, dass sie andauernd versucht sind, Geld von anderen Konten „zu leihen" – und machen es möglicherweise sogar. Sie stellen manchmal ebenfalls fest, dass das Geld auf dem Inhabergehaltskonto nicht ausreicht, um ihren Lebensstandard zu finanzieren. Unternehmer nehmen an, dass das System nicht funktioniert. Die harte Realität ist aber, dass sie sich der echten finanziellen Situation ihres

Unternehmens gegenübersehen. Wenn das Betriebskosten-Konto immer leer ist, obwohl die Rechnungen noch nicht bezahlt sind, dann weist das Unternehmen eine ungesunde Kostenstruktur auf. Wenn die Unternehmer mehr Kosten verursachen, als ihr Unternehmen tragen kann, dann müssen entweder die Kosten reduziert oder die Umsätze erhöht werden. Es gibt keine andere Möglichkeit. Natürlich können die Kunden Geld vom Steuerkonto „leihen“, doch das Geld gehört ihnen eigentlich nicht. Sie müssen es früher oder später zurückzahlen. Sie können auch ihr Gehalt oder die Gewinnprozente kürzen, aber das schmerzt.

Die Schönheit an Profit First ist, dass deine Kundinnen und Kunden ihren Moment der Erleuchtung unmittelbar erleben. Du hast ihnen möglicherweise schon vielfach gesagt, dass ihre Kosten zu hoch sind, doch sie haben das vielleicht abgestritten. Vielleicht haben sie sogar gedacht, du seist zu konservativ. Doch jetzt, da ihnen das Bankkonto erzählt, dass kein Geld mehr da ist, sehen sie die Wahrheit.

Die Feinheiten des Systems

In diesem Kapitel habe ich die Grundlagen von Profit First beschrieben. Du kannst die Prinzipien sofort zum Nutzen deiner Kundinnen und Kunden anwenden. Zum Beispiel kannst du ihnen raten, Umsatzsteuer und Unternehmenssteuern, die auf Basis des Gewinns anfallen, regelmäßig auf separaten Konten zu sammeln. Möchtest du die Methode vollständig anwenden? Dann brauchst du ein tieferes Verständnis der Prozesse. Auf www.profit-first.de findest du weitere Informationen. Eine Mitgliedschaft als Profit First Professional gibt dir eine intensive Schulung. Du bekommst ein Zertifikat und eine Lizenz, um selbst als Profit First Professional auftreten zu dürfen.

Die Mitgliedschaft beantwortet alle Fragen, die du möglicherweise nach dem Lesen dieses Kapitels hast und Dutzende weitere einschließlich der Folgenden:

- Wie bestimmst du die aktuelle finanzielle Gesundheit des Unternehmens?
- Wie machst du ein Profit Assessment?
- Wie hoch sind die idealen Zuteilungsprozente?

- Was machst du mit dem Geld auf dem Konto, wenn der Unternehmer mit Profit First beginnt?
- Wie gehst du mit Geldern für die Altersvorsorge um?
- Wie funktioniert Investieren im Kontext von Profit First?
- Wie kannst du sichergehen, dass du die korrekten Beträge für die Steuern zurücklegst?
- Kannst du die Konten auf mehrere Banken verteilen?
- Was machst du mit Unternehmern, die viel einkaufen?
- Wie gehst du in einer GmbH mit den Gewinnausschüttungen um?
- Was machst du bei verschuldeten Unternehmern?
- Ist Profit First anders für Gründer als für erfahrene Unternehmer?
- Welche weiteren Konten kannst du zusätzlich zu den Standardkonten einsetzen, um den Unternehmern zu helfen, ihre Finanzen noch besser zu managen?
- Wie kannst du Unternehmer dabei unterstützen, von der aktuellen zur gewünschten Situation zu gelangen?

Action Step

Möchtest du mehr über Profit First erfahren? Dann lade dir ein paar Kapitel des Buches kostenlos herunter: www.profit-first.de. Möchtest du mehr über Profit First Professionals erfahren? Auch hierzu findest du weitere Informationen auf www.profit-first.de.

In diesem Kapitel habe ich dir Profit First vorgestellt, eine Methode, von der viele Unternehmer sagen, dass sie ihr Unternehmen gerettet hat. Mit der Buchhaltung als solider Basis und dem Finanzplan zum Erfolg als Steuerungsinstrument ist Profit First für viele Unternehmer der dritte Schritt auf dem Weg zu einem gesunden und rentablen Unternehmen.

Sobald deine Dienstleistungen wirklich Zusatznutzen für deinen Kunden erbringen, ist es wichtig, dass du für diesen zusätzlichen Wert angemessen entlohnt wirst. Das ist das Thema unseres nächsten Kapitels.

7 Hochpreisige Beratungsleistung verkaufen

„Die Fragen, die du stellst, sind wichtiger,
als alles, was du je sagen könntest."
– Tom Freese

Ich legte auf und starrte für eine Weile einfach nur ins Leere und lächelte. Ich hatte gerade mit Peters Steuerberater Greg gesprochen, der auch mein Kunde geworden war. Er rief mich an, um mir zu danken.

„Dein Buch ‚Gewinnberatung statt Steuerberatung' hat zusammen mit deiner Unterstützung mein Leben gerettet", waren seine ersten Worte.

Die vergangenen neun Monate seit dem ersten Treffen mit Peter in Gregs Büro waren in seinen eigenen Worten „hart" gewesen. Zunächst war er wütend auf mich, doch rasch wurde ihm klar, dass nicht ich es war, die etwas ändern musste: Er selbst musste aktiv werden. Er las „Gewinnberatung statt Steuerberatung" und nahm Kontakt zu mir auf. Er gab richtig Gas und hatte die letzten Monate sehr hart gearbeitet. Er befragte Dutzende seiner Kundinnen und Kunden nach ihren wirklichen Problemen, untersuchte seine eigenen Prozesse, entwickelte neue Angebote und definierte seinen idealen Kunden.

Und kurz bevor er mich angerufen hatte, hatte er das erste Mal in seiner Karriere als Steuerberater seine ideale Kundin akquiriert, Anne. Das ließ sein Herz schneller schlagen und – das Tüpfelchen auf dem i – die neue Kundin bezahlte ihn für den Nutzen, den er ihr brachte. Das Honorar, das Greg angesetzt hatte, war nicht nur höher als je zuvor, es reflektierte auch viel besser, welchen Mehrwert er Anne bieten konnte. Das bedeutete, dass er bereits wusste, dass sie eine hohe Priorität genießen und dass ihr viel Energie und Aufmerksamkeit zuteilwerden würde. Greg freute sich schon auf die großartigen Ergebnisse, die Anne mit seiner Unterstützung erreichen würde.

Die Unterhaltung mit ihr war ganz anders als das, woran er gewöhnt war. Während ihrer Diskussion hatte er Schmetterlinge im Bauch, weil er mit jeder Faser seines Wesens spürte, dass er dieser Kundin helfen konnte, ihren Gewinn um mindestens 15% zu erhöhen. Er hätte sie anbrüllen mögen: „Engagiere mich!" Doch das brauchte er nicht.

Am Ende der 45-minütigen Unterhaltung, nachdem Greg einen Investment-Vorschlag gemacht hatte, sagte sie ohne jeden Zweifel: „Das klingt wie ein tolles Angebot. Wir machen das." Greg war im siebten Himmel. Und das wollte er mich rasch wissen lassen.

***

Eine meiner Kundinnen, Corinne, eine Steuerberaterin aus der Großstadt, nahm etwa sechs Monate lang an meiner Ausbildung zur Gewinnberaterin teil. Und sie machte große Fortschritte. In dieser Zeit wurde sie zertifizierte Profit First Professional, definierte ihre idealen Kunden und entwickelte ein einzigartiges Programm. Dann schickte mir Corinne eine E-Mail:

Hi Femke,

mein Problem liegt in Marketing und Vertrieb meines Programms. In diesem Bereich habe ich noch viel zu lernen. Obwohl ich jetzt eine Gewinnberaterin bin, bin ich als frühere Steuerberaterin nicht daran gewöhnt, mich selbst online zu vermarkten.

Liebe Grüße Corinne

Corinnes frühere Kunden waren entweder über Empfehlungen zu ihr gekommen oder über Google. Sie waren auf der Suche nach einer Steuerberatung und Corinne war Steuerberaterin. Sie hatte eine moderne Webseite und ihre Preise passten zum Wettbewerb. Wenn Corinne und ihre potenziellen Kunden sich im Erstgespräch gut verstanden, hatte Corinne neue Kunden.

Nun, da sie Gewinnberaterin war, lagen die Dinge anders. Sie wusste, wer ihre idealen Kundinnen und Kunden waren und, wichtiger noch, sie hatte, was sie brauchte, um die echten Probleme ihrer Kunden zu lösen. Buchhaltung war die Grundlage und die funktionierte ohne viel Zeit, Geld und Energie. Ihr wahrer Mehrwert lag darin, ihren Kunden dabei zu helfen, Gewinn zu erwirtschaften, effizienter zu arbeiten, Schulden zu tilgen und mehr. Doch ihre potenziellen Kunden wussten das nicht. Ihnen war noch nicht klar, dass sie eine Gewinnberaterin brauchten. Sie dachten, sie bräuchten eine Steuerberaterin.

Corinne stand vor einer doppelten Herausforderung: Sie musste ihr neues Programm und Angebot vermarkten und sie wollte besser bezahlt werden als zuvor. Ihr neues Angebot hatte für ihre Kunden einen großen Mehrwert und Corinne wollte für diesen Mehrwert bezahlt werden. Sie hatte einen tiefen Einblick in die Angelegenheiten ihrer Kunden und wusste deshalb mehr, weit mehr als ihre Kollegen über die Herausforderungen, denen sie gegenüberstanden. Sie investierte Zeit und Geld in ihr eigenes Wachstum, konnte maßgeschneiderte Lösungen anbieten, dachte an ihre Kunden, wenn sie selbst auf dem Weg zum Fitnessstudio war und unterstützte ihre Kunden oft dabei, Tausende von Euros zu verdienen. Sie würde nicht im Traum daran denken, all das für 80 Euro Stundenlohn zu tun. Sie stand vor der Herausforderung, für diese Kunden auffindbar zu sein, sodass diese ihr Angebot kaufen und ihr einen guten Preis dafür zahlen konnten.

In diesem Kapitel lernst du, wie du die richtigen potenziellen Kundinnen und Kunden mit Content Marketing anziehen kannst und warum du kein Erstgespräch mit ihnen führen solltest, sondern ein Beratungsgespräch. Schließlich lernst du Schritt für Schritt, wie du ein solches Gespräch führst.

7.1 Wie kannst du ein hervorragendes Honorar ansetzen?

Wenn du Waffeln auf dem Markt verkaufst, dann brauchst du außer leckeren Waffeln nicht viel mehr als ein Schild, auf dem steht „Waffeln“, und dann kannst du loslegen. Wenn du möchtest, dass jemand dir 1.000 Euro im Monat zahlt statt 80 Euro pro Stunde, dann brauchst du mehr als eine Webseite, auf der steht, dass du Steuerberatung anbietest.

Der amerikanische Marketingberater John Jantsch definiert Marketing als „Jemanden, der ein Bedürfnis hat, dazu zu bringen, dass er dich kennt, mag und dir vertraut.“ Zunächst müssen deine potenziellen Kundinnen und Kunden dich kennen. Sie müssen wissen, dass es dich gibt und dass du etwas anbietest, was sie brauchen. Dann müssen sie dich mögen und dich besser kennenlernen wollen. Schließlich müssen sie dir vertrauen. Sie müssen das Gefühl haben, dass du sie verstehst und ihnen helfen kannst. Jeder potenzielle Kunde muss diese drei Phasen durchlaufen, kennen, mögen, vertrauen oder auch Know-Like-Trust, bevor er dein Kunde wird.

Der Verkaufstrichter

Wenn du immer und kontinuierlich diese Phasen durchläufst, bekommst du immer Kundinnen und Kunden. Ich habe das von Sabia gelernt, einer Top-Vertriebsfrau, die ich traf, als ich gerade erst mit meinem Unternehmen gestartet war. Sabia und ich verabredeten uns zum Mittagessen. Auf einem Bierdeckel zeichnete sie den sogenannten Verkaufstrichter (vgl. Abb. 4). Wenn du sicherstellst, dass du auf jeder Stufe des Trichters kontinuierlich Dinge tust, dann bekommst du am Ende des Trichters immer Kundinnen und Kunden. Es gibt keinen anderen Weg. Das ist das Gesetz des Verkaufens – sagt Sabia.

Abb. 4: Der Verkaufstrichter

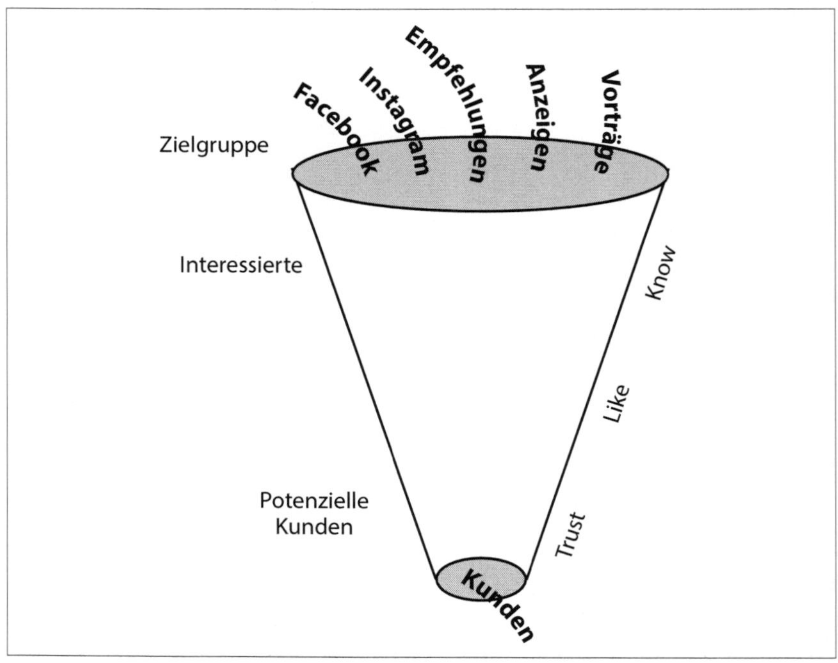

Der Verkaufstrichter besteht aus folgenden Elementen:

- *Zielgruppe* – Oberhalb des Trichters gibst du der Zielgruppe eine Chance, dich kennenzulernen. Die Leute hören von dir über Social-Media-Kanäle, sie sehen deine Anzeigen oder sie hören deinen Vortrag auf einer Netzwerk-Veranstaltung. Das ist die „Know"-Phase, das Kennenlernen.
- *Interessierte* – Wenn diese Menschen eine Vorstellung davon entwickeln, dass du möglicherweise in der Lage bist, ihnen mit ihrem Problem zu helfen, kommen sie vom „Know" zum „Like" – sie beginnen dich zu mögen. Sie werden nicht sofort deine Kunden, aber sie möchten dich besser kennenlernen. Sie abonnieren deinen Newsletter, schicken dir eine Mail oder buchen dein kostenloses Online-Training.
- *Potenzielle Kunden* – Der Trichter wird schmaler und schmaler, je weiter es nach unten geht. Das ist klar – nicht alle, die von dir hören, werden letzten Endes deine Kunden. Je besser du deine ideale Kundschaft definiert hast, umso schneller wird ihnen klar, dass dein Angebot für sie persönlich relevant ist. Und umso leichter und schneller gehen sie in die nächste Phase des Trichters über: die „Trust"-Phase. Dies ist die Phase, in der die Leute dir vertrauen und dir zeigen, dass sie Interesse haben, von dir zu kaufen. Sie möchten mit dir sprechen, bitten um ein Angebot oder kaufen ein verfügbares, niedrigpreisiges Produkt von dir, wie einen preiswerten Online-Kurs oder einen Einführungsworkshop.
- *Kunden* – Du bietest dein Programm den Menschen an, die mit dir sprechen. Wenn du darin erfolgreich bist, mit den richtigen Leuten zu sprechen und ihr Interesse zu wecken, und wenn du auf jeder Ebene deines Trichters aufmerksam geblieben bist, ist es unvermeidlich, dass am Ende des Trichters Kundinnen und Kunden auftauchen. Das ist das Gesetz des Verkaufens.

Von Herzen verkaufen

Viele Unternehmerinnen und Unternehmer finden Marketing und Vertrieb schwierig und eine Herausforderung. Sie denken, dass Marketing bedeutet, beständig Leuten mit ihren Produkten auf die Nerven zu gehen, während diese überhaupt kein Interesse haben. Du musst angeben und dich größer machen, als du bist. Auch das Verkaufen selbst hat keinen guten Ruf. Alle kennen diese Telefonverkäufer, die versuchen, dir ein neues Zeitungsabo anzudrehen. Vertrieb ist häufig synonym damit, jemandem etwas aufzudrängen.

So lange du Marketing und Vertrieb auf diese Weise siehst, wird es schwierig für dich, dein Angebot zu verkaufen. Und dies ist nicht nur dein Problem, sondern auch das deiner idealen Kundschaft. Du hast die ganze Mühe auf dich genommen, das zu verfeinern, was du anzubieten hast – echte Lösungen für echte Probleme. Wenn du deine Dienste nun nicht verkaufst, enthältsts du deinen idealen Kundinnen und Kunden eine wichtige Gelegenheit vor. Wenn du hingegen von Herzen verkaufst – das heißt, du gehst mit deinen Kunden in den Austausch und findest heraus, wo das wirkliche Problem liegt und ob du beim Lösen behilflich sein kannst –, dann wird das Verkaufen zu einem Prozess, von dem beide Seiten profitieren. Dies hilft dir, weil du dadurch mehr Arbeit und die Gelegenheit bekommst, deine Mission einem größeren Publikum zugänglich zu machen. Dies hilft deinen Kundinnen und Kunden, weil sie einen klareren Blick auf ihre eigenen Probleme und Wünsche bekommen und weil du ihnen die Möglichkeit gibst, eine Lösung zu erarbeiten.

Im Folgenden stelle ich dir Content Marketing vor, eine Marketingmethode, die darauf abzielt, Mehrwert zu bieten. Schließlich schaue ich auf das Verkaufsgespräch und wie du dies von Herzen führen kannst.

7.2 Content Marketing

Marketing macht dein Unternehmen, deine Dienstleistungen oder dein Produkt für die richtige Zielgruppe sichtbar, sodass dein idealer Kunde dich kennenlernt, dich mag und dir vertraut – und letztlich dein Produkt kauft. Du kannst dein Unternehmen, deine Dienste oder dein Produkt durch Anzeigen vermarkten, dadurch, dass du auf Social Media präsent bist, durch Blogs und so weiter. Doch höchstwahrscheinlich triffst du auf zahlreiche große Probleme, wenn du dies ohne einen klaren Plan versuchst. Dein Risiko, ignoriert zu werden, ist groß und wenn du ein bisschen von allem tust, wirst du nichts erreichen.

So wirst du nicht ignoriert

Wir leben in einer Informationsgesellschaft, in der wir im wahrsten Sinne des Wortes von Informationen überschwemmt werden. Um zu vermeiden, dass wir von so vielen Informationen überwältigt werden, filtern wir das meiste heraus. Wir ignorieren Informationen, die nicht herausstechen oder nicht relevant erscheinen.

Um von deinen potenziellen Kundinnen und Kunden gesehen zu werden, musst du dafür sorgen, dass du nicht ignoriert wirst. Wenn du Marketing als eine kontinuierliche Werbung für deine Dienstleistungen und Produkte siehst, wird deine Zielgruppe dich ignorieren. Die meisten Konsumenten interessieren sich einfach nicht für Werbung. Wenn du Marketing als etwas siehst, bei dem du den Menschen laufend erzählst, was sie von dir kaufen können, dann hat dies deshalb wenig Auswirkungen. Was aber sehr gut funktioniert, ist, relevante Informationen zu teilen, Informationen, die deinen idealen Kundinnen und Kunden wirklich nutzen. Dies nennt sich Content Marketing. Du teilst dein Wissen und zeigst deine Expertise. Potenzielle Kundinnen und Kunden lernen von dir, sie vertrauen dir und wollen mehr von dir lernen. Der nächste folgerichtige Schritt ist, etwas von dir zu kaufen. Content Marketing ist flexibel, weil es nicht intensiv an einen bestimmten Marketingkanal gebunden ist. Und es funktioniert dann besonders gut, wenn du es schaffst, potenzielle Kundinnen und Kunden wieder und wieder anzusprechen.

Welche Themen lassen sich fürs Content Marketing nutzen?

„Worüber soll ich sprechen?" ist ein Problem, das häufig von Buchhalterinnen und Steuerberatern angesprochen wird, die mehr mit Content Marketing bewegen wollen. Zwei Dinge liegen diesem Problem zumeist zu Grunde. Zum einen glauben Steuerberaterinnen, dass alles Wichtige aus ihrem Bereich bereits gesagt worden ist. Das mag so sein. Du kannst jede Menge Informationen zu allem im Internet finden. Doch es gibt nur einen Menschen, der die Informationen so aufbereitet wie du, auf der Basis deines Warum. Zweitens haben Finanzexperten Angst, dass sie nach drei Blogposts nicht mehr wissen, was sie schreiben sollen. Diese spezielle Sorge erweist sich zumeist als vollkommen unbegründet. Wenn du dir ein bisschen Zeit nimmst, kannst du leicht 20 Fragen notieren, die du regelmäßig per Mail oder in Netzwerktreffen gestellt bekommst. Und da hast du deine ersten 20 Beiträge, Vlogposts oder Tipps. Wenn du aktiv nach Themen suchst, gibt es quasi keine Grenzen.

Zeige dein wahres Gesicht

Menschen kaufen von Menschen. Potenzielle Kundinnen und Kunden fühlen mit größerer Wahrscheinlichkeit eine Verbindung zu dir, wenn sie das Gefühl haben, dass sie im echten Austausch mit dir stehen und dich kennenlernen können. Das bedeutet, dass du dein wahres Gesicht zeigen musst. Kopiere nicht einfach irgendwen, der in deiner Branche erfolgreich zu sein scheint. Das ist nicht authentisch und deine potenziellen Kundinnen und Kunden erkennen das. Versuche nicht zu professionell zu wirken oder zu unspezifisch. Wenn dein Text von jedem hätte geschrieben sein können, ist er weit weniger attraktiv als wenn deine Persönlichkeit, dein Warum aus jeder Zeile hervorscheint. Zeige dich, wage es, verletzlich zu sein, sprich und schreibe aus der Perspektive deines Warum!

Wähle mit Bedacht

Content Marketing kann über alle möglichen Kanäle betrieben werden. Du kannst auf Facebook oder Instagram aktiv sein. Du kannst bloggen, vloggen, einen Podcast aufsetzen oder einen Newsletter schreiben. Du kannst einen lokalen Sportverein sponsern, Rundfunkzeit kaufen, in Branchenmedien inserieren und vieles mehr. Doch wenn du ein bisschen von allem machst, wirst du vermutlich keinerlei Effekt erzielen. Es reicht für potenzielle Kunden nicht aus, einmal von dir zu hören. Sie müssen regelmäßig von dir hören, bevor sie dich kennen, mögen und glauben, dass du die richtige Person bist, mit der sie arbeiten möchten.

Es ist wesentlich, dass du dich fragst, auf welchen Kanälen du dich deinen potenziellen Kundinnen und Kunden zeigen möchtest. Recherchiere, wo du deine idealen Kunden findest. Und denke auch darüber nach, welches Medium für dich das passende ist und wo du bereits Erfahrung hast. Es ist häufig am cleversten, einfach an einem Ort zu starten, an dem du bereits sichtbar bist und von dort aus neue Kanäle zu erschließen.

Das Geld liegt in der Liste

Einfach eine Anzeige zu schalten ist wie ein Schuss mit dem Schrotgewehr. Die Chancen, dass sich daraus etwas ergibt, sind winzig. Du weißt nicht, ob deine idealen Kundinnen und Kunden die Anzeige sehen werden. Und falls sie sie sehen, weißt du nicht, ob sie auch darauf reagieren. Eine E-Mail an jemanden zu schicken, der oder die signalisiert hat, dass sie deine idealen Kundinnen und Kunden sind, ist perfekt! Das ist der Punkt, an dem ein wichtiger Spruch aus dem Online-Business Gültigkeit erfährt: Das Geld liegt in der Liste. Das bedeutet, dass es sich auszahlt, eine Liste mit potenziellen Kunden zu erstellen, die du per Mail kontaktieren kannst. Du kannst ihnen dann regelmäßig wertvolle Informationen zukommen lassen. Du kannst Beziehungen pflegen. Die Menschen beginnen, dich als Experten oder Expertin anzuerkennen und damit erzeugst du Vertrauen. Doch du lieferst nicht einfach nur Informationen – du bietest auch deine Dienste und Produkte an. Jetzt sprechen wir über zielgerichtetes Marketing, denn du schickst deine Mails nur an deine idealen Kunden. Sie haben von sich aus bezeugt, dass sie an dem Interesse haben, was du sagst. Besser wird es nicht.

Eine Mailingliste kannst du auf unterschiedliche Arten und Weisen zusammenstellen. Du kannst schlicht hingehen und die Leute, die du kennst, fragen, ob du sie in deine Liste aufnehmen darfst. Doch am Ende des Tages möchtest du deine Mailingliste so effizient wie möglich füllen. Was häufig gut funktioniert ist, etwas Wertvolles im Tausch gegen eine E-Mail-Adresse anzubieten. Doch sei vorsichtig, denn wenn du auf diesem Wege beispielsweise ein Gespräch mit dir anbietest, gibt es eine Begrenzung für die Menge der Neuregistrierungen, mit der du zurechtkommen kannst. Denk eher an ein kostenloses E-Book, ein kostenfreies Training, eine Checkliste oder irgendetwas anderes, das sich skalieren lässt und sich für den digitalen Vertrieb anbietet. Zum Beispiel kannst du dein Freebie über Social-Media-Kanäle anbieten, auf Netzwerktreffen und über Partner.

Technische und rechtliche Aspekte der Mailingliste

Die technische Seite der Anlage einer Mailingliste ist nicht sonderlich kompliziert. Allerdings brauchst du etwas Technikverständnis und den Einsatz moderner Technologie. Im Grunde genommen brauchst du einen

Autoresponder (ein System, das E-Mails automatisch aussendet) und eine Opt-in-Möglichkeit auf deiner Webseite, von der du auf deinen Autoresponder verlinkst. Es ist zudem wichtig, sicherzugehen, dass du dich an die rechtlichen Anforderungen hältst, die den Schutz der persönlichen Daten regeln. Wenn du in der EU tätig bist, musst du dich an der Datenschutzgrundverordnung (DSGVO) orientieren, die klare Vorgaben für das Sammeln und die Verwendung von E-Mail-Adressen und weiteren persönlichen Daten macht.

Möglichkeiten, Wissen zu teilen

Über die Struktur einer E-Mail-Liste hinaus gibt es viele weitere Wege, Wissen zu teilen und an deiner Expertenpositionierung zu arbeiten. Denk zum Beispiel an:

- das Verfassen von Blogposts,
- Vlogging,
- Facebook-Lives,
- Podcasts,
- Gastauftritte bei Podcasts anderer,
- Artikel für Branchenzeitschriften,
- Ausgeben von Tipps,
- Schreiben von Büchern,
- Verfassen von E-Books,
- Online-Trainings,
- Checklisten,
- Webinare,
- Vorträge auf Netzwerkveranstaltungen.

Viele der Inhalte, die du erstellst, kannst du auf unterschiedliche Arten nutzen. Wenn du einen Podcast aufnimmst, kannst du sowohl das Publikum einladen, deinen Newsletter zu abonnieren, als auch Newsletter-Lesern einen Link zum Podcast schicken. Das gleiche gilt für E-Books, Vlogs,

Facebook-Lives und so weiter. Du kannst die Inhalte einmal erstellen und dann wieder und wieder nutzen.

Erstelle einen Marketing-Plan

Wenn das aktive Vermarkten deines Wissens und deines Angebots recht neu ist für dich, dann kann die Vielzahl der Möglichkeiten überwältigen. Mache einen Plan und beginne mit kleinen Schritten. Beginne mit etwas, das du bereits tust oder tun kannst oder vielleicht mit etwas, das du schon immer ausprobieren wolltest.

Stelle sicher, dass du eine Sache gut beherrschst, bevor du mit der nächsten anfängst. Stelle dir selbst die folgenden fünf Fragen:

1. Wo ist meine ideale Kundschaft?
2. Welche Art von Marketing spricht mich an? Schreibe ich gern? Drehe ich gern Videos? Oder fertige ich gern visuelle Materialien an?
3. Welchen Kanal, den ich bereits nutze, würde ich gern weiter ausbauen?
4. Welchen ersten Schritt möchte ich diese Woche unternehmen?
5. Was möchte ich im Bereich Marketing dieses Quartal erreichen?

Mach das Ganze nicht zu groß. Es ist besser, eine Sache gut zu machen, als drei Dinge halbherzig. Wie das russische Sprichwort sagt: Wenn du zwei Hasen jagst, fängst du keinen der beiden.

7.3 Beratungsverkauf

Letzten Endes möchtest du, dass deine Sichtbarkeit zu neuen Kundinnen und Kunden führt. Du möchtest hochpreisige Services verkaufen. Du möchtest mit potenziellen Kunden sprechen, damit du ihnen ein Angebot machen kannst, sofern alles passt. Stelle sicher, dass du wöchentlich Gespräche mit potenziellen Kundinnen und Kunden führst. In diesem Abschnitt möchte ich zwei Fragen diskutieren: Wie kommst du zu Gesprächen mit potenziellen Kunden? Und wie führst du diese Gespräche?

Wie trittst du mit potenziellen Kundinnen und Kunden in Kontakt?

Lade sie ein. Das Gesetz des Verkaufens besagt, dass der Verkaufstrichter Kunden generiert. Es gibt keinen anderen Weg. Also lädst du potenzielle Kunden zum Gespräch mit dir ein. Du kannst dies auf unterschiedliche Arten erreichen:

Rufe potenzielle Kundinnen und Kunden an

Wenn du dich für zehn Minuten hinsetzt, kannst du vermutlich eine Liste mit zehn bis zwanzig Menschen zusammenstellen, die du gern als deine Kundinnen und Kunden hättest. Notiere diese Kontakte und rufe die Leute an. Du solltest nicht darauf abzielen, mit diesen Gesprächen sofort neue Kunden zu gewinnen. Denn potenzielle Kunden sind auf dieses Gespräch nicht vorbereitet. Und sie fühlen sich möglicherweise eher überrumpelt, als dass sie bereit wären, deine Kunden zu werden. Häufig ist es cleverer, einige Minuten mit ihnen zu sprechen, um herauszufinden, wie es ihnen geht und ob sie noch immer mit dem Problem kämpfen, wie du es erwartest. Wenn du feststellst, dass sie von deiner Expertise profitieren können, vereinbare einen neuen Termin mit ihnen – entweder für ein Telefonat oder ein persönliches Treffen. Erläutere ihnen, dass der Sinn dieses Gesprächs ist, das Problem mit ihnen detaillierter zu besprechen und herauszufinden, ob du ihnen bei der Lösung helfen kannst. Deine potenziellen Kundinnen und Kunden wissen dann genau, wo sie stehen. Sowohl du als auch deine potenziellen Kunden sind damit vorbereitet und auf dem gleichen Stand.

Schicke deinen potenziellen Kundinnen und Kunden eine Mail

Anstatt deine potenziellen Kunden anzurufen, kannst du ihnen auch eine Mail schicken. Das ist weniger zeitaufwändig, aber eine Mail lässt sich leichter ignorieren als ein Anruf, also wird der Effekt nicht gleich groß sein. Wenn du eine Mailingliste hast, dann kannst du auch eine generelle Mail-Aussendung machen, in der du die Probleme diskutierst, die du bei deinen idealen Kundinnen und Kunden erwartest. Du kannst darin ebenfalls darauf hinweisen, dass du mit ihnen sprechen möchtest. Beispielsweise kannst du eine Mail schicken, in der du ein generelles Problem beschreibst, das viele deiner Kunden haben, sodass die Einzelnen ihre eigene Situation darin wiedererkennen. Ein substanzieller Artikel, ein Kunden-Feedback oder fünf praktische Tipps, das angesprochene Problem zu lösen, können alle als gute Wege dienen, das Interesse deiner Kundinnen und Kunden an einem Gespräch mit dir zu wecken. Dann weist du darauf hin, dass du eine Methode hast, dieses Problem zu lösen. Schließlich lädst du deine potenziellen Kunden zu einem persönlichen Treffen ein. Das kannst du zum Beispiel folgendermaßen tun: „Erkennst du dich selbst in dieser Problemstellung wieder und bist du neugierig darauf, wie ich dir dabei helfen kann? Dazu würde ich gern ein unverbindliches Gespräch mit dir führen. Antworte auf diese Mail und ich melde mich schnellstmöglich, um einen Termin mit dir zu verabreden."

Netzwerktreffen

Hast du deine idealen Kundinnen und Kunden auf einem Netzwerktreffen kennengelernt? Dann lade sie ein, das Gespräch zu einer anderen Zeit weiterzuführen und schlage sofort deinen Kalender auf. Sei dir bewusst, dass viele Leute deine Gesprächsbereitschaft wirklich zu schätzen wissen. Du bietest viel Mehrwert, allein schon dadurch, dass du den Menschen dabei hilfst, sich mehr Klarheit über ihre Probleme zu verschaffen.

Gib Webinare

Ein Webinar ist ein großartiges Tool, einer großen Gruppe potenzieller Kundinnen und Kunden zugleich jede Menge Mehrwert zu geben. Du bereitest ein wertvolles Webinar vor, in dem du zu einem Problem konkrete Tipps gibst. Du lädst deine potenziellen Kunden über Social Media oder deine Mailingliste ein, dieses Webinar kostenlos zu besuchen. Da du in einer Stunde nicht alle Probleme lösen kannst, lädst du die Menschen am Ende des Webinars ein, mit dir einen Termin zu machen, um das Gespräch fortzusetzen. Es ist am besten, wenn die Menschen diese Verabredungen selbst über ein Online-Tool festlegen können. Du kannst die entsprechende URL während des Webinars rausgeben.

Online

Du kannst auch Online-Treffen aufsetzen. Das bedeutet, dass du Online-Kanäle wie Facebook oder LinkedIn nutzt, um bei potenziellen Kundinnen und Kunden Interesse an einem Gespräch mit dir zu wecken. Du kannst es ihnen selbst überlassen, den Termin über ein Online-Tool zu buchen. Wenn der Content, den du postest, gut ist, und du es schaffst, das richtige Publikum anzusprechen, kannst du auf diesem Wege mit Leichtigkeit wöchentliche Gespräche mit potenziellen Kundinnen und Kunden organisieren.

Wie führt man ein Beratungsgespräch?

Potenzielle Kundinnen und Kunden für ein Gespräch zu gewinnen, ist eine Sache. Dieses Gespräch so zu führen, dass die richtigen Leute zu Kunden werden und bereit sind, in die Lösung ihrer Probleme zu investieren, ist eine ganz andere. Der formale Start der Beziehung ist für gewöhnlich über ein Erstgespräch. „Wir müssen zusammenpassen", sagen sowohl die Finanzexperten als auch ihre potenziellen Kunden über die Zusammenarbeit. Während des Interviews sprechen die potenziellen Kundinnen und Kunden über ihre Wünsche und du, als Finanzexperte, sprichst darüber, was du anzubieten hast. Allerdings ist das nicht genug, wenn du hochpreisige Beratung verkaufen möchtest. In diesem Fall müssen die potenziellen Kundinnen und Kunden eine klare Vorstellung von ihrem Problem haben, was das Problem sie kostet und dass du der richtige Mensch bist, um ihnen bei der Lösung zu helfen. Sie müssen verstehen, dass das Investment, das du forderst, einen niedrigeren Preis darstellt, als die Kosten des Problems, wenn es bestehen bleibt. Du verstehst natürlich, dass dies mehr sein muss als ein einfaches Erstgespräch.

Du musst unbedingt vermeiden, in die Falle zu tappen, deinen potenziellen Kundinnen und Kunden während des ersten Gesprächs zu erzählen, was du für sie tun kannst. Wenn du aus der Sicht deines Universums heraus zu erzählen beginnst: „Das ist das Paket, mit dem wir arbeiten, wir liefern folgende Berichte …", dann musst du darauf hoffen, dass das, was du zu bieten hast, zu den Wünschen deiner potenziellen Kunden passt. Die Kunden fühlen sich vermutlich so, als würdest du ihnen das Standardpaket anbieten. Selbst wenn das so ist, weil du lieber Standardpakete anbietest, müssen deine Kunden das Gefühl haben, dass sie als Individuen gesehen und behandelt werden, dass ihre spezifischen Probleme durch deine spezifische Expertise gelöst werden können. Du wirst weit effektiver sein, wenn du deine Kunden zunächst erzählen lässt, welche Probleme und

Wünsche sie haben. Das ist viel besser, als ihnen das Gefühl zu geben, dass sie sich an deine Standards anzupassen haben.

Fange also damit an, Fragen zu stellen. Lass deine Kundinnen und Kunden reden, während du weitere Fragen stellst. Unterbrich deine potenziellen Kunden nicht nach ihrer ersten Antwort, um dann zu erzählen, wie du planst, all ihre Probleme zu lösen. Das ist kein echtes Zuhören: Das ist Zuhören, um selbst sprechen zu können. Aktives Zuhören bedeutet, dass du genau verstehen möchtest, was deine potenziellen Kunden sich wünschen und was sie brauchen. Frage also weiter: „Was noch?“ und frage nicht nur, um die Bedürfnisse deiner Kunden zu erarbeiten, sondern um herauszufinden, ob dieser Mensch zu deinen idealen Kundinnen und Kunden gehört, mit der Art von Problemen, die du zu lösen in der Lage bist. Schließlich solltest du berücksichtigen, dass Menschen gern reden. Wenn du deine potenziellen Kunden erzählen lässt, vertrauen sie dir und die Wahrscheinlichkeit wächst, dass sie dich als vertrauten Berater wählen werden.

Die Art des Gesprächs, das ich hier vorstelle, nennt sich „Beratungsgespräch“. Ein Beratungsgespräch ist kein Onboarding oder Verkaufsgespräch. Auch wenn diese Art von Gespräch neue Kundinnen und Kunden hervorbringen kann, ist das Ziel an dieser Stelle nicht der Verkauf. Das oberste Ziel eines Beratungsgesprächs ist es, ein vollständiges Bild der Situation der potenziellen Kunden zu bekommen, damit du professionellen Rat geben kannst, der genau zu den Bedürfnissen deines Gegenübers passt. Ein Angebot, mit dir zu arbeiten, kann am Ende eines solchen Gesprächs stehen, doch häufig wird es ein anderes Ergebnis haben. Wenn du damit beginnst, Beratungsgespräche zu führen, ist es nicht deine Intention, so viele Kunden wie möglich zu gewinnen, sondern deinen Kunden die besten Ratschläge auf der Basis deiner Mission zu geben. Sobald du mit deinen idealen Kundinnen und Kunden sprichst, Menschen, denen du bei der Entwicklung ihrer Unternehmen helfen kannst, dann – und nur dann – wirst du alles in deiner Macht Stehende tun, um sie zu deinen Kunden zu machen. Wenn sie nicht deine Kunden werden, dann ist dies nicht nur für dich ein Verlust sondern auch für sie selbst.

Als ich die ersten Profit First Professionals für mein Programm rekrutierte, sprach ich mit 34 potenziellen Kundinnen und Kunden. Dabei folgte ich genauen Kriterien zur Vorauswahl. Fünf von ihnen riet ich, eine andere Richtung einzuschlagen. Dies waren in der Hauptsache Gründer, denen ich riet, zunächst ihr eigenes Unternehmen an den Start zu bringen. Den anderen 29 machte ich ein Angebot. Vier von ihnen entschieden selbst, dass dies nicht der richtige Schritt für sie war. Und 25 Leute nahmen das Training auf. Wäre Verkaufen mein einziges Ziel gewesen, hätte ich vermutlich mit 27 oder vielleicht sogar 28 oder 29 Teilnehmern begonnen. Sie wären allerdings nicht alle meine idealen Kunden gewesen. Also wäre ich nicht in der Lage gewesen, die Art von Mehrwert zu bieten, die ich jetzt liefere.

Der Sinn eines Beratungsgesprächs ist es, Vertrauen aufzubauen und festzustellen, ob das Gegenüber passt und ob du ihnen ein Angebot machen möchtest. Diese Gespräche dauern in der Regel eine Stunde und können telefonisch, online oder persönlich abgehalten werden.

Die richtige Einstellung

Die wichtigste Zutat für ein erfolgreiches Gespräch ist die richtige Einstellung. Ein Gespräch wird eher mal schwergängig, wenn es unbedingt neue Kundinnen und Kunden hervorbringen muss. Du wirst viel Druck auf dich selbst ausüben und die Kunden werden diesen Druck vermutlich ebenfalls spüren. Schlimmer noch: Du wirst die Möglichkeit nicht in Betracht ziehen wollen, dass du die fragliche Person selbst gar nicht als Kunden haben möchtest.

Eine bessere Einstellung ist hingegen, dass ihr euch gemeinsam anschaut, wo die wahren Probleme liegen und ob du die richtige Person bist, diese zu lösen. Wenn dies der Fall ist, machst du ein entsprechendes Angebot. Und wenn du nicht die richtige Person bist, um in dieser Situation zu helfen? Dann machst du kein Angebot und schließt das Gespräch ab.

Laura Babeliowsky, eine niederländische Business-Coach, hat mir den Begriff der „leidenschaftlichen Unabhängigkeit“ beigebracht. Und ich finde, dies ist eine wunderbare Beschreibung der richtigen Einstellung. Ich wähle diese Herangehensweise, um Gespräche mit meinen potenziellen Kunden in leidenschaftlicher Unabhängigkeit zu führen. Das bedeutet, dass ich die ehrliche Intention habe, zum Zentrum der Angelegenheit vorzudringen. Ich möchte wirklich wissen, womit sie kämpfen, was ihre Herausforderungen, Probleme und Wünsche sind. Zugleich bin ich vollkommen losgelöst vom Ergebnis des Gesprächs. Ich bin nicht darauf fokussiert, Kunden „zu akquirieren". Ich mache ein Angebot zur Zusammenarbeit mit mir, wenn ich glaube, dass ich wirklich helfen kann. Und dann liegt es an ihnen, dieses Angebot anzunehmen oder abzulehnen. Es liegt in deiner Verantwortung, deinen potenziellen Kundinnen und Kunden ein Angebot zu machen. Es liegt in der Verantwortung des Gegenübers, dieses Angebot anzunehmen oder nicht.

Die Elemente des Beratungsgesprächs

Im Beratungsgespräch erkundest du die aktuelle Situation deiner potenziellen Kundinnen und Kunden, ihre Hauptprobleme und Ziele. Du entscheidest, am besten während des Gesprächs, ob du ihnen ein Angebot machen möchtest und wenn dem so ist, was für eines. In der idealen Situation ist am Ende des Gesprächs klar, ob ihr zusammenarbeiten werdet oder nicht.

Deine potenziellen Kunden bekommen ebenfalls einen klaren Blick auf ihre Probleme und Ziele, was an sich bereits wertvoll ist. Häufig haben sie ein generelles Gefühl von Unzufriedenheit oder Stress, ohne zu wissen, was genau das Problem ist und welche Schritte sie gehen können. Während des Gesprächs mit dir bekommen sie einen klaren Blick auf ihre Situation. Das macht das Beratungsgespräch für deine potenziellen Kunden wertvoll.

Ich präsentiere dir unterschiedliche Elemente des Beratungsgesprächs. Klebe nicht zu stark an der Reihenfolge der einzelnen Elemente. Die im Folgenden beschriebenen Teile sind dazu gedacht, dir dabei zu helfen, die wichtigen Punkte zu diskutieren. Manchmal stellt sich zu Beginn des Gesprächs heraus, dass deine potenziellen Kunden mehr über dich wissen wollen, bevor sie ihre eigene Situation beschreiben. Wenn du in dem Augenblick an der vorbereiteten Reihenfolge klebst, stellst du vielleicht fest, dass die potenziellen Kunden nicht bereit sind, sich zu öffnen und mitzuteilen. Dann stelle die Reihenfolge auf den Kopf und beantworte zuerst ihre Fragen.

Gesprächsvorbereitung

Die Vorbereitung ist der halbe Sieg. Durch das Eintauchen in die Situation deiner potenziellen Kundinnen und Kunden im Vorfeld sorgst du für einen doppelten Vorteil für dich: Du kennst sie bereits ein wenig, was das Gespräch erleichtert und stärker fokussiert. Die andere Seite fühlt sich zudem gesehen und gehört, was sehr wichtig ist, wenn sie dir vertrauen soll. Nimm dir vor dem Interview die Zeit, die dir vorliegenden Informationen zu deinen potenziellen Kunden zu studieren. Haben sie dir im Vorfeld brauchbare Informationen gemailt? Haben sie einen Fragebogen ausgefüllt? Schau dir ihre Webseite an und ihr LinkedIn-Profil.

1. Stelle eine Tagesordnung auf

Du führst. Stelle sicher, dass du die Führung übernimmst und behältst. Erläutere den Sinn des Gesprächs und wie viel Zeit du dafür reserviert hast. Führe aus, dass du Fragen hast, um dein Gegenüber und dessen Herausforderungen kennenzulernen und dass du darüber hinaus sehr gern alle Fragen beantwortest, die sie möglicherweise haben. Stelle ebenfalls klar, dass du am Ende des Gesprächs, sofern angemessen, ihnen gern erklären möchtest, wie deine Expertise hilfreich für sie sein kann.

Einmal habe ich es versäumt, zu Beginn des Gesprächs ein Erwartungsmanagement vorzunehmen. Bevor ich es merkte, hatte meine Gesprächspartnerin das Gespräch vollständig an sich gezogen und mich gebeten, ihr mit ihrer Buchhaltungssoftware zu helfen. Obwohl ich in einem Beratungsgespräch gern konkrete Tipps gebe, hatte ich dies für dieses spezifische Gespräch nicht geplant. Am Ende erbrachte das Gespräch für keinen von uns das gewünschte Ergebnis. Sie hatte vielleicht zahlreiche kostenlose Antworten auf diverse konkrete Fragen bekommen können, doch ich hätte ihr weit besser helfen können, wenn sie meine Kundin geworden wäre. Diese Erfahrung bestärkte meinen Entschluss, das Erwartungsmanagement ganz klar an den Anfang zu stellen.

2. Lerne deine potenziellen Kunden kennen

Stelle Fragen, stelle mehr Fragen und dann stelle noch mehr Fragen. Fragen zu stellen ist an diesem Punkt wesentlich. Indem du die richtigen Fragen stellst, kannst du zwei zentrale Dinge erreichen:

- Dein Gegenüber fühlt sich gesehen und gehört und du baust Vertrauen auf.

- Du lernst deine potenziellen Kunden ausreichend gut kennen, sodass du entscheiden kannst, ob du ihnen das richtige Angebot machen kannst oder nicht.

Wie du Experte wirst im Fragenstellen, zeige ich in den Kapiteln 9 und 10. Ich zeige dir jetzt ein paar konkrete Fragen auf, die dir helfen werden, deine Kunden besser kennenzulernen.

Frage 1: Welche Probleme löst du für wen und wie?
Häufig werden die folgenden Eröffnungssätze genutzt: „Erzähl mir von dir und deinem Unternehmen". Das ist eine breite und unfokussierte Aufforderung. Die Antwort kann in jede beliebige Richtung gehen und es kann einige Zeit dauern, bis du weißt, was deine Kunden wirklich tun. Die Frage, die du stellst, bestimmt die Antwort, die du bekommst. Wenn du bessere Fragen stellst, bekommst du bessere Antworten.

Wenn du fragst „Welche Probleme löst du für wen und wie löst du sie?", dann bekommst du einen schnellen und guten Einblick in die Art von Unternehmen, die deine Kundinnen und Kunden haben, wer ihre idealen Kunden sind und welchen Nutzen sie ihren Kunden bieten. Sei nicht zu schnell zufrieden mit den Antworten. Stelle weiterhin Fragen. Wenn du deinen Kunden wirklich dabei helfen möchtest, ein finanziell gesundes und rentables Unternehmen aufzubauen, dann musst du genau wissen, wie sie ihr Geld verdienen.

Unterschätze niemals, welchen Nutzen du deinen Kunden mit diesen Fragen bietest. Du hilfst deinen potenziellen Kunden dabei, ihre Ziele besser zu bestimmen und ihren Fokus zu schärfen, was dir einige Bonuspunkte gegenüber den Steuerberatern der alten Schule geben sollte, die nur fragen, welches Buchhaltungssystem sie nutzen und ob sie ihre Stunden nachhalten.

Frage 2: Erzähl mir noch ein wenig mehr über dein Unternehmen. Hast du ein Team? Wie groß ist dein Unternehmen? Seit wann ist es am Markt?
Jetzt fängst du an, allgemeinere Informationen über das Unternehmen zu sammeln, damit du ein besseres Verständnis von der aktuellen Situation bekommst.

Frage 3: Kannst du mir etwas über die finanzielle Situation deines Unternehmens erzählen?
Um eine gute Problemanalyse vornehmen zu können und in der Lage zu sein, ein angemessenes Angebot zu machen, ist es wichtig, eine klare Vorstellung von der finanziellen Lage des Unternehmens deiner Kunden zu bekommen. Unter anderem sind Informationen zu Umsatz, Gewinn, Schulden und Margen sehr relevant. Doch auch Informationen zur privaten Situation, wie beispielsweise Altersvorsorge, Regelmäßigkeit und Höhe des Gehalts und ob es Finanzsorgen gibt, sind wichtig.

Frage 4: Was ist derzeit deine größte Herausforderung?
Das ist eine sehr weite Frage und bringt in der Regel die wichtigsten Dinge hervor. Probleme können in den unterschiedlichsten Bereichen liegen: Schulden, sinkende Margen, zu niedriges Gehalt, Rechtsstreitigkeiten, hohe Personalkosten und so weiter. Wage es, weiterzufragen. Die Antworten auf diese Frage verdeutlichen zumeist, wo du welchen Zusatznutzen liefern kannst. Schreibe also die größten Probleme auf! Sind deine potenziellen Kunden Hauptverdiener mit schwankendem Einkommen? Dann liegt hier dein Zusatznutzen. Sinken die Margen? Gibt es Schulden? Gibt es keinerlei Altersvorsorge? Würden sie gern Mitarbeiter rekrutieren? Diese Informationen helfen dir, den Preis, den du am Ende des Gesprächs für deine Dienste ansetzen kannst, weit besser einzuschätzen.

Frage 5: Warum verlangt … <Antwort aus Frage 4> deine besondere Aufmerksamkeit?
Mit dieser Frage forderst du deine potenziellen Kundinnen und Kunden auf, zu zeigen, wie schlimm ihre Probleme wirklich sind und wie sehr diese Probleme sie belasten. Wenn du ihnen später ein Angebot machen möchtest, dann sollen sie verstehen, wie sehr sie deine Unterstützung brauchen. Sich den eigenen Problemen zu stellen, hilft deinen potenziellen Kunden dabei, ihre Bedürfnisse zu definieren. Deshalb ist es wichtig, dass sie auf diese Fragen ihre eigenen Antworten formulieren. Es ist nicht deine Aufgabe, ihre Probleme zu beschreiben: Das ist ihre Angelegenheit. Wenn deine potenziellen Kunden 200.000 Euro Steuer schulden, dann ist das weit machtvoller, wenn sie dir sagen, dass sie nachts wach liegen, als wenn du feststellst, dass sie eine hohe Steuerschuld haben.

Frage 6: Was außer … <Antwort auf Frage 4> verlangt deine Aufmerksamkeit?
In Frage 4 hast du ein Problem identifiziert, wohingegen du in Frage 5 deine Kunden dazu aufgefordert hast, die Ernsthaftigkeit dieses Problems zu verstehen. Jetzt bittest du sie, weitere Probleme zu benennen. Du hakst bei diesen Problemen nach und du kannst herausarbeiten, warum sie Aufmerksamkeit benötigen.

Frage 7: Erzähl mir von deinem Interesse an … <die ursprüngliche Frage>
Schließlich fragst du deine potenziellen Kundinnen und Kunden danach, was sie erreichen möchten. Bitte sie, zu erklären, warum sie mit dir sprechen wollten. Welche Wünsche haben sie? Wohin wollen sie? Wie sieht die Welt aus, wenn ihre Probleme gelöst sind? Warum ist das wichtig?

„Was erwartest du von mir?“, kann auch eine gute Frage sein. Wenn du deine potenziellen Kunden darüber nachdenken lässt, was sie brauchen, um ihre Probleme zu lösen, kommt dein Angebot nicht als Überraschung. Wenn du fragst „Was erwartest du von mir?“ anstatt „Was erwartest du von deinem zukünftigen Steuerberater?“, dann ist dies auch ein machtvoller Einsatz von Sprache. Du hast bereits den Samen gepflanzt, es hört sich so an, als sei die Zusammenarbeit bereits beschlossene Sache.

Dies ist weit wirksamer als die gegenteilige Version (die mir häufig begegnet): „Was erwartest du von jemandem, mit dem du möglicherweise zusammenarbeiten möchtest?“ Wenn du deine Fragen und die Diskussion positiv rahmst, kannst du die Erwartungen deines Gegenübers damit beeinflussen.

Damit du am Ende des Gesprächs in der Lage bist, das richtige Angebot zu machen, musst du auf zwei Ebenen zuhören. Zuallererst musst du dem Inhalt der Geschichten deiner potenziellen Kunden lauschen, ihrer aktuellen Situation, wie auch ihren Problemen und Zielen. Zugleich musst du auf dem Niveau deines Angebots zuhören. Während du zuhörst, musst du dein Gegenüber einschätzen.

Du willst entscheiden können, ob du sie als Kunden möchtest und welches Programm du ihnen zu welchem Preis anbieten willst.

3. Fragen beantworten

Nachdem du deine potenziellen Kundinnen und Kunden zu ihrer Situation, ihren Problemen und Zielen befragt hast, lade sie ein, dir Fragen zu stellen. Sie möchten dich vielleicht näher kennenlernen und sie haben möglicherweise substanzielle Fragen. Wenn sich die substanziellen Fragen leicht beantworten lassen, beantworte sie! Wenn du dies tust, lieferst du unmittelbar Nutzen und das hilft beim Vertrauensaufbau. Wenn die Fragen zu komplex sind, als dass du sie innerhalb weniger Minuten beantworten könntest, sei transparent und erkläre, dass du sie bei der Lösung dieser Probleme gern in den nächsten Wochen unterstützen möchtest. Wenn sie sofort wissen möchten, wie du ihnen weiterhelfen kannst, ist dies ein schöner Übergang zum nächsten Teil des Beratungsgesprächs.

4. Biete deine Dienste an (oder nicht)

Auf Basis dessen, was besprochen wurde, kannst du deinen potenziellen Kundinnen und Kunden ein Angebot machen oder dich dazu entschließen, das nicht zu tun.

Du machst ein Angebot
Wenn sich herausstellt, dass du tatsächlich mit deinen idealen Kunden sprichst, dann bist du jetzt bereit, dein Angebot zu unterbreiten. Doch bevor du dies tust, fasse zusammen, was du gehört hast:

„Du hast mir erzählt, dass …"
„Dein größtes Problem derzeit ist …"
„Deine Ziele sind …"

Wenn deine Zusammenfassung stimmig ist, fühlen deine potenziellen Kunden sich verstanden, was es ihnen leichter macht, dein Angebot anzunehmen. Wenn deine Zusammenfassung nicht richtig ist oder unvollständig, dann unterbrechen dich die potenziellen Kunden oder liefern zusätzliche Informationen. Es ist ungemein wichtig, dass du ihnen sorgfältig zuhörst und eine neue Zusammenfassung lieferst. Du kannst dein Angebot nur machen, nachdem du eine klare Zusammenfassung gebracht hast. Deine potenziellen Kunden werden nur dann mit dir arbeiten, wenn du diese Dinge richtig hinbekommst. Wenn das der Fall ist, kannst du dein Angebot machen: „Ich möchte dir sehr gern dabei helfen. Darf ich dir sagen, was mir dazu einfällt?" oder „Möchtest du wissen, welche Optionen ich hier sehe?"

Dies ist der Moment, in dem du deinen Kundinnen und Kunden erklärst, wie du ihnen helfen kannst. Es ist auch deine Chance, den Kunden zu zeigen, dass du der oder die Richtige für diese Aufgabe bist. Du spulst keine standardisierte Sales Pitch ab. Deine Herausforderung liegt darin, dein Angebot so zu formulieren, dass es für deine Kunden relevant ist. Erzähl ihnen nicht von deinen Erfahrungen mit Investitionen, wenn sie bereits einen Finanzexperten für diesen Bereich haben, mit dem sie zufrieden sind. Erzähle ihnen nicht, dass du hauptsächlich in der Cloud arbeitest, wenn das Gespräch gezeigt hat, dass sie dies bereits verstanden haben. Erzähle ihnen nicht von deinem individualisierten Berichtswesen, solange die genaue Ausarbeitung der Berichte noch nicht besprochen ist. Mit anderen Worten: Erläutere deinen Kundinnen und Kunden, was für sie von Bedeutung ist. Erzähle ihnen von deinen Erfahrungen in ihrer Branche. Erzähle ihnen, dass du mit dem Buchhaltungsprogramm arbeitest, mit dem sie bereits Erfahrung haben. Sag ihnen, dass du ihnen wirklich dabei helfen kannst, ihre größten Probleme zu lösen und wiederhole erneut, welche Probleme das sind.

Lege besonderen Wert auf die Ergebnisse, die eure Zusammenarbeit bringen wird. Führe nicht an: „Ich aktualisiere deine Buchhaltung täglich", sondern sage „Du wirst laufend aktuelle Zahlen haben, damit du die richtigen Entscheidungen treffen kannst". Bevor du zum Investment übergehst, fasse Punkt für Punkt zusammen, was deine Kunden gewinnen, wenn sie mit dir zusammenarbeiten. Zum Beispiel: „Ich würde gern zusammenfassen, was ich für dich tun kann …"

- „Du wirst immer aktuelle Zahlen vorliegen haben."
- „Ich werde dich dabei unterstützen, deinen Finanzplan zum Erfolg aufzustellen."
- „Mit monatlichen Coachingsitzungen helfe ich dir dabei, deine Ziele wirklich zu erreichen."

Dann fragst du:

- „Passt dies zu deinen Wünschen und Erwartungen?"

Wenn die Kundinnen und Kunden dies positiv beantworten, ist es an der Zeit, das Investment anzusprechen, das sie zu tätigen haben: „Dein Investment dafür liegt bei XXX pro Monat." Du gibst deinen Kunden die Möglichkeit, auf diesen Preis zu reagieren. Wenn sie nicht völlig zufrieden sind mit dem Angebot, dann formulieren sie jetzt möglicherweise Einwände. Ein Einwand bedeutet nicht, dass du nicht weitergehen kannst. Er bedeutet lediglich, dass deine Kunden noch nicht davon überzeugt sind, dass ihr gut zusammenpasst. Ich erkläre dir später, wie du Einwände behandelst.

Du möchtest erst später ein Angebot machen
In der idealen Situation entscheidest du während des Meetings, welche Art von Angebot du machen möchtest. Dies setzt offensichtlich voraus, dass du Standardpakete oder -programme anzubieten hast. Wenn du nicht in der Lage bist, sofort während des Gesprächs ein Angebot zu machen, erläuterst du einfach, dass du ein maßgeschneidertes Angebot machen möchtest. Um zu vermeiden, dass der Prozess danach ins Stocken kommt, ist es am besten, sich sofort auf zwei Dinge zu einigen:

- wann du das Angebot schickst und
- wann du anrufst, um das Angebot zu besprechen.

Du machst kein Angebot
Sobald dir klar wird, dass dieser Mensch nicht zu deinen idealen Kundinnen und Kunden gehört, kannst du das Meeting mit den Worten „Ich bin nicht die richtige Person, um dir in dieser Angelegenheit zu helfen" beenden. Du könntest sogar eine Empfehlung für jemanden aus deinem Netzwerk aussprechen, von der oder dem du annimmst, dass sie gut passen könnten: „Ich würde dich gern an ... vermitteln, weil ich glaube, dass er oder sie dir weiterhelfen kann."

5. Abschluss

Im Idealfall gibt es drei mögliche Ergebnisse aus diesem Gespräch:

1. Es gibt eine Vereinbarung.
2. Es gibt keine Vereinbarung.
3. Ein weiteres Gespräch ist notwendig.

1. Vereinbarung
Manchmal sagen Kundinnen und Kunden spontan „Ja" zu deinem Angebot und manchmal musst du um das „Ja" bitten. Wenn deine Kunden dein Angebot annehmen, bestätige ihre Entscheidung, damit es euch beiden absolut klar ist. Du kannst zum Beispiel sagen: „Danke für dein Vertrauen: Ich freue mich auf die Zusammenarbeit." Wenn das Ja nicht völlig klar ist, bitte explizit darum. Frage zum Beispiel „Sind wir uns einig?" oder „Was sagst du? Ziehen wir das durch?"

Nach der Vereinbarung informierst du deine Kunden über die nächsten Schritte. Diese sind:

- *Auftragsbestätigung* – Schicke **kein** Angebot im Nachgang zum Beratungsgespräch. Die Kunden haben dein Angebot bereits angenommen, also stifte keine Verwirrung, indem du einen weiteren Moment der Entscheidung heraufbeschwörst. Sende ihnen stattdessen eine Auftragsbestätigung, die all das enthält, was ihr besprochen habt. Halte fest: „Diese Woche sende ich dir eine Auftragsbestätigung mit einer Ausfertigung unserer AGBs. Ich möchte dich gern bitten, dies zu unterschreiben und mir innerhalb von sieben Tagen zurückzuschicken."
- *Terminvereinbarung für das Onboarding-Gespräch* – Mache den Vorschlag, gemeinsam in den Kalender zu schauen und direkt ein Onboarding-Gespräch zu vereinbaren. Indem ihr das nächste Gespräch plant, beginnt eure Zusammenarbeit. Es gibt den Kunden zudem jede Menge Zuversicht, wenn du die Führung für die nächsten Schritte übernimmst. Dieser positive Einfluss verringert die Wahrscheinlichkeit immens, dass deine potenziellen Kunden doch noch einen Rückzieher machen. Ich erläutere diese Methode des positiven Einflusses in Abschnitt 10.1 im Detail. Während des Onboarding-Gesprächs stellt ihr einen Schritt-für-Schritt-

Plan für die praktischen Dinge auf, die es zu organisieren gilt. Denke an Sachen wie das Umstellen der Buchhaltungssoftware, Zugriff auf die Zahlen des laufenden Jahres und so weiter. Zudem werdet ihr die Aufgabenteilung und Abläufe diskutieren. In Abschnitt 8.1 erläutere ich das Onboarding-Gespräch detaillierter.

2. Keine Vereinbarung

Selbst wenn ihr nicht zu einer Vereinbarung gelangt, ist es wichtig, das Gespräch im Guten abzuschließen. Die potenziellen Kundinnen und Kunden sind vielleicht noch keine Kunden, doch könnten sie später welche werden.

Oder potenzielle Kunden kennen jemanden, den oder die sie gern an dich empfehlen würden. Du weißt niemals im Vorhinein, wo ein Gespräch hinführt, sorge also dafür, dass es positiv endet. Frage zum Beispiel: „Gibt es etwas anderes, mit dem ich dir im Moment helfen kann?" Oder du kannst sagen: „Was ich jetzt tun werde, ist ..." Danke den potenziellen Kunden für ihre Offenheit und wünsche ihnen viel Erfolg.

3. Folgetermin

Selbstverständlich würdest du es vorziehen, sofort zu einem klaren Beschluss zu gelangen, weil ein Folgetermin zusätzliche Zeit und Mühe verlangt. Doch du musst realistisch bleiben. Wenn du ein beträchtliches Investment verlangst, dann wirst du nicht immer im Stande sein, im ersten Gespräch zum Geschäftsabschluss zu kommen. Einige potenzielle Kunden möchten dein Angebot vielleicht mit einem Geschäftspartner diskutieren oder einfach darüber nachdenken.

Sollte sich herausstellen, dass es keine echten Einwände gibt, deine Kunden sich aber nicht sofort verpflichten möchten, vereinbare einen Folgetermin mit ihnen. Beschließe ein Gespräch niemals mit den Worten „Ich würde mich freuen, von dir zu hören." Das ist für keine der beiden Seiten fair. Ihr habt beide viel Zeit und Energie in das Beratungsgespräch gesteckt und das verdient einen umsichtigen Abschluss. Schlage also einen konkreten Folgetermin vor. Du kannst zum Beispiel sagen „Ich glaube, das ist sehr vernünftig. Wie viel Zeit brauchst du dafür?" oder „Soll ich dich am Donnerstag um 15.00 Uhr anrufen?"

Sobald du dein Angebot gemacht hast und um ein „Ja“ bittest, können und werden Einwände auftauchen. Das ist nichts Schlechtes. Das bedeutet lediglich, dass die potenziellen Kunden noch nicht sicher genug sind, dass sie den Kaufprozess abschließen möchten. Oder vielleicht erfüllt dein Angebot nicht ihre Erwartungen. Lass dich von Einwänden nicht entmutigen. Ein Einwand ist lediglich eine Gelegenheit, die Zweifel deiner potenziellen Kundinnen und Kunden zu erfahren.

Die Schwierigkeit mit Einwänden ist, dass sie nicht immer klar und deutlich ausgedrückt werden. Potenzielle Kunden finden dein Angebot möglicherweise zu umfangreich, aber sie sagen, „Ich glaube, das ist zu teuer“. Oder sie sagen „Ich möchte erst etwas anderes fertig machen und möchte in einigen Monaten starten.“ Dabei sind sie sich einfach nicht sicher, ob du die oder der Richtige für sie bist. Sobald sie einen Einwand erheben, solltest du versuchen, zum Kern der Dinge vorzudringen. Wenn du darauf hereinfällst, auf den Inhalt eines Einwands zu reagieren, stehen die Chancen gut, dass du irrelevante Antworten lieferst.

Ich stelle dir ein paar verbreitete Einwände vor:

„Ich möchte darüber nachdenken.“

Wenn potenzielle Kunden sagen, dass sie Zeit brauchen, um darüber nachzudenken, kann dies zweierlei bedeuten: Sie brauchen wirklich mehr Zeit oder sie möchten nicht „Nein“ sagen und suchen nach einer Ausrede. Deshalb musst du immer weiter fragen. Du kannst sagen: „Ich glaube, das ist sehr weise“, was dein Verständnis signalisiert. Dann kannst du fortfahren: „Worüber genau möchtest du nachdenken?“ oder „Mit wem möchtest du das Ganze besprechen?“ Wenn sie ihre Einwände versucht hatten zu überdecken, wird dies nun deutlich.

„Ich glaube, das ist zu teuer.“

Sobald du höhere Preise aufrufst, werden dir einige potenzielle Kundinnen und Kunden sagen, dass sie das zu teuer finden. Das ist wenig eigenartig. Sie sind vielleicht daran gewöhnt, 60, 90 oder 120 Euro pro Stunde zu bezahlen. Deshalb erfüllt dein Angebot über 500, 1.500 oder 2.500 Euro pro

Monat nicht ihre Erwartungen. Während des Beratungsgesprächs hast du einen Einblick in die Probleme bekommen, mit denen deine potenziellen Kunden zu kämpfen haben und du weißt, was sie diese Probleme kosten. Erinnere deine potenziellen Kunden an diese Kosten, sowohl finanziell als auch mit Blick auf Stress. Zeige Verständnis, erinnere sie an ihr Problem und frage: „Ich verstehe, dass dies ein beträchtliches Investment ist. Gleichzeitig hast du mir gerade geschildert … <die größte Herausforderung>. Mein Angebot wird dieses Problem lösen. Wieso denkst du, dass die Investition zu hoch sei?" Du ermutigst deine potenziellen Kunden, ihr Investment direkt zu ihren Problemen und deren Kosten ins Verhältnis zu setzen.

Wenn du im Beratungsgespräch zum Kern des Problems vorgedrungen bist und den potenziellen Kunden klar geworden ist, dass es teurer ist, das Problem ungelöst zu lassen, als in deine Lösung zu investieren, wird ihnen klar, dass das Investment nicht zu hoch ist. Sie werden dir dann entweder zustimmen und möchten mit dir arbeiten oder sie werden einen weiteren Einwand bringen.

„Ich kann mir das nicht leisten."

„Ich kann mir das nicht leisten", ist eine Variation des Themas „Ich glaube, das ist zu teuer." Doch etwas als zu teuer zu empfinden, ist häufig ein Gefühl. Der Preis passt nicht zu den eigenen Erwartungen: Die potenziellen Kundinnen und Kunden haben vielleicht Angst vor dem Betrag, doch das sagt nichts darüber aus, über wie viel Geld sie tatsächlich verfügen. „Ich kann mir das nicht leisten", sagt häufig etwas über den echten Kontenstand aus. Es ist gut möglich, dass die potenziellen Kunden aktuell nicht über die Mittel verfügen, dich zu bezahlen. Zugleich ist es sehr wahrscheinlich, dass ihre Probleme größer werden, wenn sie dich nicht anheuern. Scheue nicht davor zurück, die Risiken zu diskutieren, die du siehst und sie zu fragen, was sie bezahlen können. Es hilft häufig, wenn du ihnen vorschlägst, in Raten zu zahlen. Manchmal hilft es, darüber nachzudenken, wie die potenziellen Kunden an Geld kommen können, um dieses Investment zu tätigen. Gibt es andere Kosten, die sie reduzieren oder komplett streichen können?

„Ich möchte ein weiteres Angebot einholen."

Wenn potenzielle Kundinnen und Kunden andeuten, dass sie ein weiteres Angebot einholen möchten, dann sind sie vermutlich nicht davon überzeugt, dass du der oder die Richtige für sie bist. Warum sonst würden sie Zeit und Energie darauf verwenden, weiterzuschauen? In diesem Falle kannst du nach weiteren Informationen fragen. „Warum bist du noch nicht überzeugt?" oder „Wonach suchst du bei einem weiteren Angebot?"

„Jetzt ist nicht der richtige Zeitpunkt."

Wenn potenzielle Kundinnen und Kunden auf den richtigen Zeitpunkt warten wollen, werden sie ihre Probleme niemals lösen. Ihre Probleme werden im Gegenteil immer größer werden. Beziehe die Realität mit ein, indem du fragst: „Wann ist denn der richtige Zeitpunkt?" und „Ist es nicht so, dass es auch dann andere Dinge geben wird, die deiner Aufmerksamkeit bedürfen?" Manchmal hilft es auch, ihnen zu spiegeln, wie das Leben sein wird, wenn sie jetzt nicht aktiv werden. Ich habe einem potenziellen Kunden mal wortwörtlich gesagt: „Natürlich kannst du auch einfach pleitegehen." Das war der Moment, in dem er sich dazu entschied, mit mir zusammenzuarbeiten.

Es gibt natürlich unzählige weitere Einwände, die potenzielle Kunden anbringen können. Die beste Art und Weise, darauf zu antworten, ist nahezu immer, offene Fragen zu stellen. Suche mit Leidenschaft nach dem Kern des Einwands und bleibe losgelöst vom Ergebnis des Gesprächs. Du wirst sehen, dass du zufrieden und leidenschaftlich die richtigen potenziellen zu deinen tatsächlichen Kunden machen wirst.

Action Step

- ↳ Zeichne deinen eigenen Verkaufstrichter und bestimme auf der Basis dieses Trichters, welchen ersten Schritt du machen möchtest, um zu mehr oder besseren potenziellen Kunden zu sprechen.
- ↳ Erstelle einen Marketingplan.
- ↳ Experimentiere mit der Durchführung von Beratungsgesprächen, damit du selbst sehen kannst, welche Auswirkungen dieses Vorgehen haben kann.

In diesem Kapitel hast du gelernt, wie du mit potenziellen Kundinnen und Kunden sprechen und sie zu deinen Kunden machen kannst. Verkaufen über Beratungsgespräche stellt hohe Anforderungen an deine Kommunikationskompetenz. Doch die brauchst du auch, um deine Kunden dabei zu unterstützen, sich neue Gewohnheiten anzueignen, um sie mit Hilfe eines Finanzplans zum Erfolg strategisch zu coachen und um mit ihnen mit Profit First zu arbeiten.

In den Kapiteln 9 und 10 lernst du die Feinheiten dieser machtvollen Kommunikation kennen. Im nächsten Kapitel diskutiere ich zunächst die Frage, wie du sicherstellen kannst, dass deine Kundinnen und Kunden Ergebnisse erreichen und mit deiner Unterstützung zufrieden sein können. Das nächste Kapitel dreht sich darum, die Erfahrung deiner Kunden zu etwas Beispiellosem zu machen.

8 Erschaffe für deine Kundinnen und Kunden eine Erfahrung ohne Gleichen

„Worauf du dich konzentrierst, dorthin fließt deine Energie."
– Tony Robbins

„Und? Wie geht es Anne, deiner neuen Kundin?", fragte ich Greg. Greg arbeitete seit einigen Monaten mit ihr, als ich spontan beschlossen hatte, ihn anzurufen. Ich war auf dem Rückweg von einem Meeting und hatte an ihn gedacht.

Greg antwortete begeistert: „Schön, von dir zu hören! Weißt du, ich habe letzte Woche mit ihr genau das gemacht, was du gerade tust. Ich hatte ihr eine Aufgabe gegeben: Sie sollte einen ersten Entwurf für eine bessere Preisstruktur entwickeln. Auf der Basis der Herstellpreise-Kalkulationen. Ich war neugierig, ob sie es schon angefasst hatte und wie sie damit zurechtkam. Also rief ich sie an. Ich musste mich erst an den Gedanken gewöhnen, denn wir waren nicht verabredet. Doch jedes Mal, wenn du mich anrufst, freue ich mich. Also habe ich es einfach getan!"

„Und? Wie fand Anne das?", fragte ich.

„Sie sagte, ich riefe genau zur richtigen Zeit an. Sie wusste nicht, wie sie das angehen sollte und hatte aufgegeben. Mein Anruf half ihr, wieder in die Spur zu kommen, um weiterzumachen." Er schwieg für eine Weile. Dann sagte Greg, „Jetzt verstehe ich, was du meintest, als du sagtest, Nutzen zu stiften, dreht sich nicht nur um die Stunden, die du deinen Kunden widmest. Das Gespräch hat weniger als zehn Minuten gedauert, aber es hat ihr den Impuls gegeben, früher mit ihren neuen Preisen an den Start zu gehen. Dieses Gespräch kann für sie einige Tausend Euro generiert haben!"

***

Als Gewinnberater dürfen wir nicht lockerlassen, bis die Kunden aktiv werden. Immerhin verkaufst du keine Aktionen, sondern Ergebnisse. Und zu einem guten Preis! Es ist wichtig, dass du und deine Kundinnen und

Kunden, dass ihr vom ersten Augenblick an zusammenarbeitet, um sicherzustellen, dass diese Ergebnisse erreicht werden.

Warte nicht, bis deine Kunden aktiv werden und ihre Rechnungen hochladen. Dein Job ist es nicht allein, die Informationen zu verarbeiten und Fragen zu beantworten. Dein Job ist es auch, sicherzustellen, dass Zahlen in Echtzeit zur Verfügung gestellt werden, dass es einen Plan gibt und deine Kunden auf den Gewinn achten. „Warte mal“, höre ich dich denken, „Ich kann doch nicht für alles verantwortlich sein! Kunden müssen auch selbst aktiv werden. Es geht um ihre Unternehmen!“ Klar wirst du deinen Kundinnen und Kunden morgens nicht die Brote schmieren oder ihre Rechner anmachen, doch deine neue Rolle verlangt von dir einen erheblichen Anteil an Proaktivität und Coaching. Deine neue Rolle verlangt, dass du deine Kunden dabei unterstützt, sich neue Buchhaltungsgewohnheiten anzueignen, dass du sie an Fristen erinnerst, die ihr gemeinsam gesetzt habt und dass du sie zart motivierst, wenn sie kurz davor sind aufzugeben. Du bist Coach, Berater und die große Peitsche – alles zugleich.

Du möchtest, dass deine Kundinnen und Kunden eine gute Rendite auf ihr Investment in dich bekommen – und zwar lieber früher als später, damit klar wird, dass du das laufende Investment wert bist. Du möchtest, dass sie ihre Begeisterung über dich mit anderen in ihrem Netzwerk teilen, damit andere ideale Kunden dich leicht finden können. Schließlich möchtest du, dass diese Ergebnisse so effizient wie möglich erreicht werden können, damit ihr, du und deine Kunden, gute Gewinne machen könnt.

Was du brauchst, um all dies zu erreichen, sind Vertrauen, klare Vereinbarungen, volle Aufmerksamkeit und Klarheit mit Blick auf deine Rolle.

8.1 Das Onboarding-Gespräch

2004 arbeitete ich als Interims-Controller in einer großen internationalen Bank. Ich sah die Rechnung der Steuerberatung (eine der Big Four – also eine der vier großen internationalen Kanzleien) für den Monat September. Der Rechnungstext lautete „unterschiedliche Aktivitäten im Monat September 2004“ für einen Betrag von 521.000 Euro ohne Umsatzsteuer.

Es gab keine weitere Erläuterung oder Spezifizierung. Ich traute meinen Augen kaum. Abgesehen von meinem absoluten Erstaunen (Was? Wie? Was?) wurde ich wütend wegen der Sorglosigkeit, mit der das Geld meines Kunden behandelt wurde. Ich war geschockt über die Leichtigkeit, mit der mit Hunderttausenden von Euros herumgeworfen wurde als wären es Cents. Ich rief die Kanzlei dreieinhalb Sekunden später an und bat um Details. Abgesehen davon, dass ich wirklich wissen wollte, wofür diese 521.000 Euro ausgegeben worden waren, ging es für mich auch ums Prinzip. Ich war nicht der Meinung, dass auf diese Art und Weise Geschäfte gemacht werden sollten.

Ich glaube nicht einen Augenblick, dass du das Geld deiner Kunden mit vergleichbarer Sorglosigkeit behandeln würdest. Doch ich gebe dir dieses extreme Beispiel, weil es wirklich dabei hilft, zu unterstreichen, was ich sagen möchte. Nur Stunden zu addieren und am Ende des Monats eine Rechnung zu schicken, auf der steht „Arbeiten im Monat ...", das ist nicht mehr möglich. Und den Jahresabschluss zu übermitteln, „wenn er fertig ist", auch wenn das anderthalb Jahre nach dem Ende des Geschäftsjahres sein sollte, erfüllt nicht die Erwartungen deiner Kunden. Jetzt hast du eine Verpflichtung, Ergebnisse zu produzieren und die Kunden bezahlen dir einen festen Betrag pro Monat dafür. Deshalb ist es wesentlich, dass du klare, beiderseitige Vereinbarungen schließt. Beide Seiten sollten wissen, wer was tut und wann und was ihr voneinander erwarten könnt.

Du musst direkt im ersten Gespräch, das ihr führt, Zeit dafür reservieren, sobald potenzielle Kunden zu deinen Kunden geworden sind. Beginne eure Arbeitsbeziehung mit klaren Zielen und gemeinsamen Vereinbarungen. Anfänglich fühlt sich das vielleicht so an, als würdest du zu viel Zeit darauf verwenden. Doch jede Minute, die du in diesem Stadium in klare Regeln für eure Kooperation investierst, zahlt sich für euch im Folgenden vielfach aus. Simon Sinek beschreibt dies wundervoll in seinem Buch „Frag immer erst, Warum": „Sie haben niemals genügend Zeit oder Geld, um es direkt beim ersten Mal richtig zu machen, doch sie haben immer genügend Zeit und Geld, um es nochmal neu zu machen."

Diese Vereinbarungen zu treffen ist eine Sache, sicherzustellen, dass sie auch umgesetzt werden, eine andere. Besonders während der ersten paar Monate benötigst du zusätzliche Zeit und Energie, deine Kunden an die Vereinbarungen zu erinnern, die ihr getroffen habt. Neue Gewohnheiten zu adaptieren, funktioniert nicht ohne Anstrengung, doch bald wird diese Art der Zusammenarbeit zum neuen Normalzustand – es lohnt sich für beide Seiten.

Die Beziehung zwischen dir und deinen Kunden bildet die Basis für alles Weitere. Wie ihr miteinander umgeht, was ihr voneinander denkt, ob ihr einander vertraut, was ihr voneinander erwartet, was ihr euch gegenseitig nachzuweisen bittet, welche Regeln innerhalb der Zusammenarbeit gelten – all diese Faktoren tragen zur Effektivität und Effizienz eurer Zusammenarbeit bei und in der Konsequenz, zu den Ergebnissen, die ihr erreicht.

Es ist verführerisch, sofort in die Inhalte einzutauchen, sobald die Vereinbarung steht. Im Beratungsgespräch hast du vermutlich jede Menge nützliche Informationen gesammelt und du bist vielleicht darauf vorbereitet, deinen Kunden sofort zu einer besseren Rentabilität zu verhelfen. Ein Onboarding-Gespräch, um die Beziehung und die Verabredungen zu besprechen, kann sich wie Zeitverschwendung anfühlen. Doch das Onboarding-Gespräch kann sich als das rentabelste Gespräch entpuppen, das du mit deinen Kunden in der kommenden Zeit führst. In diesem Gespräch legst du die Basis für eure Kooperation. Wenn alles gut läuft, baust du auf diese Basis für die kommenden Jahre weiter auf. Du diskutierst die gegenseitigen Abhängigkeiten, Aufgaben und Verantwortlichkeiten im Onboarding-Gespräch. Wer tut was und wann? Doch auch: Was passiert, mit Blick auf Zeit und Geld, wenn ihr euch nicht an die Vereinbarungen haltet? Ihr legt fest, wie Dokumente zugänglich gemacht werden, damit an keiner Stelle Zeit oder Geld verschwendet werden. Ihr einigt euch darauf, wie und wie häufig ihr in Kontakt tretet. Wenn du diese Basis gut aufsetzt, spart das allen Seiten jede Menge Zeit, Geld und Energie!

Es sollte euch darüber hinaus klar sein, dass das Onboarding-Gespräch informell die Kultur eurer Zusammenarbeit bestimmt. Welche ungeschriebenen Regeln gelten für euren Umgang miteinander? Wenn ihr in eurem ersten Gespräch mehr als eine halbe Stunde über die Kinder und den anstehenden Sommerurlaub sprecht, dann etabliert ihr einen anderen Umgangston, als wenn ihr sofort loslegt und die Mission und Vision der Kunden besprecht. In diesem Abschnitt schreibe ich über die Themen, die im Onboarding-Gespräch angesprochen werden sollten.

1. Was ist dein „Warum"?

Im Beratungsgespräch findest du heraus, in welcher Art von Unternehmen deine Kundinnen und Kunden agieren und welches ihre größten Herausforderungen sind. Wenn du wirklich helfen möchtest, dann ist es auch wichtig, ihre Motivation zu kennen. Warum tun sie, was sie tun? Was ist ihre Mission? Du möchtest die Menschen hinter jedem Unternehmen kennenlernen. Du möchtest wissen, wie sie ticken, damit du die Schwierigkeiten minimieren kannst, wenn sie Dinge tun, die ihrem Warum nicht zuträglich sind, wenn es einen Umsatzrückgang gibt oder wenn sie ihren Fokus verlieren.

In Abschnitt 2.3 haben wir darüber gesprochen, wie du dein Warum findest. Ich würde vorschlagen, dass du im Onboarding-Gespräch diese Fragen mit deinen Kunden durchgehst. Sie können diese Fragen gar nicht häufig genug gestellt bekommen, weil sie ihr Warum mit ihren Aktivitäten verknüpfen. Wenn du die Aufmerksamkeit auf Mission und Zweck richtest, dann wirst du deiner Rolle als Gewinnberater gerecht. Du zeigst auf, dass es nicht um Debitoren und Kreditoren geht, sondern um weit grundlegendere Dinge. Diese Diskussion wird dabei helfen, die Qualität der übrigen Teile des Onboarding-Gesprächs zu steigern. Du gibst damit den Rahmen vor: Ihr sprecht nicht über Buchungssätze oder Konten des Hauptbuchs, sondern über Gewinnerzielung.

2. Wer macht was?

Ihr müsst euch vollkommen darüber im Klaren sein, wer was macht. Verwirrung über Aufgaben und Verantwortlichkeiten wirkt desaströs auf Effizienz und Kundenzufriedenheit. Am besten ist es, wenn du die Verantwortlichkeiten auf der Basis einer standardisierten Liste mit den wichtigsten Prozessen skizzierst. Dann könnt ihr Klarheit unter anderem in folgenden Bereichen erlangen:

- Wer kümmert sich darum, dass Rechnungen und Zahlungsbelege in die Software eingespielt werden?
- Wer verschickt die Ausgangsrechnungen?

- Wer verarbeitet die Eingangsrechnungen und Belege? Wer bucht die Zahlungseingänge?
- Wer übernimmt das Kreditorenmanagement?
- Wer bezahlt die Eingangsrechnungen?
- Wer übernimmt die Umsatzsteuererklärung?
- Wessen Aufgabe ist die Warenwirtschaft?

3. Wann?

Die nächste Frage dreht sich darum, wann die Arbeit erledigt wird. Viele Prozesse hängen voneinander ab. Ihr könnt erst dann die Zahlungsströme verbuchen, wenn die Rechnungen verarbeitet wurden. Deine Kunden können erst dann Mahnläufe durchführen, wenn ihr die Zahlungen zugeordnet habt. Ihr könnt die Umsatzsteuer erst dann problemlos und ohne Verzögerung erklären, wenn die Kundinnen und Kunden sicherstellen, dass alle Rechnungen pünktlich im System sind. Sobald eine der Parteien eine Aufgabe nicht in der verabredeten Zeit erledigt, gerät das gesamte System durcheinander. Ihr könnt nicht weitermachen, ihr schickt Mails hin und her und der Frust wächst. Das kostet sofort Zeit, Energie und Geld.

Einige Dinge werden am besten sofort erledigt. Denke zum Beispiel an das Einscannen von Belegen: Ein Beleg, der einmal in einer Tasche oder Schublade verschwunden ist, kostet Geld. Bring deinen Kundinnen bei, ihre Belege sofort zu scannen – am besten, wenn sie noch im Laden sind oder noch bevor sie die Pizza aus der Schachtel holen. Es ist auch am besten, wenn deine Kunden eine Eingangsrechnung unmittelbar in die Software einspielen. Das bedeutet, dass die Rechnung nicht unter Hunderten von E-Mails im Posteingang verschwindet. In der Praxis werden Ausgangsrechnungen nicht selten einmal im Monat verschickt. Es hilft vielleicht, mit den Kunden darüber zu sprechen, wann die beste Zeit ist, die Rechnungen zu schicken. Zum Beispiel ist es besser, wenn sie regelmäßig Liquiditätsengpässe haben, alle 14 Tage Rechnungen zu schreiben. Schon mit einem solchen kleinen Tipp kannst du für deine Kunden sehr wertvoll werden.

Auf der Basis der Liste, die du für „Wer macht was?“ zusammengestellt hast, lege fest, wann die wichtigsten Dinge derzeit ausgeführt werden.

4. Datenaustausch

Von dem Moment an, da du und deine Kunden mit der gleichen Cloud-basierten Buchhaltungssoftware arbeitet, werden viele Daten auf dem effizientesten Wege ausgetauscht. Alle arbeiten mit der gleichen Software und diese enthält alle relevanten Daten. Doch zusätzlich zu den Rechnungen, Belegen, Kontoauszügen und Umsatzsteuererklärungen gibt es immer weitere Informationen, die ausgetauscht werden müssen. Um die Einkommenssteuer zu erklären, muss zum Beispiel ein großer Packen an Daten rasch an dich geschickt werden: Belege des Ehepartners, Unterlagen zu Immobilien und so weiter. Das verursacht dir eine Menge Arbeit, wenn diese per E-Mail eintrudeln, insbesondere dann, wenn die Informationen über zahlreiche Mails verteilt werden und diese Mails sich über mehrere Tage und Wochen verteilen. Ihr werdet garantiert Belege verlieren, deine Kunden müssen manche Informationen zwei- oder dreimal schicken, was wiederum frustriert.

Ich würde vorschlagen, dass du nach einem Cloud-basierten System suchst, in das deine Kunden ihre Daten in ein gemeinsames Verzeichnis hochladen, damit du und dein Team die Belege dann dort finden könnt. Unterschiedliche moderne Buchhaltungssysteme geben dir die Möglichkeit nicht nur Standard-Buchhaltungsunterlagen hochzuladen, sondern auch andere Dokumente wie Verträge und Steuerbescheide.

5. Verfügbarkeit

Eure Prozesse sollten so klar definiert sein, dass es nicht notwendig ist, sich über die Standardvorgänge auszutauschen. In der besten aller Welten müsstest du nie wieder nach einem Beleg fragen und deine Kundinnen müssten niemals fragen, ob die Zahlen fertig sind: Der Beleg ist gebucht und die Zahlen immer bis zum Vortag oder der Vorwoche aktualisiert – abhängig von euren Vereinbarungen. Im wirklichen Leben allerdings gibt es immer Fragen. Plötzlich muss eine internationale Zahlung getätigt werden oder die Kunden wollen ein weiteres Auto kaufen und fragen dich um Rat. Vielleicht gibt es einen komplizierten Vertrag, zu dem deine Kunden Fragen haben.

Wie möchtest du damit umgehen? Bist du immer verfügbar? Und möchtest du lieber eine Mail bekommen? Angerufen werden? Oder möchtest du über einen Messengerdienst kommunizieren? Dürfen deine Kunden dich auch nach 17.00 Uhr anrufen oder möchtest du das lieber nicht? Wie schnell können deine Kundinnen eine Antwort von dir erwarten? Es ist wichtig, dass du über deine Verfügbarkeit nachdenkst und die Richtlinien klar kommunizierst. Seit ich festgestellt habe, dass ich am Vormittag weit konzentrierter arbeite als am Nachmittag, möchte ich Störungen während des Vormittags vermeiden. Das erhöht meine Effizienz und die Qualität meiner Arbeit wie auch meinen Gewinn. Meine Kunden und mein Team wissen das und deshalb rufen sie mich selten vormittags an.

6. Beratung

Wie finden eure regelmäßigen Meetings statt? In deinem Büro, im Büro deiner Kunden oder trefft ihr euch Online über eine Meetingplattform wie Zoom oder Skype? Es gibt viele Möglichkeiten und es ist wichtig, dass du von Beginn an Klarheit schaffst, damit es keine falschen Erwartungen und dementsprechend Enttäuschungen gibt.

In diesem Abschnitt habe ich dir praktische Orientierung gegeben, wie du die Zusammenarbeit effizient gestalten kannst. In Kapitel 11 schauen wir genauer darauf, wie du deine internen Prozesse aufsetzen kannst.

7. Angelegenheiten jenseits eurer Vereinbarung

Im Idealfall regelt eure Vereinbarung alle Fragen und Probleme, denen die Kunden sich gegenübersehen. Doch es gibt hier natürlich auch Ausnahmen. Wenn zum Beispiel ein Kunde plötzlich beschließt, die Rechtsform seines Unternehmens zu verändern oder eine Niederlassung im Ausland zu eröffnen, dann solltest du erläutern, dass dies nicht Teil eurer aktuellen Vereinbarung ist. Doch wenn du einfach beginnst, deine Stunden in Rechnung zu stellen, und deine Kunden erwarten das nicht, wird eure Beziehung belastet. Du musst deshalb bereits im Onboarding-Gespräch darauf hinweisen, wie ihr mit derartigen Situationen umgehen werdet. Du könntest zum Beispiel anführen, dass du niemals ohne Vorwarnung eine Sonder-Rechnung schickst und dass du deine Kundinnen und Kunden immer im Vorfeld darauf hinweist, sollten Arbeiten außerhalb eurer vereinbarten Größenordnung anfallen. In solchen Fällen solltest du immer im Vorhinein ein kurzes Angebot erstellen. Transparenz ist der Kern, wenn es um die Kosten von Zusatzservices geht.

8.2 Schenke Aufmerksamkeit

Aufmerksamkeit ist eine der grundlegenden Notwendigkeiten des Lebens. Babys, Partnerinnen, Kunden – selbst Steuerberater: Wir alle brauchen Aufmerksamkeit. Viele Studien dazu, warum Kundinnen und Kunden kündigen, zeigen, dass fehlende Aufmerksamkeit der wichtigste Grund dafür ist.

Kunden möchten Aufmerksamkeit. Sie wollen gehört werden und spüren, dass sie die wichtigsten oder gar die einzigen Kunden sind. Meiner Erfahrung nach beanspruchen Kundinnen und Kunden, die das Gefühl haben, dass sie genügend Aufmerksamkeit bekommen, weniger von deiner Zeit. Kunden, denen du regelmäßig Aufmerksamkeit zu Teil werden lässt, fühlen den Druck, selbst ihren Teil eurer Verabredung einzuhalten. Sie erledigen ihre Hausaufgaben und bereiten sich auf die Treffen vor. Das ist das Gesetz der Gegenseitigkeit. Die Waage muss im Gleichgewicht bleiben: Je mehr Aufmerksamkeit du gibst, umso mehr fühlen sich die Kunden dazu inspiriert, ihren Teil der Verabredung zu erfüllen. Und das ist der Ort, an den du letztlich möchtest: Denn wenn deine Kundinnen und Kunden das tun, was du ihnen beigebracht hast, hast du mehr Spaß an deiner Arbeit und sie wird effektiver und rentabler.

Allerdings kostet es Zeit, Aufmerksamkeit zu geben – Zeit, die wenige von uns haben. Im richtigen Leben kannst du es dir nicht leisten, am Montagmorgen für eine halbe Stunde aus dem Fenster zu schauen, um darüber nachzudenken, warum die Gewinne in Josés Unternehmen zurückgehen. Im richtigen Leben ist der Tag so vollgepackt, dass es dir nicht einmal einfällt, Theo anzurufen, um ihn zu fragen, warum er die zweite Version seines Budgetplans nicht geschickt hat. Im echten Leben ist keine Zeit, deinen Kollegen nach seiner Meinung zum Rechtsstreit zu fragen, in den Chiara verwickelt ist. Im echten Leben passiert es am häufigsten, dass die Kunden, die am lautesten schreien, die meiste Aufmerksamkeit bekommen. Schlimmer noch: Niemand bekommt Aufmerksamkeit, weil die Umsatzsteuererklärung diese Woche abgegeben werden muss.

Ich sage es dir, wie es ist: Du musst dir die Zeit nehmen. Du musst deine Arbeit so organisieren, dass du mehr Zeit für deine Kundinnen und Kunden schaffen kannst. In Kapitel 11, das sich um Systeme, Prozesse und dein Team dreht, gebe ich dir zahlreiche Tipps zum Organisieren und wie du Zeit schaffen kannst. In diesem Abschnitt diskutiere ich die unterschiedlichen Arten von Aufmerksamkeit, die deine Kunden brauchen, um eine unvergleichliche Kundenerfahrung zu machen.

Vereinbarungen zum Thema Aufmerksamkeit

Aufmerksamkeit zu geben, kann magische Auswirkungen haben, doch im Kern ist da nichts Magisches. Aufmerksamkeit ist einfach ein wesentlicher Bestandteil deines Jobs. Ohne Aufmerksamkeit geht alles unter, was bedeutet, dass du sie zu einer Priorität machen musst. So wie du planst, die Umsatzsteuererklärungen jeden Monat pünktlich abzugeben, musst du deine Aufmerksamkeit planen.

Ich habe einen Kunden, der besondere Aufmerksamkeit benötigte, bevor er den Schritt vollzog, seine Belege und Rechnungen hochzuladen. Nachdem ich die Situation mit ihm mehrfach diskutiert hatte, beschloss ich, dass er einen kleinen Schubs brauchte. Ich bat ihn, eine Zeit in der Woche festzulegen, zu der er seine Konten aktualisieren würde. Nach einigem Zögern entschied er sich für montags 19.30 Uhr. Da er ein wichtiger Kunde für mich ist, versprach ich ihm, ihn über einen Zeitraum von mindestens sechs Wochen jeden Montag um 19.25 Uhr anzurufen. Ich schrieb dies in meinen Kalender und sorgte dafür, dass es passierte. Weil er wusste, dass er meinen Anruf erwarten konnte, organisierte er seine eigene Arbeit besser. In diesen wenigen Minuten an Montagen fragte ich ihn nicht nur, was er zu tun plante, damit ich im Notfall eingreifen konnte, sondern wir konnten darüber hinaus kleine Probleme direkt lösen.

Wenn du dies nicht tun möchtest – „Ich kann ja nicht losgehen und alle meine Kunden Montagabend anrufen!" –, sollten dir zwei Dinge klar sein:

1. *Du musst nicht alle deine Kundinnen und Kunden anrufen.* Bei den meisten Kunden ist das nicht notwendig und zudem gibt es zahlreiche weitere Optionen. Eve ist eine Kundin, die einen großen Rückstau hatte, den sie abarbeiten musste. Ich konnte sie in diesem Prozess unter-

stützen, doch sie musste selbst aktiv werden. Dieser große Berg des Leidens lähmte sie vollkommen. Wie erarbeiteten einen vierwöchigen Aktionsplan, damit sie genau wusste, was sie zu tun hatte und sie konnte das Licht am Ende des Tunnels sehen. Ich bat sie, mir jeden Montag ein Update zu schicken. Das machte sie: Sie wurde aktiv und schickte mir Mails. Ich las ihre Nachrichten und antwortete, wenn notwendig. Und als sie mir einmal keine Mail schickte, erinnerte ich sie.

2. *Deine Kunden haben dafür bezahlt.* Natürlich kannst du nur die Aufmerksamkeit bieten, wenn deine Kunden dafür bezahlen – was nicht bedeutet, dass du diese Anrufe separat in Rechnung stellst. Wenn deine Kunden dich gut genug bezahlen, dann sind diese Anrufe, Mails und Kontaktaufnahmen bereits inklusive. *Du tust, was nötig ist!*

Zeit schaffen, um Aufmerksamkeit geben zu können

Aufmerksamkeit zu geben sollte nicht am untersten Ende deiner Prioritätenliste stehen. Aufmerksamkeit und Gewinn ähneln sich in diesem Sinne. Wenn du darauf wartest, dass all deine Kosten gedeckt sind, bevor du deinen Gewinn entnimmst, ist niemals etwas übrig. Du musst den Gewinn zuerst entnehmen. Genauso ist es, wenn du deinen Kunden keine Aufmerksamkeit gibst, bis all deine Aufgaben erledigt sind. Denn dann findest du niemals Zeit, Aufmerksamkeit zu geben. Im Ergebnis sind deine Kundinnen und Kunden unzufrieden und du erreichst nie deine eigenen Ziele. Hier sind ein paar Praxistipps, die auf meinen Erfahrungen beruhen:

Schicke Willkommenspakete

Ich begrüße meine Kunden immer mit einem Willkommenspaket. Ich schicke ihnen ein Buch, einen Stift oder eine Tafel Schokolade mit einer handgeschriebenen Karte. Das wird sehr geschätzt! Wenn du noch kein Buch geschrieben hast, gib deinen neuen Kunden ein Business-Buch, von dem du denkst, dass es wertvolle Einsichten enthält. Lege eine Karte bei und erläutere, warum du dieses Buch gewählt hast. Ultimative Aufmerksamkeit!

Top Fünf auf höchster Prio

An der Pinnwand in meinem Büro stehen die Namen meiner fünf Top-Kunden. Jedes Mal, wenn ich auf meine Pinnwand schaue, sehe ich ihre Namen und frage mich, was ich jetzt für sie tun kann.

Ruf an, wenn du im Auto bist

Im Auto telefoniere ich. Punkt. Wenn meine Kinder mit mir im Auto sitzen, hören wir uns Kinderlieder an. Sonst telefoniere ich. Wenn ich keinen Telefontermin habe, gehe ich meine wichtigsten Kunden im Kopf durch, einen nach dem anderen. Und dann rufe ich diejenigen an, bei denen etwas Besonders ist. Wenn ich weiß, dass sie ein großes Projekt am Start haben, frage ich danach. Manchmal frage ich, wie es geht und ob es irgendetwas gibt, was ich für sie tun kann. Und wenn der Anrufbeantworter drangeht? Dann hinterlasse ich eine kurze Nachricht und ich weiß, dass ich immer noch die wichtigen Pluspunkte dafür bekomme, Aufmerksamkeit gegeben zu haben.

Nutze jede Gelegenheit, Aufmerksamkeit zu schenken

Kürzlich erhielt ich eine Mail von einem Kunden, der auf eine Zahlungserinnerung reagierte.

„Oh, wie furchtbar von mir, Femke", schrieb er. „Ich habe deine Rechnung sofort bezahlt!"

Ich mailte zurück: „Danke für deine Zahlung, Philippe! Wie geht es dir und deinem Unternehmen? Gibt es etwas, das ich für dich tun kann?"

Philippe gehört nicht zu meinen wichtigsten Kunden. Er ist in einem Online-Programm mit Unterstützung durch eine geschlossene Facebook-Gruppe und Webinare. Doch das bedeutet nicht, dass ich nicht will, dass Philippe gute Ergebnisse erzielt. Ich hatte einige Zeit nichts von ihm gehört, als er also in Zahlungsverzug geriet, begann ich mir Sorgen zu machen. Dadurch, dass ich gerade dieses bisschen Extra-Aufmerksamkeit gegeben hatte, lud ich ihn ein, im Programm aktiv zu werden. Es kostete mich lediglich eine Minute und ich bekam eine unmittelbare Rückmeldung.

Kommuniziere auch dann, wenn es nichts zu sagen gibt

Wenn Informationen fehlen, beginnen Kundinnen und Kunden, ihre eigene Geschichte zu erfinden, was selten eine gute Entwicklung ist. Wenn

Kunden eine Weile nichts von dir gehört haben, denken sie vielleicht, dass du sie vergessen hast! Selbst wenn Kundinnen auf dem Laufenden sind, keine Krisen bewältigen müssen und andere Kunden deine Zeit beanspruchen, nimm dir die Zeit, kurz Kontakt aufzunehmen. Schicke ein Update mit Informationen über die Fortschritte, die du bei ihnen siehst. Schicke eine kurze Mail und frage, woran sie gerade arbeiten und ob sie deine Hilfe brauchen. Wenn alles gut läuft und es wirklich nichts zu sagen gibt, schicke eine Nachricht, dass du stolz auf sie bist, weil jetzt alles so gut läuft!

Schaffe eine Kultur, in der Vereinbarungen bindend sind
Hast du dich gerade verliebt, ist Aufmerksamkeit leicht. Als mein Mann und ich gerade zusammengekommen waren, fuhr er mit Kollegen in den Skiurlaub. Als Ausdruck meiner Liebe schmuggelte ich heimlich ein paar Minzbonbons und eine kleine Nachricht in seine Manteltasche. Letzte Woche fuhr er wieder in den Skiurlaub. Wir sind seit zehn Jahren zusammen und diesmal gab es keine Nachricht in seiner Manteltasche. Und keine Minzbonbons…

Die ersten Wochen der Beziehung zu neuen Kunden sind wie eine neue Liebe. Deine neuen Kunden sind ständig in deinem Bewusstsein und wenn du in deinem Auto bist auf dem Weg zu einem Termin, dann rufst du spontan durch, nur um zu schauen, ob alles in Ordnung ist. Nach sechs Monaten, wenn der Zauber verflogen ist, fällt dir plötzlich auf, dass ihr seit anderthalb Monaten keinen Kontakt mehr hattet. Doch sind dies nicht Kunden, die dich für deine Aktivitäten bezahlen. Dies sind Kunden mit denen du in eine Ergebnis-Verpflichtung eingetreten bist. Diese wenigen Minzbonbons sind keine Option, sondern Teil eurer Vereinbarung.

Als ich also von Eve, meiner Kundin mit dem Rückstau, am vierten Montag nichts hörte, rief ich sie an. Hätte ich dies nicht getan, wären all die vorherigen Anstrengungen für die Katz gewesen. Sie hatte sich verpflichtet, mir jeden Montag zu mailen, doch ohne Konsequenzen dafür, wenn sie diese Mail nicht schickte, wäre dies eine Gewohnheit, die sich leicht wieder abgewöhnen lässt. Du und deine Kunden, ihr müsst euch in die Verantwortung nehmen.

Wenn du dich bereit erklärst, etwas zu tun, dann sei bereit, die Vereinbarung einzuhalten und schick deinen Kunden Erinnerungen, wenn sie sich nicht an ihren Teil der Verabredung halten. Ganz schnell wirst du eine Kultur erschaffen, in der Vereinbarungen nicht optional sind, sondern verpflichtend. Und das ist der Punkt, ab dem du Ergebnisse siehst!

Aufmerksamkeit automatisieren
Es klingt ein wenig widersprüchlich, doch selbst Aufmerksamkeit kann zum Teil automatisiert werden. Wenn du die Steuern für deine Kunden erklärst, kannst du ihnen eine automatische monatliche oder quartalsweise E-Mail schicken, in der du ihnen sagst, was du von ihnen brauchst, damit du die Erklärung pünktlich und korrekt abgeben kannst. Dies kann eine Standard-Mail sein, die besagt, dass sie ihre Konten bis zu einem bestimmten Datum aktualisiert haben sollten. Musst du jedes Quartal eine Gewinnbesprechung mit all deinen Kundinnen und Kunden machen? Dann schick ihnen eine automatisierte E-Mail mit der Bitte, am besten über einen Online-Kalender einen Termin zu buchen, um diese Treffen zu verabreden. Im Februar schickst du all deinen Kunden eine Checkliste, die ihnen genau aufzählt, was sie einreichen müssen, damit du ihre Einkommensteuererklärung fertigmachen kannst. Es ist ein einmaliges Zeitinvestment für dich, doch es gibt deinen Kunden jede Menge Zusatznutzen.

8.3 Die richtige Rolle zur richtigen Zeit

Nehmen wir an, eine Unternehmerin, wir nennen sie Kim, hat das Gefühl, in ihrem Unternehmen festzustecken. Die Dinge laufen nicht so, wie sie möchte. Sie muss zu hart arbeiten und die Gewinne sind enttäuschend. Kim trifft sich mit Jamila auf ein Bier. Jamila sagt: „Verabrede dich mit deinem Steuerberater." Was glaubst du, was Kim sagt? Sie sagt vielleicht: „Mit meinem Steuerberater? Warum sollte ich meinen Steuerberater bitten, mich wegen meines Unternehmens zu beraten?"

Kim denkt, wie viele andere Unternehmerinnen auch, dass Steuerberater da sind, um Rechnungen zu buchen und Zahlen zu analysieren. Die Zahlen auf der linken Seite müssen mit den Zahlen auf der rechten Seite übereinstimmen. Dann wird berechnet, wie hoch die Steuer ist. Und dann? Nichts. Das ist alles. In Kims Wahrnehmung ist das die ganze Geschichte. Das ist es, was Steuerberater tun.

Selbst wenn du Unternehmer hast, die dir ihre Probleme mitteilen, sind sie weniger geneigt, von dir Coaching oder Rat anzunehmen, als wenn du Business-Coach wärst. Dies sind verschenkte Gelegenheiten. Du hast einen Schatz an Wissen über die Unternehmen deiner Kunden und über den Effekt, den gewisse Entscheidungen auf ihre Gewinne haben. Weil deine Kundinnen und Kunden naturgemäß blinde Flecken haben, wenn es um ihre Unternehmen geht, gibt es viel Raum für Wachstum. Wären deine Kunden offen dafür, wärst du sehr wahrscheinlich in der Lage, ihnen beim Wachstum ihrer Gewinne zu helfen.

Als Gewinnberater übernimmst du diese Beratungs- und Coaching-Rolle. Doch das verlangt von dir, dass du einen anderen Hut aufsetzt. Du lernst in diesem Abschnitt, welcher Hut das ist und wie du ihn trägst.

Nach Carl Gould, Bestseller-Autor, Redner und Unternehmensexperte, gibt es vier Disziplinen oder Rollen, die wir als externe Spezialisten einnehmen, wenn wir unsere Kundinnen und Kunden unterstützen: Fachberater, Berater, Mentor und Coach:

1. *Fachberater* – Fachberater sehen ein Problem, analysieren es und lösen es. Fachberater verfügen über Wissen auf Experten-Niveau. Sie sind IT-Fachleute, Anwälte, Steuerberaterinnen, Wirtschaftsprüferinnen und Buchhalter. Fachberater konzentrieren sich auf die technische Seite eines Problems und lösen es. Sie haben häufig beeindruckende Lebensläufe mitsamt Titel (BA, MA, BMA usw.). Sie liefern beeindruckende Ergebnisse, veröffentlichen Beiträge in Branchenzeitschriften oder wenden sich vom Podium aus an ihr Publikum. Fachberater sind häufig die klügsten Köpfe im Raum.
2. *Berater* – Berater sind Generalisten. Anders als Spezialisten wissen sie nicht so viel über ein spezifisches Feld, sondern viel zu vielen unterschiedlichen Bereichen. Sie sehen das ganze Problem, können es aus unterschiedlichen Perspektiven betrachten und Verbindungen herstellen. Während Berater die Arbeit anderer lenken können, werden sie diese Aufgaben nicht selbst übernehmen. Des ungeachtet sind sie häufig die bestbezahlten Menschen im Raum. Wir zahlen Beratern mehr Geld, weil sie die richtige Lösung für viele unterschiedliche Probleme parat haben.
3. *Mentoren* – Mentoren haben bereits erlebt, was du gerade durchmachst, allerdings sind sie dir zahlreiche Schritte voraus. Sie nehmen dich an die Hand und gehen den Weg mit dir gemeinsam, sodass du die glei-

chen Ergebnisse erzielen kannst. Sie haben spezifische Kenntnisse in deiner Branche.

4. *Coach* – Coaches helfen dir auf deinem Weg. Sie helfen dir, zum Kern eines jeden Problems vorzudringen, aber sie sind nicht selbst emotional mit dem Problem verbunden und ermöglichen häufig eine neue Problemlöse-Möglichkeit, während sie dir das Management deiner Probleme selbst überlassen. Sie unterstützen dich in deiner Entwicklung als Mensch und Unternehmer, untersuchen mit dir gemeinsam, was dich davon abhält, deine Ziele zu erreichen und unterstützen dich dabei, diese Hürden zu nehmen. Ein Coach achtet auf dein Mindset und deine Glaubenssätze.

In den Augen von Unternehmern hast du die Rolle des Fachberaters inne. Das Problem ist, dass du von deinen Kunden möglicherweise untergeordnet eingeschätzt wirst. Du erledigst die Arbeit so, wie sie es von dir verlangen, so wie interne Buchhalter es auch tun. Du wirst dafür bezahlt, die Arbeit zu erledigen, zumeist auf Stundenbasis. Doch deine Kunden sehen dich nicht als jemanden, der ihnen dabei hilft, strategische Schritte zu vollziehen und Gewinne zu erhöhen. Wenn du die Rolle des Beraters einnehmen möchtest, die mit einer besseren Bezahlung einhergeht, dann musst du lernen, die Erwartungen deiner Kunden besser zu managen. Du darfst dich nicht als Steuerberaterin verkaufen, die Konten aktualisiert und sich um die Steuererklärung kümmert. Stattdessen solltest du dich als Gewinnberater verkaufen. Zeige deinen Kunden, welchen Wert du lieferst – Wert, den deine Kundinnen und Kunden rasch eingefahren haben werden. Und stelle sicher, dass du bezahlt wirst, wie Berater bezahlt werden.

Natürlich hast du nach wie vor Aufgaben zu erledigen. Die Konten deiner Kunden müssen noch immer gebucht werden. Doch warum hast du nicht ein Team, das sich um diese Aufgaben kümmert. Du bist der Berater, der den Kunden dabei hilft, Gewinn zu erwirtschaften. Doch Achtung: Sobald du deinen Ärmel als Berater aufkrempelst und beginnst, Probleme zu lösen, verlierst du die Rolle des Beraters. In dem Augenblick, in dem du beginnst, Dinge zu tun – „Lass mich das für dich regeln, ich gebe dir nächste Woche Bescheid, welche Optionen du hast“ – hast du zumindest zeitweise einen anderen Hut auf. Nämlich den des Fachberaters. Sei dir im Klaren darüber und sage: „Ich setze für einen Moment meinen anderen Hut auf und dann löse ich das ausnahmsweise für dich.“

Action Step

- ↳ Lege fest, welche Themen du im Onboarding-Gespräch diskutieren möchtest. Halte dies in einem Dokument fest.
- ↳ Lege fest, wie du dafür sorgst, dass Aufmerksamkeit Geben ein wesentlicher und nicht verhandelbarer Teil der Unterstützung deiner Kundinnen und Kunden ist.
- ↳ Denke über die unterschiedlichen Rollen zur Unterstützung nach und frage dich, welchen Hut du am häufigsten aufhast, welchen Hut oder welche Hüte du häufiger aufsetzen möchtest und wie du dies in deine Arbeit integrieren kannst.

In diesem Kapitel haben wir uns mit der unvergleichlichen Erfahrung deiner Kunden befasst – dadurch, dass ihr im Onboarding-Gespräch klare Vereinbarungen trefft, dadurch, dass du Aufmerksamkeit schenkst und sicherstellst, dass du den richtigen Hut aufhast. In den beiden kommenden Kapiteln besprechen wir die Kommunikation mit deinen Kunden noch eingehender, denn Kommunikation ist alles. Es ist nicht so wichtig, wie viel du eigentlich weißt, sondern wie gut deine Kunden die Dinge verstehen und was sie mit diesem Wissen anfangen. Kommunikation ist die Verbindung zwischen deinem Wissen und den Ergebnissen deiner Kunden.

9 Erfolgreiche Kundenkommunikation

„Erfolgreiche Menschen stellen bessere Fragen und bekommen deshalb bessere Antworten."
– Tony Robbins

Greg war gerade zu einer unserer letzten Coachingsitzungen eingetroffen, in der wir „komplexe Gespräche“ besprechen wollten.

„Wenn wir über komplexe Gespräche reden“, begann Greg, „was hast du gedacht, als du letztes Jahr das erste Mal mit Peter in mein Büro kamst?“

„Möchtest du das wirklich wissen?“, fragte ich.

„Klar! Sag's mir. Vielleicht kann ich etwas daraus lernen“, sagte Greg.

„Ich habe das noch gut in Erinnerung. Deine ersten Worte sagten alles. Du hast dich vorgestellt und dann ziemlich barsch gesagt, ‚Warum bist du hier?‘ Das war nicht so richtig einladend.“ Ich lächelte bei dieser Erinnerung.

„Ja, stimmt. Ich habe mich echt bedroht gefühlt, weil Peter dich mitgebracht hatte. Es war so, als wäre ich zum Rapport bestellt worden“, sagte Greg.

„Das hatte ich verstanden“, sagte ich. „Und mit diesen wenigen Worten hast du mir das Gefühl vermittelt, du stündest über mir. Und als wäre ich diejenige, die dich brauchte, nicht andersherum.“

„Genau“, sagte Greg. „Mir war das damals gar nicht bewusst, aber rückblickend war es genau das, was ich gemacht habe. Und du hast mir nicht widersprochen. Das hat geholfen. Das hat für mich die Bedrohung reduziert.“

„Ich meine mich zu erinnern, dass ich dir für deine Zeit gedankt habe. Und dann habe ich versucht, dich daran zu erinnern, dass wir ein gemeinsames Interesse hatten: nämlich die finanzielle Gesundheit von Peters Unternehmen. Doch dabei muss ich in ein Fettnäpfchen getreten sein, denn du fingst dann an, mir im Detail und mit viel Finanz-Blabla zu erklären, warum die Zahlen des letzten Jahres noch nicht fertig waren. Ich musste mir echt auf die Zunge beißen. Ich hatte mindestens ein Dutzend Fragen, aber ich wollte nicht mit Inhalten überschüttet werden – das war ja nicht der Grund, warum wir zu dir gekommen waren.“

„Wie vermeidest du derartige Situationen?“, fragte Greg.

„Ich glaube, ich schlug vor, dass wir ein paar Schritte zurücktreten, damit ich dir erklären konnte, warum Peter mich engagiert hatte und welche Rolle ich einnehmen sollte.“

„Ja, genau, so lief das Gespräch.“ Greg schaute entspannt drein. „Es tut weh, wenn ich zurückschaue, aber mir hat das schon etwas gebracht. Du warst offenbar sehr gut in der Lage, auf mich zuzugehen. Ich möchte das auch lernen, denn solche Gespräche können leicht mit knallenden Türen enden. Ich möchte lernen, wie ich das vermeiden kann.“

„Großartig! Dann lass uns loslegen!“ Es war ein fantastischer Beginn für eine wertvolle Sitzung zum Thema Kommunikation.

***

Kommunikation ist alles. Du kannst der Beste in deinem Feld sein, doch wenn deine Kunden dich nicht verstehen, bedeutet das gar nichts. Du kannst die perfekte Lösung parat haben, doch wenn deine Kunden nicht auf deinen Rat hin aktiv werden, hat deine Lösung keinen Wert. Du kannst glauben, dass du alles gibst, doch wenn deine Kundinnen und Kunden das Gefühl haben, dass sie nicht genügend Aufmerksamkeit bekommen, hast du jede Menge Energie verplempert. Es geht niemals darum, was du sagst, weißt oder kannst, sondern immer darum, wie viel deine Kunden verstehen und was sie damit anfangen. Kommunikation ist die Verbindung zwischen deiner Expertise und ihrem Handeln.

Die am häufigsten geäußerte Beschwerde über Steuerberater ist: „Sie kommunizieren nicht gut. Ich verstehe sie nicht. Ich höre nie von ihnen.“ Und ich rede mal Klartext. Weise diese Aussagen nicht von dir, indem du sagst: „So bin ich nicht.“ Ich glaube, dass die Steuerberater, die dieses Buch lesen ihren Kollegen bereits meilenweit voraus sind, auch auf dem Feld der Kommunikation. Und gleichzeitig ist Kommunikation eine Fähigkeit, die wir alle immer noch verbessern können. Wir alle können noch besser kommunizieren. Alle.

Wenn du deine Kommunikationsfähigkeit auf das nächste Level hievst, wirst du unmittelbar eine Verbesserung im Erfolg deiner Kundinnen und Kunden sehen, sowohl mit Blick auf ihre Ergebnisse als auch mit Blick auf ihre Zufriedenheit. Deine Gewinnmarge und Freude an deiner Arbeit werden vermutlich ebenfalls steigen. Vielleicht fallen dir folgende Dinge auf:

- Deine Beziehung zu deinen Kunden wird besser. Deine Kunden sind zufriedener und nehmen in euren Meetings eine aktivere Rolle ein. Sie stellen bessere Fragen und wenden die Antworten effektiver an.
- Deine Kunden werden erfolgreicher und arbeiten rentabler, denn sie betreiben ihre Unternehmen auf Basis von genauen, zeitnahen Daten und Führung durch deine Expertise.
- Du verbringst weniger Zeit mit dem Klein-Klein der Buchhaltung und dem Jagen von Belegen. Stattdessen gibt es mehr Raum für grundlegende Beratung, was deine Rolle aufwertet.
- Du kannst deine hochpreisigen Beratungsleistungen leichter verkaufen.

Dieses Kapitel befasst sich mit den drei wesentlichen Zutaten, die dir helfen werden, die Kommunikation zwischen dir und deinen Kunden spürbar zu verbessern. Die erste Zutat ist die Kommunikationspyramide, in der wir die drei Ebenen der Kommunikation verdeutlichen. Dann schauen wir uns die drei grundlegenden Kommunikationsfähigkeiten an: Zuhören, Zusammenfassen und Fragenstellen. Schließlich bekommst du praktische Werkzeuge an die Hand, die eure Kommunikation erleichtern.

9.1 Die Kommunikationspyramide

Die Kommunikationspyramide ist ein wichtiges Modell, das verdeutlicht, warum manche Gespräche glatt verlaufen und warum andere nicht zu den gewünschten Ergebnissen führen. Dieses Modell zu verstehen, hilft dir dabei, angemessen zu intervenieren, wenn ein Gespräch nicht effektiv verläuft.

Lass mich dir ein Beispiel für ein ineffektives Gespräch geben. Der Kunde (K) ist mit den Leistungen des Steuerberaters (S) unzufrieden und bittet um ein Gespräch.

K: „Ich bin nicht zufrieden damit, wie die Dinge derzeit laufen."

S: „Was läuft denn nicht?"

K: „Na, verschiedene Dinge. Zum Beispiel fehlt mir der klare Überblick über die aktuelle Situation, wenn ich mein Gehalt erhöhen möchte. Dazu hatte ich dir kürzlich eine Mail geschrieben ...“

S: „Das stimmt: Auf deine Mail habe ich dir noch nicht geantwortet. Ich habe mir das angeschaut, aber es braucht mehr Zeit, als ich dachte. Ich habe das auch mit einem Kollegen diskutiert. Wir glauben beide, dass es im Moment nicht angeraten ist, dass du dein Gehalt erhöhst. Der Grund dafür ist ...“

Der Steuerberater möchte den Kunden behalten und ist bemüht, das spezifische Problem zu lösen. Der Kunde hat nach der Möglichkeit einer Gehaltserhöhung für sich gefragt und keine Antwort bekommen. Der Steuerberater versucht, das Problem dadurch zu lösen, dass er sich die Details dieser einen Angelegenheit anschaut, die Gehaltserhöhung. Ob dieses spezifische Problem gelöst wird oder nicht, ist hier nicht relevant, denn die Unzufriedenheit des Kunden liegt nicht bloß in dieser konkreten Frage, sondern in der Zusammenarbeit allgemein. Selbst wenn die Frage zur Gehaltserhöhung beantwortet würde, bliebe die Unzufriedenheit bestehen. Was läuft hier schief? Der Steuerberater versucht das Problem auf der falschen Ebene zu lösen. Der Steuerberater konzentriert sich auf den Inhalt, das Problem liegt aber auf einer tieferen Ebene, nämlich der Beziehungsebene selbst.

Abb. 5: Die Kommunikationspyramide

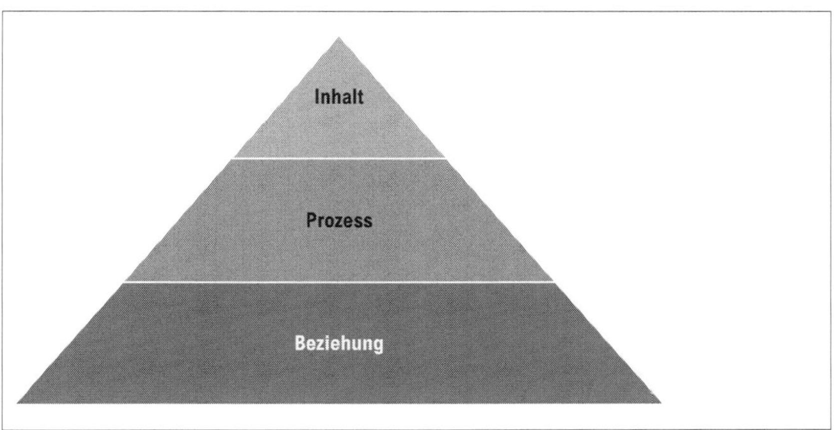

Die Kommunikationspyramide (Abb. 5) zeigt uns die unterschiedlichen Ebenen, auf denen Kommunikation stattfindet. Wenn du die Kommunikationspyramide verstehst, hilft dir das, Gespräche auf die richtige Art und Weise anzugehen, oder deine Herangehensweise rasch zu verändern, damit das Gespräch den beabsichtigten Ausgang nehmen kann.

Die Kommunikationsebenen, die zusammen die Kommunikationspyramide ausmachen, sind Beziehung, Prozess und Inhalt. Jedes Gespräch wird immer auf allen drei Ebenen zugleich geführt. In jeder Art von Kommunikation – Gespräch, E-Mail, Video-Chat – wird eine Nachricht zugleich auf der Inhaltsebene, der Prozessebene und der Beziehungsebene übermittelt.

Erläuterung der Ebenen

Der *Inhalt*, der die Spitze der Pyramide ausmacht, befasst sich mit Fakten, Argumenten und Meinungen. Der Inhalt ist der Grund, aus dem sich die Gesprächspartner für gewöhnlich zusammenfinden. Es gibt den Jahresabschluss, der besprochen werden muss, der Kunde möchte wissen, ob ein Firmenwagen eine gute Idee ist und so weiter. In Peters Beispiel war der Inhalt, dass ich, als externe Beraterin, Peters Buchhaltungsprozess anders aufgestellt haben wollte, damit er einen besseren Einblick in seine Zahlen haben konnte.

Der *Prozess* ist die Art und Weise, in der der Gesprächsgegenstand behandelt wird und wie das Gespräch organisiert ist. Das sind die Spielregeln, wie zum Beispiel, wer führt, wie sieht die Tagesordnung aus, wie viel Zeit steht zur Verfügung? In Peters Beispiel war schon der Prozess eine schwierige Angelegenheit. Der Termin war bereits mehrfach abgesagt worden. Ich war als Initiatorin zunächst die Gesprächsleiterin, doch Greg nahm diese Rolle rasch an sich, als er fragte, was ich in seinem Büro wolle.

Die unterste Ebene der Pyramide ist die *Beziehung*, bei der es darum geht, wie die Gesprächspartner miteinander umgehen. Wie sie einander sehen und hören, die Atmosphäre, das Machtgefälle und die Gefühle, die die Gesprächspartner während des Gesprächs erleben – all dies gehört zur Beziehungsebene. Diese Ebene ist die Grundlage jeder Art von Gespräch. Alles, was auf der Beziehungsebene eine Rolle spielt, beeinflusst die darüber liegenden Ebenen.

Solltest du gerade deinen Ehemann angeschnauzt haben (das passiert auch den Besten von uns), dann gibt es ein Thema auf der Beziehungsebene. Wenn du ihn im Anschluss fragst, ob er dir den Käseschneider geben könnte (Inhalt), antwortet er vielleicht, „Hol ihn dir doch selbst!" Ein Thema auf der Beziehungsebene hat immer direkten Einfluss auf das Resultat, das du erreichen wolltest. In diesem Falle hast du noch immer keinen Käseschneider.

Intervention auf der richtigen Ebene

Wenn ein Gespräch nicht gut verläuft, greifen die meisten Menschen ganz selbstverständlich auf der obersten Ebene ein: beim Inhalt. Sie liefern dir einen anderen Grund. Sie erklären es nochmal. Sie sagen: „Das stimmt nicht." Wenn das Problem wirklich auf dieser Ebene liegt, ist es gut, einen weiteren Grund anzuführen. Informationen zu liefern ist eine großartige Möglichkeit, Probleme auf der Inhaltsebene anzugehen. Doch zumeist liegt das eigentliche Problem nicht auf dieser Ebene. Das wahre Problem liegt auf einer tieferen Ebene. Und wenn du dein Ziel erreichen möchtest, ohne zu viel Zeit zu verschwenden, dann solltest du auf der richtigen Ebene einschreiten.

Das setzt aber voraus, dass du die drei Kommunikationsebenen verstehst und dass du zunächst analysierst, auf welcher Ebene das Problem besteht. Um in der Lage zu sein, Letzteres zu tun, hilft es, in schwierigen Gesprächen einen Schritt zurückzugehen. Schau dir das Gespräch oder die E-Mail mit mehr Abstand an, losgelöst, und versuche festzustellen, welche Ebene der Kommunikationspyramide die wichtigste Rolle spielt. Dann intervenierst du auf dieser Ebene.

Du intervenierst auf der Inhaltsebene, indem du Fragen stellst und Informationen lieferst. In Peters Beispiel wurde der eigentliche Inhalt kaum diskutiert. Es gab zu viel Rauschen auf den Prozess- und Beziehungsebenen. Dieses Rauschen musste erst einmal überwunden werden. Es ist unsinnig, Inhalte zu diskutieren, wenn es Rauschen auf den unteren Ebenen gibt. Die Wahrscheinlichkeit, dass Greg wirklich zuhören würde und echte Ergebnisse erreicht werden könnten, war in dieser Situation nicht gegeben.

Auf der Prozessebene interveniert man, indem die Tagesordnung überarbeitet wird, jemand anders das Wort erteilt bekommt oder man sich auf eine Deadline einigt. In Peters Fall intervenierte ich auf der Prozessebene, als ich sagte: „Lass uns ein paar Schritte zurücktreten."

Auf der Beziehungsebene zu intervenieren, ist häufig die größte Herausforderung. Du ermöglichst, Dinge zu besprechen, die in geschäftlichen Gesprächen zumeist nicht thematisiert werden: Gefühle. Sobald du über Gefühle sprichst oder über eure Beziehung, wird es persönlich. Du bringst dich selbst mit ins Gespräch ein und lädst deine Kunden ein, sich ebenfalls zu öffnen. Es wird klar, dass ihr über mehr sprecht als eine Gewinn- und Verlustrechnung oder einen Leasingvertrag. Du stärkst die Verbindung zu deinen Kunden und wirst entdecken, dass die Gespräche über Inhalte durch die Aufmerksamkeit auf der Beziehungsebene wertvoller werden. Du erschaffst mehr Wert für deine Kunden und die Arbeit bringt dir mehr Erfüllung.

Auf der Beziehungsebene zu intervenieren, schaffst du, indem du Raum schaffst, um über die Dinge zu sprechen, die unter der Oberfläche liegen. Du kannst beobachten, was passiert und anschließend deine Beobachtungen beschreiben. Möglicherweise mit einer zusätzlichen Frage. Du kannst vielleicht sagen: „Wie ich sehe, bist du recht still. Was beschäftigt dich?" Oder: „Ich habe den Eindruck, dass du verärgert bist. Stimmt das?" Die erste Beobachtung „Du bist still", ist geradliniger als die zweite. Zum Schluss zu kommen, dass jemand verärgert ist, ist eine Interpretation auf der Basis anderer Beobachtungen: die Stimme erheben, rot werden oder schnelleres Sprechen. Wenn du dies eingehender verfolgen möchtest, empfehle ich dir, mehr über gewaltfreie Kommunikation zu lesen. Der Effekt der Intervention auf der Beziehungsebene ist häufig, dass ausgedrückt wird, was wirklich abläuft, was es nahezu immer ermöglicht, auf der Inhaltsebene größere Effekte zu erzielen.

9.2 Zuhören, Zusammenfassen und Fragenstellen als Grundlagenkompetenzen

Meiner Erfahrung nach gibt es drei Grundlagenkompetenzen in der Kommunikation. Wenn du diese meisterst, machst du einen wichtigen Schritt in Richtung exzellenter Gesprächsführung, die die gewünschten Ergebnisse erzielt. Wenn du deine Kunden wirklich und wahrhaftig verstehst, wird der Austausch effektiv. Damit meine ich, dass das Gespräch das beabsichtigte Ergebnis erzielt. Diese Kompetenzen zu meistern, kann den Unterschied ausmachen zwischen einem guten Steuerberater und einem Gewinnberater. Wenn du diese Kompetenzen im Beratungsgespräch einsetzt, können sie dich leicht dabei unterstützen, dein Einkommen zu verdoppeln.

Zuhören ist die am meisten unterschätzte, komplexeste und wichtigste Kompetenz in der Beraterarbeit. Die meisten Frustrationen in der Beziehung zwischen Steuerberater und Kunden sind Ergebnis schlechten Zuhörens. Einander nicht zu verstehen kann erhebliche Kosten verursachen. Zusammenzufassen ist eine weitere wichtige Kompetenz effektiver Kommunikation. Dank deiner Zusammenfassung fühlen sich deine Kunden gehört und verstanden. Eine gute Zusammenfassung zeigt auch deutlich, was du noch nicht verstanden hast. Schließlich ist zur richtigen Zeit die richtigen Fragen zu stellen eine Kompetenz, die jeder Berater und jede Beraterin bis ins Detail zu meistern haben. Bessere Fragen führen zu besseren Antworten. Fragen steuern das Gespräch. Sie bringen euch entweder näher zum Kern oder weiter davon weg.

Zuhören, Zusammenfassen und Fragenstellen sind keine Tricks oder Punkte zum Abhaken auf deiner Checkliste. Doch die Ergebnisse sind tiefgreifend. Diese Kompetenzen zu meistern benötigt tägliche Übung und selbst dann kannst du diese Fertigkeiten verbessern. Andererseits sind Zuhören, Zusammenfassen und Fragenstellen einfach und können in der Praxis leicht angewandt werden. Wenn ich in einem schwierigen Gespräch bin und nicht weiß, wie ich es zu einem guten Abschluss bringen kann, erinnere ich mich selbst an Zuhören, Zusammenfassen und Fragenstellen. Ich höre aktiv zu, fasse zusammen und stelle Fragen. So bringe ich Gespräche ausnahmslos auf eine höhere Ebene.

Zuhören

Zuhören bedeutet, hören und versuchen zu verstehen, was das Gegenüber sagt und sagen möchte und in deiner Reaktion zu verdeutlichen, dass du das tust. Zuhören ist viel schwieriger als sprechen. Wenn du sprichst, bekommst du Aufmerksamkeit. Und beinahe alle Menschen lieben Aufmerksamkeit. Zuhören braucht Konzentration. Der Durchschnittsmensch spricht etwa 225 Wörter pro Minute, wohingegen wir 500 Wörter pro Minute hören können. Wir haben also 275 Wörter pro Minute „über“, die wir häufig darauf verwenden, über andere Dinge nachzudenken.

Wahres Zuhören beginnt mit dem echten Interesse an deinen Gesprächspartnern und an dem, was sie sagen möchten. Du begibst dich in ein Gespräch mit der Absicht, die anderen Menschen wirklich zu hören und zu verstehen, was sie erreichen möchten und was ihnen auf dem Weg zu ihrem Ziel begegnet. Doch wir haben auch unsere eigenen Ziele in diesem Gespräch. Sobald du dich hauptsächlich darauf konzentrierst, was du im Gespräch erreichen möchtest, hörst du mit dem Ziel zu, reagieren zu können. Wenn es dir gelingt, das loszulassen und mit dem Ziel des Verstehens zuzuhören, bist du auf dem besten Wege, ein Meister der Kommunikation zu werden.

Wir üben uns zumeist im miesen Zuhören:

- Wir hören gar nicht richtig zu. Wir sind mit unseren Gedanken woanders.
- Wir geben nur vor, zuzuhören. Wir sehen die anderen an und machen zustimmende Geräusche, doch wir wollen eigentlich etwas anderes machen, sobald wir die Chance dazu bekommen.
- Wir hören selektiv zu und hören nur, was wir hören wollen.
- Wir hören in der Absicht zu, reagieren zu können und nutzen die erste Gelegenheit, um einzuhaken.
- Wir hören zu, um uns eine Meinung zu bilden. Wir möchten unsere Meinung mitteilen, unser Urteil oder unsere Lösung.

Immer wieder sind wir alle miese Zuhörer. Doch in wichtigen Gesprächen ist es entscheidend, dass du intensiv und mit ganzem Herzen zuhörst.

Der Therapeut Milton Erickson sagt, dass richtiges Zuhören voraussetzt, dass du deine eigene Meinung, deine Ideen und das, was du über dein Gegenüber zu wissen glaubst, zur Seite schiebst. Der erste Schritt liegt in der Absicht des Zuhörens. Wenn du dich darauf konzentrierst, wirklich zuzuhören und zu verstehen, was die andere Person sagt oder zu sagen versucht, dann hast du bereits ein großes Hindernis überwunden. Der zweite Schritt liegt darin, die erwähnten Fehler im Zuhören zu vermeiden.

Reines Zuhören

Beobachte dich und andere während eurer Gespräche in den nächsten Tagen und achte auf mieses Zuhören:

- gar nicht zuhören;
- vorgeben, zuzuhören;
- selektives Zuhören;
- zuhören, um reagieren zu können;
- zuhören, um eine Meinung, ein Urteil oder eine Lösung zu formulieren.

Wenn du dies regelmäßig tust, wird es immer einfacher, deine Fehler beim Zuhören zu entdecken, sodass du immer besser und konzentrierter zuhören kannst.

Teil der Definition des Zuhörens ist es, zu hören, was die andere Person sagen möchte. Das setzt neben der Absicht zu verstehen noch etwas anderes voraus, nämlich dass du aktiv nach der Nachricht Ausschau hältst, die dein Gegenüber mitzuteilen versucht. Und in komplexen oder Konfliktsituationen findet sich die Nachricht selten in den gesprochenen Worten selbst.

Als Greg mich fragte: „Warum bist du hier?“ forderten mich seine Worte auf, ihm zu sagen, was ich brauchte. Doch unter der Oberfläche wollte er mir zudem mitteilen: „Ich brauche dieses Gespräch nicht.“ Und „Ich kann mir nicht vorstellen, dass du mir überhaupt sympathisch sein kannst.“ Greg hatte vermutlich ein Dutzend oder mehr unausgesprochener Nachrichten für mich. Weil ich versuchte, zu verstehen, was Greg mir wirklich sagen wollte, war ich in der Lage, angemessen zu antworten. Was habe ich getan, um Greg wirklich zu hören und zu verstehen? Ich tat mehrere Dinge:

- Ich war mir der Umgebung, in der das Gespräch stattfand, bewusst. Ich hatte das Gespräch initiiert. Ich war eine Art Eindringling.
- Ich nahm Gregs defensive Haltung nicht persönlich.
- Ich verstand, dass ich auf der Gefühlsebene zuhören musste, nicht auf der Inhaltsebene dessen, was er sagte.

- Ich versetzte mich in Gregs Lage. Ich tat mein Bestes zu fühlen, was er vermutlich fühlte. Ich konnte das tun, weil ich Erfahrungen mit ähnlichen Situationen hatte. Deshalb halfen mir meine vorherigen Erfahrungen dabei, in dieser Situation angemessen zu reagieren.
- Ich hörte nicht nur auf die Worte, sondern auch auf die Intonation, ich beobachtete seine Körpersprache und Mimik.

Wenn du dich auf das reine Zuhören konzentrieren kannst, bist du auf einem guten Weg, den anderen zu verstehen. Was ist reines Zuhören?

- Ernsthaftes Interesse am anderen.
- Nicht urteilen oder die eigene Meinung ausdrücken.
- Keinen Rat geben oder versuchen, irgendetwas zu lösen. Zuhören.
- Beim anderen bleiben, nicht darüber nachdenken, was du als Nächstes sagen oder fragen möchtest.

Jemanden zu verstehen hört in der Regel nicht beim Zuhören auf. Richtiges Verstehen setzt voraus, dass du zusammenfasst und Fragen stellst.

Zusammenfassen

Zusammenfassen und Reflektieren haben folgende wichtige Ziele:

- Das Gegenüber fühlt sich gehört und verstanden.
- Du prüfst, ob du dein Gegenüber wirklich verstanden hast.
- Du reflektierst die Struktur und den Verlauf eures Gesprächs.

Es wird häufig empfohlen, das Gesagte mit den eigenen Worten zusammenzufassen. Das sei der beste Weg, um zu prüfen, ob du alles verstanden hast. Ich empfehle allerdings das Gegenteil: in den Worten des Gegenübers zusammenzufassen. Das Gegenüber fühlt sich dann wahrhaft verstanden. Wenn du deine eigenen Worte nutzt, hat dies häufig einen gegenteiligen Effekt. Gesprächspartner fühlen sich möglicherweise verwirrt, weil die Zusammenfassung nicht genau das ist, was sie gesagt haben, was zum Austausch über irrelevante Details führen kann. Die Worte des anderen zu nutzen hat zahllose psychologische Vorteile: Dein Gegenüber fühlt sich verstanden, vertraut dir und es wird wahrscheinlicher, dass dein Gegenüber deinen Rat akzeptiert. Das erleichtert deine Arbeit als Berater deutlich. Wenn deine Zusammenfassung nicht völlig korrekt ist, wird dein Gegenüber dich das wissen lassen, indem er dich unterbricht und dir erneut die Chance gibt, zuzuhören.

Gut zusammenzufassen ist nicht einfach. Eine Zusammenfassung muss nur den Kern dessen enthalten, was besprochen wurde. Sobald die Zusammenfassung länger wird als nur der Kern, wird dein Gegenüber verärgert sein: „Ja, das habe ich gerade gesagt!“ Eine gute Zusammenfassung besteht also nur aus ein oder zwei Sätzen. Wenn du ein langes Gespräch zusammenfasst, kann deine Zusammenfassung aus dem Kernsatz und einigen Stichwörtern bestehen. Eine Zusammenfassung ist nicht auf den Inhalt beschränkt, sondern die Gefühle, sofern sie relevant sind, müssen ebenfalls aufgenommen werden. Hätte Greg sich aufgemacht, um einen extra Kaffee nach den ersten 15 Minuten zu holen, hätte ich Peter anschauen und wie folgt zusammenfassen können: „Das war ein schwieriger Start. Greg fühlt sich bedroht.“ Das wäre eine passende Zusammenfassung gewesen, die sowohl den Kern des Inhalts als auch der Gefühle eingefangen hätte. Eine Zusammenfassung kann zum Beispiel mit folgenden Worten beginnen:

„Du hast also …“
„Meinst du …?“
„Wenn ich es richtig verstehe …“

Neben der kompletten Zusammenfassung ist auch das Reflektieren eine wichtige Kompetenz. Die Reflexion kann aus nur ein oder zwei Worten bestehen, die häufig offen formuliert werden. Du gibst der anderen Person den Raum, deiner Reflexion zu widersprechen. Du nutzt eine Reflexion zum Beispiel, um zu zeigen, dass du die andere Person verstanden hast. Die Reflexion kann aber auch hilfreich sein, wenn dein Gegenüber sich vom Thema entfernt und du ihn zum Kern zurückbringen möchtest. Sagen wir, dein Kunde ruft an, um sich bei dir über eine Steuererklärung zu beschweren, die falsche Daten zu enthalten scheint und dass er deine Hilfe braucht, um das zu korrigieren. Und bevor du auch nur ein Wort sagen kannst, fängt er an zu schimpfen, dass dies schon das dritte Mal sei, dass dies schiefgelaufen ist und … Dann kannst du ihn behutsam auf den richtigen Pfad zurückbringen, indem du das wichtigste Wort reflektierst: „Und du brauchst …“ So hilfst du ihm, sich daran zu erinnern, dass er derjenige war, der dich angerufen hat, damit du ihm hilfst.

Du kannst deine Fertigkeiten üben, indem du ein oder zwei Zusammenfassungen oder Reflexionen während der Gespräche der nächsten Tage machst. Diese Übung kannst du in Gesprächen mit Kollegen machen, aber natürlich auch in Gesprächen mit deinem Partner, Freundin oder Kindern. Zunächst fühlen sich diese Techniken merkwürdig an, doch wenn du siehst, dass du damit etwas erreichst – dass die Gespräche angenehmer werden, schneller und bessere Ergebnisse erzielen –, dann wirst du rasch beginnen, zusammenzufassen, ohne darüber nachzudenken.

Fragen stellen

Eine dritte grundlegende Kompetenz für starke Kommunikation ist es, die richtige Frage zur richtigen Zeit zu stellen. Wenn du Fragen stellst, ist es wichtig, dass dir klar ist, dass du die Wahl hast, welche Frage du stellst und dass die Frage, die du stellst, darüber bestimmt, welche Antwort du bekommst. Wenn du fragst: „Was noch?“, bringt dies neue Themen auf den Tisch. Wenn du sagst: „Erzähl mir“, bekommst du weitere Informationen zum gleichen Thema. Wenn du fragst: „Was bedeutet dir das?“, bekommst du Informationen darüber, wie sich jemand fühlt. Wenn du fragst: „Magst du das?“, ist die Antwort „Ja“ oder „Nein“, doch du wirst nicht herausfinden, ob der Mensch die Angelegenheit schwierig oder einfach findet. Tony Robbins sagt: „Erfolgreiche Menschen stellen bessere Fragen und bekommen deshalb bessere Antworten.“ Die Herausforderung ist hier, die richtige Frage zur richtigen Zeit zu stellen.

Die richtigen Fragen zu stellen, setzt voraus, dass du während des Gesprächs im Blick behältst, was du erreichen möchtest. Die Frage sollte dir helfen, deinem Ziel näherzukommen und dich nicht weiter davon zu entfernen. Das hört sich trivial an, doch wenn du mal versuchst, darauf zu lauschen, wenn du auf einer Party bist oder in der U-Bahn: Die meisten Fragen bringen die Leute, die die Fragen stellen weiter von ihren Zielen weg, anstatt näher dran. Wie war das mit dem Gespräch zwischen zwei Nachbarn, von denen eine, Karen, gerade vom Ski-Urlaub zurückgekehrt war?

Karen: „Es gab eine Lawine im Skigebiet, genau da, wo unsere Kinder dabei waren, Skifahren zu lernen!" (Der Kern der Unterhaltung: Sie hatte ein traumatisches Erlebnis, bei dem sie 15 Minuten lang fürchten musste, dass ihre Kinder in eine Lawine geraten waren.)

Nachbar: „Oh wie schrecklich, wo wart ihr denn?" Diese Frage bringt das Gespräch weiter weg vom Kern. Eine bessere Frage wäre gewesen: „Oh, wie schrecklich, was habt ihr dann gemacht?" Das hätte Karen die Möglichkeit gegeben, ihre Geschichte zu erzählen.

Um in der Lage zu sein, beständig zum Kern des Gesprächs vorzudringen, musst du das Tempo der Unterhaltung kontrollieren. Es ist zudem wichtig, bewusste Entscheidungen zwischen offenen oder geschlossenen Fragen zu treffen. Möchtest du ein rasches „Ja" oder „Nein" oder „links" oder „rechts"? Dann stellst du eine geschlossene Frage. Möchtest du weitere Informationen? Dann stellst du eine offene Frage. Eine offene Frage beginnt häufig mit wer, was, wo, womit, wann, warum oder wie. Beispiele für offene Fragen sind:

„Was genau meinst du?"
„Wie siehst du das?"
„Wer wäre der oder die Richtige dafür?"

Eine weitere Möglichkeit, zusätzliche Informationen zu bekommen, ist, die andere Person wortwörtlich zu bitten, weitere Informationen zu geben:

„Erkläre es mir!"
„Kannst du mir mehr erzählen?"
„Kannst du das weiter ausführen?"

Eine offene Frage bringt mehr Informationen, aber sie hat den Nachteil, dass sie zu einer sehr detailreichen Antwort führen kann. Manchmal ist es notwendig, dein Gegenüber zu unterbrechen, um weiter zum Kern vorzudringen.

Unterbrechen

Gesprächspartner mitten im Satz zu unterbrechen, gilt gemeinhin als unhöflich. Ich glaube allerdings, dass es eine wichtige Kompetenz für Gewinnberater ist. Menschen lieben es, zu erzählen und Gehör zu finden. Wir lassen uns alle gelegentlich von unserer Begeisterung davontragen. Wenn du als Berater deine Kunden nicht unterbrichst, verschwendest du Zeit und Geld – und zwar sowohl deine als auch die deiner Kunden.

Deine Kunden zu unterbrechen, ist eine sehr bewusste Handlung. Es setzt voraus, dass du klar weißt, ob deine Kunden etwas Wichtiges mitteilen oder nicht. Ist es wichtig, unterbrichst du nicht. Ist es nicht wichtig, unterbrichst du. Themen können intrinsisch oder emotional wichtig sein. Intrinsisch wichtig bedeutet, dass die Information, die ausgetauscht wird, notwendig ist, damit ihr beide eure Ziele erreichen könnt. Emotional wichtig bedeutet, dass deine Kunden dir nach deinem besten Wissen und Gewissen diese Geschichte erzählen müssen, bevor sie sich auf irgendetwas anderes konzentrieren können. In allen anderen Fällen kannst du unterbrechen. Wenn deine Kunden dir beispielsweise von ihrem Urlaub auf den Bahamas erzählen und mit einer lustigen Anekdote ankommen, nimm dir die Freiheit zu sagen: „Es freut mich, dass du so einen tollen Urlaub hattest! Lass uns mit … <Thema eures Gesprächs> weitermachen.“ Besprecht ihr den Buchhaltungsprozess deiner Kunden und sie beginnen zu erläutern, warum sie zwei Monate mit dem Scannen der Belege hinterher sind? Unterbrich sie und frage, „Was brauchst du, damit du mit der Buchhaltung immer à jour bist?“ Diese Frage bringt die Unterhaltung zurück zum Wesentlichen, in diesem Falle, immer aktuelle Buchhaltungsprozesse. Der wichtigste Augenblick, an dem du unterbrichst, ist der, wenn deine Kunden eine große Erkenntnis überkommt. Sie fühlen sich vielleicht überwältigt und erschrecken sich selbst mit ganz neuen, großen Ideen. Sie wollen ihre Erkenntnis möglicherweise instinktiv herunterspielen. Sie machen einen Witz oder führen ein triviales Detail aus. Bitte unterbrich sie und bringe sie behutsam wieder zu der großen Erkenntnis, von der sie dir erzählt hatten.

Die Warum-Frage stellen

Die Warum-Frage ist sehr heikel. Viel hängt dabei an der Art und Weise, wie du die Frage stellst, aber „Warum machst du das?“ kann Kunden sofort in die Defensive treiben. Ich bin trotzdem nicht in jedem Falle gegen die Warum-Frage. Die Frage hilft dabei, mehr ins Detail zu gehen, insbesondere bei strategischen Diskussionen mit deinen Kunden. „Warum möchtest du deinen Umsatz verdoppeln? Warum möchtest du dein Portfolio ausbauen?“ Warum-Fragen bringen deine Kunden zum intensiven Nachdenken. In Situationen, in denen die Frage nach dem Warum richtig unangenehm wird, versuche, die Frage anders zu formulieren. Mache eine Was-Frage daraus. „Was hat dich dazu bewegt, so zu handeln?“, klingt häufig weniger bedrohlich als „Warum hast du das getan?“

Weiterfragen, um zum Kern zu gelangen

Die Frage nach dem Warum ist häufig ein wichtiger Ausgangspunkt, um die wahre Geschichte ans Tageslicht zu holen. Allerdings reicht das häufig nicht. Nachdem du die Warum-Frage gestellt hast, kannst du in der Regel mindestens vier weitere offene Fragen stellen, die euch mehr und mehr dem Kern der Sache näherbringen:

Frage: „Warum möchtest du den Umsatz verdoppeln?“
Antwort: „Damit mein Unternehmen wächst.“
Frage: „Welches Ziel erreichst du damit?“
Antwort: „Höhere Gewinne.“
Frage: „Was bringt dir das?“
Antwort: „Ein höheres Einkommen.“
Frage: „Was bringt dir das?“
Antwort: „Freiheit.“

Ah, Freiheit. Es ist wichtig, dieses Gespräch mit deinen Kunden zu führen. Denn wenn du ihnen dabei helfen möchtest, ihr wahres Ziel zu erreichen, Freiheit, dann brauchen sie auf dem Weg dorthin deine Unterstützung. Du weißt, dass ein höherer Umsatz häufig Hand in Hand geht mit höheren Kosten und/oder mehr Ärger und/oder höheren Steuern und/oder mehr Zahlungsausfällen und so weiter.

Möchtest du deine Kunden in eine bestimmte Richtung lenken? Dann stelle Fragen, die lenken. Das besprechen wir im nächsten Kapitel intensiver.

9.3 Die Kunst (und Notwendigkeit) des Vereinfachens

Lass uns ein kleines Experiment machen. Bevor du weiterliest, möchte ich, dass du diese Seite mit deiner Hand abdeckst, um den nächsten Absatz zu verdecken. Jetzt habe ich eine kleine Aufgabe für dich. Angenommen, eine Unternehmensgründerin kommt in dein Büro. Sie hat gerade ihr Studium an einer Technischen Hochschule abgeschlossen. Sie ist richtig clever, hat aber keinerlei Ausbildung im Wirtschaftsbereich. Sie fragt dich: „Kannst du mir erklären, was eine Bilanz und eine Gewinn- und Verlust-Rechnung eigentlich sind?" Was antwortest du?

Antwort auf die Frage: „Was ist eine Bilanz?"
Hast du darüber nachgedacht, wie du diese Anfänger-Frage beantworten würdest? Welche Wörter beinhaltet deine Antwort am ehesten?

a) Soll, Haben, Aktiva, Passiva, Anlagevermögen, Umlaufvermögen, Eigenkapital.
b) Vermögen, Schulden.
c) Die Bilanz zeigt den Wert des Unternehmens.

- Wenn du eines oder mehrere Wörter aus der Kategorie a) erwähnt hast, dann bist du ein echter Experte. Du setzt vermutlich mehr Fachbegriffe ein, als dir bewusst ist. Deine Kunden verstehen vermutlich weniger, als du denkst.
- Hast du Wörter aus der Kategorie b) verwendet? Dann bist du auf dem richtigen Wege, die Sprache deiner Kunden zu verwenden, doch deine Kunden müssen härter arbeiten, als dir klar ist, um dich wirklich zu verstehen.
- Ist deine Antwort näher an Kategorie c)? Dann hast du wahrscheinlich schon einen meiner Kurse absolviert 😉 Diese Definition ist weit davon entfernt, erschöpfend zu sein und du findest sie vielleicht sogar falsch. Doch interessanterweise ist dies die beste Antwort mit Blick auf die Frage, die ich gestellt habe. Ich erkläre das gleich. Doch zunächst lass uns auf die Antworten zum zweiten Teil der Frage schauen: „Was ist eine Gewinn-und-Verlust-Rechnung?"

Vielleicht möchtest du deine Antwort erst noch überarbeiten? Dann lege deine Hand wieder über den folgenden Absatz. Da gebe ich dir meine Definition für eine GuV.

Antwort auf die Frage: „Was ist eine Gewinn-und-Verlust-Rechnung?“

a) Eines von drei Finanzdokumenten, die ein Unternehmen zum Ende einer bestimmten Zeitspanne erstellt.
b) Ein Überblick über Einnahmen, Ausgaben und Gewinn über eine bestimmte Zeitspanne.
c) Eine Gewinn-und-Verlust-Rechnung zeigt, wo das Unternehmen Geld verdient.

- Ist deine Antwort am nächsten an a)? Dann nutzt du zu viele Fachbegriffe. Diese Worte sagen den meisten Unternehmern wenig.
- Ist deine Antwort nah an b)? Dann nutzt du nicht die komplexen Begriffe selbst, doch du verlierst deine Kunden möglicherweise, weil deine Antworten für sie nicht anschaulich sind.
- Kategorie c) passt am besten in die Lebenswelt deiner Kundinnen und Kunden.

Als Finanzexperte hast du ein unglaubliches Wissen und du sprichst eine Sprache, die deine Kunden nur teilweise verstehen können. Weil du der Experte bist, ist dir vermutlich gar nicht klar, dass du eine andere Sprache sprichst. Für dich sind diese Worte normal. Der Punkt ist folgender: „Komplexität ist der Gegenspieler des Handelns“ (Tony Robbins). Je komplizierter deine Erklärung ist, umso schwieriger ist es für deine Kunden, dir zu folgen und in ihrer jeweiligen Situation zu agieren. Albert Einstein hat etwas ziemlich Kluges zum Thema komplexe Wörter gesagt: „Wenn du es nicht einfach erklären kannst, dann hast du es nicht gut genug verstanden.“

Um sicherzugehen, dass deine Kunden dich wirklich verstehen, ist es sehr wichtig, dass du das, was du sagen möchtest, vereinfachst. Sei dir darüber im Klaren, dass du eine andere Sprache sprichst, eine Sprache, die deine Kunden nicht verstehen. Und weil du nicht weißt, dass du eine andere Sprache sprichst, sprichst du sie noch dazu schnell. Bis deine Kunden verstanden haben, was du im ersten Satz gesagt hat, bist du bereits bei deinem fünften Satz. Dann hast du sie schon direkt verloren, genau an dem wichtigen Punkt, an dem du einen wertvollen Tipp gegeben hast, wie sie ihren Gewinn erhöhen können. Eine vertane Chance! Vielleicht glaubst du, ich übertreibe jetzt ein bisschen. Ich fürchte, nein.

In den vergangenen zehn Jahren habe ich mehr als 10.000 Unternehmer getroffen und beraten. Und beinahe alle haben Schwierigkeiten, ihre Steuerberater zu verstehen. Natürlich gibt es Ausnahmen. Doch von diesen fünf Kunden rede ich gerade nicht.

„Wenn mein Kunde etwas nicht versteht, dann erkläre ich das einfach nochmal," kommt vielleicht ein weiterer Gedanke auf. Das klingt ziemlich logisch. Dann sagt dein Kunde: „Hey, ich versteh das noch nicht richtig." Und du erklärst es. Problem gelöst, richtig? Äh, nö, leider nein. Um nicht dumm zu wirken oder eine recht langweilige Unterhaltung (schließlich dreht es sich um Zahlen der Vergangenheit oder irgendetwas anderes, das sie irrelevant finden) noch zu verlängern, geben die Kunden vor, dass sie alles verstehen. Sie nicken und stellen kaum eine Frage. Und nach einer Stunde gehen sie, unzufrieden. Sie fühlen sich, als hätten sie Zeit und Geld investiert, ohne etwas im Gegenzug zu bekommen. Das Ergebnis ist katastrophal. Die Treffen sind Geldverschwendung. Deine wertvollen Ratschläge werden nicht gehört und eine einfache Frage ergibt eine sehr teure Antwort, weil sie wieder und wieder erläutert werden muss. Die Lösung ist so simpel wie schwierig: vereinfachen.

Werkzeuge zum Vereinfachen

Zum Glück gibt es Werkzeuge, um unsere Sprache einfach zu halten.

Verzichte auf Fachsprache

Anlagevermögen, Umlaufvermögen, Soll, Haben, Hauptbuchkonto, Journalbuchung, Eigenkapital, Bruttogewinnspanne, Solvenz, Zwischenkonto, Durchlaufposten, antizipative Aktiva, Rechnungsabgrenzungsposten und Rückstellungen – diese Liste ist längst nicht vollständig, aber ich bin sicher, du verstehst, worauf ich hinauswill. All dies ist Fachsprache. Um festzustellen, ob etwas Fachsprache ist, stell dir einfach die Frage, ob dir diese Begriffe regelmäßig außerhalb deines Büros oder deines professionellen Netzwerks begegnen. Lautet die Antwort „nein“, dann ist es Fachchinesisch. Achte darauf, wie du es einsetzt und vermeide diese Art zu sprechen. Verwende Wörter, die jeder kennt. Um dies zu üben, kannst du die folgenden Begriffe „übersetzen“: Hauptbuchkonto und Journalbuchung.

Hier sind meine Erläuterungen:

- Hauptbuchkonto: Eine Bezeichnung, die wir einer Kostenart zuweisen, damit wir unterschiedliche Kosten in Kategorien organisieren können. Das hilft uns dabei, wertvolle Berichte aus der Buchhaltungssoftware zu generieren. Wir bekommen dank der Hauptbuchkonten zusätzlichen Einblick in unterschiedliche Umsatzkategorien.
- Journalbuchung: Auf diesem Wege können wir der Buchhaltungssoftware sagen, wo die Finanzdaten auf den Finanzberichten auftauchen sollen.

Verstehen ist wichtiger als Korrektheit

Für Finanzexperten ist es ein großes Problem, dass sie Erklärungen geben möchten, die vollständig korrekt sind. Ja, das liest du richtig: Es ist riskant, vollkommen korrekte Erklärungen abzuliefern. Finanzen sind ein komplexes Feld. Wenn du also vollständige und korrekte Erklärungen geben möchtest, dann kann es leicht fünf bis zehn Minuten oder noch länger dauern, Dinge zu erklären. Damit lieferst du Informationen, die deinen Kunden in diesem Moment nichts nutzen. Sie müssen deine vollständige Erklärung durcharbeiten, um die für sie relevanten Informationen herauszufiltern, die Informationen, die sie eigentlich brauchen und möchten. Das kostet viel Energie, sodass sie deiner Erklärung nicht mehr folgen können und schließlich aufgeben.

Es liegt in deiner Verantwortung, weniger vollständig und korrekt zu sein. Das ist eine große Herausforderung. Behalte dabei immer das Ziel eurer Unterhaltung im Blick. Deine Kunden möchten eine Wahl haben oder eine Entscheidung treffen. Sie müssen nicht immer alle fiskalischen Regeln kennen. Manchmal müsst ihr detaillierter über Dinge sprechen, damit deine Kunden wohlüberlegte Entscheidungen treffen können. In einem solchen Falle nutze die folgenden Werkzeuge: erst das große Ganze, dann die Details.

Erst das große Ganze, dann die Details

Stell dir einen Baum mit vielen Ästen vor. Der Stamm ist die Frage und die Äste sind all die Facetten, Beispiele und Details der Antwort. Wenn deine Kunden dir eine Frage stellen, dann überlegst du dir eine Herangehensweise für deine Antwort: einen Ast des Baumes.

Während du die Frage zur Hälfte geklärt hast, kommst du in deinem Kopf an eine Astgabel: eine Ergänzung zu der Antwort, die du gerade gibst, ein weiteres Detail oder eine Ausnahme. Du folgst dem einen Abzweig. Deine Kunden müssen sich umorientieren, doch sie können deinem Umweg noch folgen. Dann kommt ein weiterer Zweig. Du folgst ihm. Deine Kunden sind verwirrt. Dann kommt die nächste Gabelung, eine vierte und fünfte und schließlich ein kleiner Zweig. Doch du weißt, dass es einen weiteren großen Ast gibt, der für deine Antwort wichtig ist. Also folgst du auch diesem, einschließlich sämtlicher kleiner Abzweigungen. Deine Kunden sind restlos verloren.

Ich gebe dir ein Beispiel. Stell dir vor, dein Kunde fragt, ob es eine gute Idee ist, von einer Einzelfirma in eine Kapitalgesellschaft zu wandeln. Eine umfassende Antwort könnte drei Stunden oder gar drei Tage benötigen. Das verstehe ich. Es gibt Dutzende von Ästen und Zweigen zu erkunden. Eine unstrukturierte Antwort könnte irgendwo beginnen: bei Haftungsfragen, steuerlichen Auswirkungen, Gehältern und Ausschüttungen für die Geschäftsführung und die Hauptgesellschafter, die Unternehmensstruktur und so weiter und so weiter kapitel- und seitenweise. Ich gebe dir ein alternatives Beispiel: „Einer der größten Vorteile einer Kapitalgesellschaft im Vergleich zur Einzelfirma ist der Unterschied in der Haftung. Der Inhabergeschäftsführer einer Einzelfirma haftet zu 100 Prozent für die Schulden des Unternehmens mit seinem Privatvermögen. Das ist in einer Kapitalgesellschaft anders. Es sei denn, der Geschäftsführer handelt grob fahrlässig (1). Das tut er zum Beispiel, wenn er das Unternehmen dazu bringt, Verpflichtungen einzugehen, die es nicht einhalten kann (2)."

In diesem Beispiel wird ein Abzweig sofort angeschaut: die Haftungsfrage. Bei (1) wird die Abweichung gewählt, um zu einer Ausnahme zu gelangen und bei (2) folgt ein Beispiel. Dein Kunde kann das große Ganze nicht sehen, den gesamten Baum, und noch bevor er verstehen kann, warum der Haftungsfragen-Zweig angeschaut wird, und welche Bedeutung das hat, bist du bereits beim nächsten Abzweig. Deinen Kunden hast du verloren. Es wurde zu wenig Aufmerksamkeit auf das große Ganze verwendet und zu viel Bedeutung in Details gelegt.

Angenommen, alle Informationen, die du gibst, sind korrekt: Wie kannst du deine Kompetenzen hier verbessern? Als Erstes gibst du eine kurze und knappe Antwort auf die Frage – Hauptfrage –, auch wenn die Antwort unvollständig ausfällt.

Wenn die Kunden diese Hauptantwort verstehen, sagst du ihnen, welche weiteren Elemente wichtig sind. Zum Beispiel, die Teile 1, 2 und 3. Erst dann erläuterst du Teil 1. Dabei überprüfst du, ob deine Kunden das verstehen, und fährst dann mit Teil 2 fort und so weiter. Halte dich zurück. Beiße dir auf die Zunge. Sprich weniger und halte früher ein. Und überprüfe regelmäßig, ob deine Kunden dir noch folgen können.

Eine strukturierte Antwort, bei der wir zunächst das große Ganze anschauen und dann in die Details abtauchen, könnte so beginnen: „Die wichtigsten Unterschiede zwischen einer Einzelfirma und einer Kapitalgesellschaft liegen im Bereich der Haftung und der steuerlichen Auswirkungen (1). Ich gebe dir kurze Informationen zu beiden Bereichen. Wenn du eine Einzelfirma führst, dann bist du und deine Firma rechtlich gesehen eine Einheit. Unternehmensschulden sind demnach private Schulden. Eine Kapitalgesellschaft ist rechtlich gesehen eine eigenständige Einheit. Wenn dein Unternehmen Schulden macht, dann bist du privat davon nicht betroffen (2). Ein zweiter großer Unterschied liegt im Bereich der Steuern (3). Als Einzelfirma zahlst du Einkommensteuer und eine Kapitalgesellschaft zahlt Unternehmenssteuern. Das hat eine Reihe von Auswirkungen."

Wie du siehst, gibt es viele Details, auf die ich in diesem zweiten Beispiel nicht eingehe. Ich spreche nicht von den unterschiedlichen Einkommensteuer-Höhen, den verschiedenen Unternehmenssteuern oder dass Kapitalertragssteuer nur bei Gewinnausschüttungen anfällt. Ich spreche auch nicht über Gehaltsverpflichtungen gegenüber Geschäftsführern und Dutzende Ausnahmen. Ich überspringe all diese Abzweigungen. Dadurch wird meine Antwort unvollständig. Stattdessen gebe ich meinen Kunden zunächst einen Überblick über das große Ganze (1). Wenn das klar ist, erläutere ich kurz zwei wichtige Elemente des großen Ganzen (2 und 3). Dann können wir die Details Schritt für Schritt weiter anschauen – ein Detail nach dem anderen, wobei wir beim Wichtigsten beginnen. Die Kunden entscheiden, welches das ist.

Frage dich, was die eigentliche Frage ist

Weil deine Kunden sich in ihrer Buchhaltung und ihren Zahlen nicht ganz und gar zuhause fühlen, wissen sie nicht immer, was sie wirklich wissen möchten. Vielleicht fragen sie nach dem Unterschied zwischen einer Einzelfirma und einer Kapitalgesellschaft, wenn sie eigentlich wissen wollen, ob sie weniger Steuern zahlen, wenn sie in eine Kapitalgesellschaft umwandeln. Also versuchst du nicht, sofort zu antworten, wenn ein Kunde etwas fragt. Du versuchst zunächst herauszufinden, was sie wirklich wissen wollen. Profi-Tipp: Das ist in der Regel kein Überblick über die Regeln und Paragraphen. Für gewöhnlich möchten sie wissen, was die Regeln und Paragraphen für sie persönlich bedeuten. Deshalb fragst du immer nach weiteren Informationen. Du fragst: „Warum möchtest du das wissen?" oder interpretierst die Frage: „Möchtest du wissen, ob dir die Umwandlung in eine Kapitalgesellschaft Vorteile bringt?" Häufig bringt eine Interpretation in Form einer Frage sofort weit mehr Klarheit.

An die Erfahrung der Kunden anknüpfen

Frage dich bei allem, was du sagst, ob dies auf deine Kunden zutrifft und wie. Angenommen, du diskutierst die Gewinn-und-Verlust-Rechnung mit einem Kunden, Vincent, einem Coach. Eine Zeile ist mit „Material/Wareneinkauf" beschriftet, dabei hat Vincent nahezu keine derartigen Kosten. Dort steht nur ein kleiner Betrag, weil er gelegentlich einen Coachingraum bucht. Vincent fragt: „Was bedeutet Material/Wareneinkauf?" Wenn du ihm eine ausführliche Antwort gibst, erzählst du ihm zu viel. Du gibst ihm die Definition für Material/Wareneinkauf, erläuterst die Wichtigkeit für den Rohertrag und gibst ihm vielleicht sogar das Beispiel einer Tortenfabrik, die Zucker und Mehl einkauft. Doch Vincent hat nahezu keine Materialkosten, also helfen ihm diese Informationen in dem Augenblick wenig bis gar nicht. Deshalb ist es besser, direkt an seine Erfahrung anzuknüpfen und zu sagen: „In diesem Falle geht es um die Kosten für den Coachingraum, den du gelegentlich anmietest. Nimm es als eine Analyse deiner Kosten." Das ist unvollständig, reicht ihm aber. Vincent versteht es und du kannst zu den wichtigeren Punkten der GuV kommen ... wie zum Beispiel zu der Tatsache, dass er kaum Gewinn erwirtschaftet.

Die „Warum-und-Wofür"-Methode nutzen

Als Finanzexperte hast du sehr viel Wissen zum „Was". Du besitzt Wissensschätze und deshalb ist es aus deiner Sicht logisch, Informationen zu liefern. Wenn du mit Unternehmern zusammensitzt, dann erzählst du ihnen zweifellos, was du siehst: Dass ihre Margen sinken, dass ihre Liquidität rückläufig ist, dass uneinbringbare Forderungen abgeschrieben werden müssen und so weiter. Die Kunden stellen jedoch die Relevanz der Bereiche in Frage, die du abdeckst. Sie wissen eigentlich nicht, was sie mit den Informationen anfangen sollen, die du ihnen gibst.

Die Herausforderung liegt nicht so sehr im „Was", sondern darin, mehr Aufmerksamkeit auf das „Warum" und „Wofür" zu legen. Vergeude keine Zeit damit, zu erläutern, was in der Buchhaltung deiner Kunden vor sich geht, sondern erkläre die Auswirkungen auf das Unternehmen. Bevor du sprichst, frage dich selbst: „Warum ist das für meine Kunden interessant?" und „Warum erzähle ich ihm das?" Frage dich, was deine Kunden deiner Meinung nach tun sollen. Wenn du dir das klargemacht hast, erst dann beginnst du zu reden und betonst insbesondere diese Dinge. Dann sagst du zum Beispiel: „Du verdienst mit deinem Unternehmen weniger als zuvor. Warum ist das so?" Eine sinkende Marge ist lediglich eine technische Aussage. Unternehmer werden bei diesen Informationen direkt dichtmachen, insbesondere dann, wenn sie Finanzen als schwierig und langweilig einstufen. Sie zucken die Achseln und warten darauf, dass du zum wichtigen Zeug übergehst. Doch wenn du die Diskussion damit einleitest, dass weniger Geld auf dem Konto ankommt, dann ist es relevant! Dann sind deine Kunden eher offen für die entsprechende Diskussion.

Ein weiteres Beispiel: „Die Liquidität ist rückläufig", ist faktenorientiert und rational, doch hat diese Aussage für den durchschnittlichen Unternehmer keine Bedeutung. Im echten Leben sprechen Unternehmer nicht von Liquidität. Sagst du stattdessen: „Dieses Jahr hast du mehr aus dem Unternehmen entnommen, als du verdient hast. Sollen wir mal schauen, welches Gehalt im Verhältnis zu deinen aktuellen Umsätzen und Kosten realistisch ist?" Dann sprichst du über etwas, dass sie persönlich und im tiefsten Herzen betrifft. Sie mögen dieses Thema eher nicht, doch ist es relevant genug, um in die Details zu gehen und aktiv zu werden. Und darum geht es letzten Endes.

Kommen wir schließlich zu den uneinbringbaren Forderungen, die auszubuchen sind. Auch dies hat für den Unternehmer kaum eine Bedeutung. „Ok", oder „Wenn du meinst", sind übliche Antworten. Sie hören einen Begriff aus der Buchhaltung und verstehen die Auswirkungen auf ihre alltäglichen Entscheidungen nicht. Doch wenn du sagst, „Der Gewinn wird 20.000 Euro unterhalb dessen liegen, was du dachtest, weil der Kunde X seine Rechnung definitiv nicht bezahlen wird", dann zeigt das auf einmal Wirkung. Denn das ist etwas, was innerhalb des Referenzrahmens liegt: Gewinn.

Action Step

Achte in den kommenden Wochen auf die Kommunikationspyramide, auf Zuhören, Zusammenfassen, Fragenstellen und darauf, wie weit es dir gelingt, zu vereinfachen. Finde heraus, was du bereits tust, bewusst oder unbewusst, und worauf du verstärkt achten solltest. Lasse Gespräche auch Revue passieren. Nicht, damit du dich dabei ertappen kannst, wie du Fehler machst, sondern um herauszufinden, was funktioniert hat und was nicht, damit du beim nächsten Mal etwas anderes probieren kannst.

Kommunikation ist alles. Damit habe ich dieses Kapitel eröffnet. Du hast die Grundlagen der effektiven Kommunikation kennengelernt: Kommunikation auf der richtigen Ebene, Zuhören, Zusammenfassen, Fragenstellen und Vereinfachen. Du solltest diese Fähigkeiten bei jedem Kundengespräch einsetzen. Im nächsten Kapitel diskutieren wir die Kommunikationskompetenzen, die du einsetzt, wenn die Situation es erfordert: beeinflussen, Coachingkompetenzen und Feedback geben.

10 Kommunikationskompetenz für spezifische Herausforderungen

„Wenn du sprechen kannst, kannst du Einfluss ausüben.
Wenn du Einfluss ausüben kannst,
kannst du Leben verändern."
– Bob Brown

„Ich glaube, ich verstehe!" Greg kam direkt zum Punkt. „Letztes Mal sprachen wir darüber, andere Menschen zu beeinflussen und ich habe mich dem ganzen Konzept verschlossen, doch es funktioniert!"

„Was ist passiert?", fragte ich Greg.

„Anne kam kürzlich zu mir und erzählte mir, dass sie einen ziemlich guten Monat hatte. Und dann sagte sie wörtlich: ‚Ich glaube, das gute Wetter hat geholfen.'" Greg sah beinahe wütend aus, als er das erzählte.

„Ok. Und da wurdest du wütend?", fragte ich.

„Ja, schon ein bisschen. Anne hat sehr hart gearbeitet, um zu guten Ergebnissen zu kommen, und dann schob sie alles aufs Wetter. Und dann erinnerte ich mich an deine Lektion mit Blick aufs Beeinflussen und ich habe sie ziemlich bewusst eingesetzt."

„Das klingt gut. Was hast du gemacht?", fragte ich.

„Zuerst einmal habe ich ihre Aufmerksamkeit auf ihren Fehler in der Argumentation gelenkt und gesagt, dass sie selbst für diese guten Ergebnisse verantwortlich war. Und dann habe ich eine Wenn-dann-Aussage eingesetzt. Ich habe gesagt: ‚Stell dir vor, was passieren würde, wenn du diese Dinge in den nächsten Monaten und Jahren fortführen würdest. Überlege dir mal, wie dein Unternehmen in einem Jahr dastehen würde, wenn du weiterhin planen, dich konzentrieren und das Unternehmen auf Basis deiner Zahlen führen würdest. Wenn du das kannst, Anne, dann kann ich kaum erwarten, was du sonst noch erreichen wirst.'"

„Ich bin sprachlos", sagte ich.

„Genau das hat Anne auch gesagt", grinste Greg.

„Und was genau verstehst du jetzt?", fragte ich etwas ernsthafter.

Greg dachte einen Moment über meine Frage nach und sagte dann: „Dadurch, dass ich meine Worte bewusst gewählt habe, konnte ich Anne helfen, zu sehen, was sie richtig gemacht hat. Ich bin sicher, sie ist jetzt sogar noch motivierter, genau die Dinge weiterzumachen, die offensichtlich funktionieren, wie planen und auf der Basis der Zahlen führen. Und damit wird sie ihre Ziele erreichen."

***

Im vorigen Kapitel haben wir uns mit den wichtigsten Punkten der Kommunikationskompetenz befasst. Diese Kompetenzen helfen dir, deine Kundinnen und Kunden maximal zu unterstützen und euch in die Lage zu versetzen, mit eurer Arbeit zufriedener zu sein und mehr Gewinn zu erzielen. Du wirst den Rest deines Lebens damit verbringen, diese Kompetenzen zu verbessern – auf der richtigen Ebene der Kommunikationspyramide zu kommunizieren, zuzuhören, zusammenzufassen, Fragen zu stellen und zu vereinfachen. Du nutzt diese grundlegenden Kompetenzen in jedem Gespräch und in jeder E-Mail.

Dieses Kapitel befasst sich mit drei weiteren Kompetenzen, die du einsetzt, wenn die Situation dies erfordert: Wenn du etwas in Kooperation mit deinen Kundinnen und Kunden erreichen möchtest – doch das passiert nicht automatisch.

10.1 Über Sprache beeinflussen

Sprache ist ein enorm machtvolles Werkzeug. Sie kann einen Menschen voranbringen oder behindern. Sie kann motivieren, ermutigen, verärgern, begeistern, unterstützen oder verführen. Du beeinflusst Menschen mit deinen Worten, ob du es willst oder nicht.

Wenn ein Mädchen von seinen Eltern hört, dass Mädchen kein Mathe können und dass Männer die Familie materiell versorgen müssen, dann sind das bloß Worte. Das sagt nichts über ihre Fähigkeit aus, gut mit Geld umzugehen. Doch wenn das Mädchen später Unternehmerin wird und dir erzählt, dass sie mit Zahlen nicht gut umgehen kann, dann wirst du das vermutlich als Wahrheit akzeptieren. Stell dir vor, deine Kundin stellt nach vielen Jahren fest, dass die meisten Unternehmer fortschrittliche, unternehmerfreundliche Software einsetzen, um die Buchhaltung selbst zu erledigen. Sie sagt dir, dass sie dies ebenfalls lernen möchte. Angenommen, du sagst: „Glaubst du, du solltest das tun? Schließlich bist du nicht gut mit Zahlen." Dann könnte sie das verunsichern. Wenn sie sich doch noch dazu entschließt, das durchzuziehen, wird sie Angst davor haben, Fehler zu machen und der erste Fehler wird sie darin bestärken, dass sie es wirklich nicht kann.

Doch wenn du deiner Kundin sagst: „Ich glaube, das ist eine großartige Idee. Du bist clever genug und lernst schnell." Dann ist es recht wahrscheinlich, dass sie frohen Mutes an die Sache herangehen und feststellen wird, dass das Ganze gar nicht so kompliziert ist.

Es sind bloß Worte. Doch die Worte, die du wählst, haben einen starken Einfluss auf das Selbstvertrauen und den Erfolg deiner Kundinnen und Kunden.

Vor über 15 Jahren habe ich meine NLP Master Practitioner Zertifizierung abgelegt. Ich nutze NLP immer als eine große Bandbreite an Coaching-Kompetenzen und als einen sehr effektiven Weg, zu kommunizieren. Die Art und Weise wie ich kommuniziere, ist in der Hauptsache durch das geprägt, was ich während meiner NLP-Ausbildung gelernt habe. Ich nutze NLP täglich, ohne überhaupt darüber nachzudenken. Diese Ausbildung hat mich unter anderem wichtige Lektionen zum Thema Einfluss ausüben gelehrt.

Wir beeinflussen andere laufend. Eine der Grundannahmen von NLP lautet: Wenn du ohnehin beeinflusst, dann sollte das besser bewusst geschehen. NLP nutzt dafür das Milton-Modell der Sprachmuster. Das Milton-Modell basiert auf der erfolgreichen Arbeit des amerikanischen Psychiaters und Psychotherapeuten Milton Erickson.

Das Milton-Modell ist eine Art der hypnotischen Kommunikation und fußt auf Mustern, die es dir ermöglichen, Kundinnen und Kunden positiv zu beeinflussen. Lass uns einige der wichtigsten Muster anschauen:

- Gedankenlesen,
- Ursache-Wirkung,
- Vorannahmen,
- Auswahltechnik,
- Zitate.

Gedankenlesen

Du gibst vor, die Gedanken eines anderen zu kennen, mit dem Ziel, dass sie selbst daran glauben. Du sagst zum Beispiel: „Ich freue mich sehr, zu sehen, dass du an den Finanzen immer mehr Freude hast." Ob das stimmt oder nicht, indem du diesen Eindruck aussprichst, erhöhst du die Wahrscheinlichkeit, dass deine Kundinnen und Kunden eine positive Haltung ihren Finanzen gegenüber entwickeln. Überleg dir mal das Gegenteil: „Ich weiß, du hasst Finanzen." Wieder wissen wir nicht, ob das zutrifft oder nicht, doch die Chancen stehen gut, dass deine Kundinnen und Kunden dir zustimmen und ihre Buchhaltung nur widerwillig angehen.

Ursache-Wirkung

Dieses Muster impliziert, dass eine Sache zu einer anderen führt, was die Kundinnen und Kunden glauben lässt, dass es wirklich möglich ist, das andere zu erreichen. Du nutzt „Wenn-dann"-Aussagen. „Wenn du die Buchhaltung selbst machst, dann kannst du auch deine Steuerklärung selbst abgeben." Du bringst deine Kundinnen und Kunden auf einen positiven Gedankenweg: „Ah, wenn ich das eine tun kann, kann ich das andere auch!" Eine positive Haltung macht es deinen Kundinnen und Kunden viel leichter, den empfohlenen Schritt zu gehen.

Vorannahmen

Du formulierst eine Vorannahme, die nicht bewiesen ist, die deinen Kundinnen und Kunden allerdings dabei hilft, das erwünschte Ergebnis zu erzielen: „Du wirst immer bessere rentable Entscheidungen treffen, wenn deine Buchhaltung jederzeit aktuell ist."

Auswahltechnik

Häufig nutzen Eltern dieses Sprachmuster, wenn sie auf die harte Tour darauf gekommen sind. Kleinen Kindern zu sagen, was sie zu tun haben, ist häufig kontraproduktiv. Wenn ich meinem vierjährigen Sohn sage, er soll seinen Mantel anziehen, dann läuft er im kurzärmeligen T-Shirt im Schnee vor die Tür (wahre Geschichte!). Mein Sohn möchte seine eigenen

Entscheidungen treffen. Wenn ich ihm eine Wahl gebe, dann sage ich zum Beispiel: „Möchtest du den Mantel selbst anziehen oder soll ich dir helfen?“ Wir diskutieren nicht über das eigentliche Ziel: ihn in diesen Mantel zu bekommen. Weil er die Entscheidung als seine eigene Wahl sieht, versteht mein Sohn dies nicht als Anweisung.

Du kannst dieses Sprachmuster auch in der Arbeit mit deinen Kundinnen und Kunden anwenden. Wenn deine Kunden weiterhin damit zu kämpfen haben, ihre Buchhaltung wöchentlich zu erledigen, triffst du wahrscheinlich auf Widerstand, wenn du sagst: „Du musst einen festen Zeitpunkt für deine Buchhaltung festlegen.“ Es funktioniert möglicherweise besser, wenn du fragst: „Passt es dir besser, deine Buchhaltung morgens zu aktualisieren, zum Beispiel jeden Dienstag um 9.00 Uhr, oder wäre es besser für dich, wenn du das am Nachmittag einplanst, zum Beispiel jeden Donnerstag, um 15.00 Uhr?“ Klar ist, dass die Buchhaltung wöchentlich erledigt werden muss und jetzt organisiert ihr bloß noch die Details.

Zitate für mehr Klarheit nutzen

Manchmal hast du schwierige Botschaften zu überbringen. Manchmal musst du deinen Kundinnen und Kunden sagen, dass sie etwas Doofes gemacht haben, doch du weißt, dass du sie mit ganz klaren Worten vermutlich verärgerst. Dann kann es helfen, jemand anderen – einen unbekannten oder abwesenden Dritten – zu nutzen, um die schlechten Nachrichten zu überbringen. Zum Beispiel: „Kürzlich habe ich einen Aufsatz gelesen, in dem stand, dass Menschen morgens weit konzentrierter sind als am Nachmittag. Ich habe mich dann gefragt, ob es für meine Kundinnen und Kunden einfacher sein könnte, die Buchhaltung am Vormittag zu erledigen.“ Oder, wenn Kundinnen und Kunden darauf bestehen, dass die Arbeit mit dem Profit First Cash Management nicht funktioniert und zeitgleich erzählen, dass sie immer noch nachts wach liegen und sich Sorgen ums Geld machen, könntest du wiederum ein Zitat bevorzugen, anstatt selbst einen Rat zu erteilen oder zu kritisieren: „Das erinnert mich an ein berühmtes Zitat, das vielen Leuten zugeschrieben wird, unter anderem Mark Twain, Albert Einstein und Henry Ford: ‚Wenn du tust, was du immer schon getan hast, dann bekommst du, was du immer schon bekommst.‘“

Wie wendest du das Milton-Modell in der Praxis an? Zunächst ist es wichtig, dass du Einflussnahme nicht als unethisches Verhalten ansiehst, sondern als etwas, das ganz natürlich passiert. Es ist besser, Einflussnahme für dich arbeiten zu lassen, als gegen dich. Darüber hinaus ist es wichtig, dass du deinen Einfluss auf ethische Art und Weise einsetzt. Du solltest deinen Einfluss nicht nutzen, damit Menschen Dinge tun, die sie nicht tun wollen. Sondern dazu, sie dabei zu unterstützen, Dinge zu tun, die sie wirklich tun wollen, an die sie sich aber noch nicht herantrauen oder die sie noch nicht können. Es ist sinnvoll, Einflussnahme im Sinne von Ermutigung zu verstehen.

Ich selbst nutze das Milton-Modell häufig, insbesondere um Kundinnen und Workshop-Teilnehmer zu motivieren und ihnen das Gefühl zu geben, dass sie es schaffen können, also: um sie zu befähigen. Ich weiß, dass die Art und Weise, wie Menschen über sich selbst denken, einen großen Einfluss darauf hat, wie sie ihr Unternehmen führen und damit auch auf ihre Zufriedenheit und ihren Erfolg. Ich mache kleine Erfolge größer und unterstreiche die Fähigkeit meiner Kundinnen und Kunden, das zu tun, was sie tun können, ohne dass ihnen klar ist, dass sie es draufhaben.

10.2 Coaching-Fragen

Bei der Arbeit mit Kundinnen und Kunden sind Coaching-Kompetenzen enorm wichtig. Du nutzt Coaching-Kompetenzen, um deinen Kunden zu helfen, Entwicklungsschritte zu gehen, die sie ohne deine Hilfe vermutlich gar nicht gegangen wären. Es ist offensichtlich, dass du allein durch das Lesen dieses Buches, dieses Abschnitts nicht zu einem Coach wirst. Was ich dir zeigen möchte, sind einige grundlegende Coaching-Fragen, die du in vielen Situationen stellen kannst und die deinen Kundinnen und Kunden rasch weiterhelfen:

1. *Was ist dein Ziel?* – Diese Frage hat zahlreiche Varianten. „Was möchtest du nächstes Jahr erreichen?" „Wie viel Gewinn möchtest du dieses Jahr machen?" „Wo siehst du dich in zehn Jahren?" „Was möchtest du am Ende dieses Gesprächs erreicht haben?" Welche Variante dieser Frage du auch immer stellen magst, du forderst deine Kundinnen und Kunden auf, darüber nachzudenken, wo sie hinwollen. Jede Antwort

zu den Zielen, insbesondere bei größeren Zielen, führt zu weiteren Fragen. „Warum ist dir das wichtig?" „Was bedeutet es für dich, wenn du dieses Ziel erreichst?" Beginne nicht zu früh damit, deinen Kundinnen und Kunden „Wie"-Fragen zu stellen. Du solltest also nicht gleich fragen: „Wie willst du das erreichen?" Die Wie-Frage führt häufig sofort zu Hindernissen. Dabei ist es sehr wichtig, zunächst zu verstehen, was deine Kundinnen und Kunden sich wünschen.

2. *Was hindert dich daran?* – Sobald deine Kunden Dinge nicht erreichen, die sie sich sehr wünschen, kannst du eine Lösung anbieten. Doch die Frage danach, woran sie gescheitert sind, führt häufig zu besseren Ergebnissen. Die Kundinnen und Kunden entdecken dann selbst ihre Hindernisse – der erste Schritt auf dem Weg zur Lösung. Varianten dieser Frage sind: „Warum funktioniert es nicht?" „Was steht dir im Weg?" „Was ist der Hauptgrund?" „Warum hast du das bisher nicht in den Griff bekommen?" Diese letzte Frage enthält ebenfalls Miltons Sprache. Dadurch, dass du „bisher" einfügst, implizierst du, dass es letztlich funktionieren wird – und das kann sehr wirksam sein.
3. *Was ist die Lösung?* – Zusätzlich zur vorherigen Frage ist es auch besser, deine Kundinnen und Kunden zu fragen, welche Lösung sie sehen, als ihnen eine Lösung zu präsentieren. Auch hier gibt die Frage deinen Kunden zu denken und das ist weit machtvoller, als eine Lösung anzunehmen. Eine selbst erarbeitete Lösung ist weit leichter zu akzeptieren und kann schneller umgesetzt werden als eine Lösung, die von außen kommt. Kundinnen und Kunden übernehmen die Verantwortung für die Lösung, wenn sie sie selbst entwickelt haben. Varianten dieser Frage sind: „Wie willst du das lösen?" „Welcher Weg ist der beste?" „Wie findest du es heraus?"
4. *Wie kann ich dir helfen?* – Eine weitere wichtige Frage, ist die nach deiner Rolle in den Unternehmen deiner Kunden. Im Verlaufe eurer Beziehung kannst du diese Frage viele Male stellen. Ziele erreichen, weniger Zeit mit der Buchhaltung verbringen, einen besseren Überblick über den Stand der Finanzen, frühere Zahlungseingänge, Umwandlung von einer Einzelfirma in eine Kapitalgesellschaft ... all dies sind gute Gründe zu fragen „Wie kann ich dir damit helfen?" „Was erwartest du von mir?" „Wie kann ich dazu beitragen?"

Anstatt zu fragen, „Wie kann ich dir helfen?“, beantworten Expertinnen häufig die Frage, die sie im Kopf haben, die aber noch nicht ausformuliert wurde. Zum Beispiel sagen sie: „Ich kann diese Finanzberichte für dich vorbereiten“, „Ich maile dir den Stufenplan.“ „Kontaktiere …“ Rasch eine Lösung bei der Hand zu haben, fühlt sich häufig wie effizientes Vorgehen an, doch kann es sein, dass du nicht die beste Lösung für das Problem anbietest. Ein Problem zu erforschen und zu verstehen, kann möglicherweise mehr Zeit benötigen; aber das ist es wert. Der zweite Nachteil liegt darin, dass deine Idee *deine* Idee ist. Eine Lösung ist viel kraftvoller, wenn deine Kundinnen und Kunden selbst darauf kommen. Deine Kunden in die Entwicklung der Lösung einzubeziehen, bedeutet, dass sie mit größerer Wahrscheinlichkeit aktiv werden und dranbleiben.

5. *Was stört dich?* – Manchmal hast du einfach den Eindruck, dass irgendetwas deine Kundinnen und Kunden stört. Sie sind vielleicht ungewöhnlich ruhig oder abgelenkt, doch sprechen sie nicht offen über das, was ihnen im Kopf herumgeht. Stell einfach diese Frage. Probleme, die nur im Kopf deiner Kundinnen und Kunden existieren, könnt ihr nicht lösen. Bring sie an die Oberfläche. Du kannst die folgenden Möglichkeiten nutzen, deine Kunden dazu zu bringen, dies zu diskutieren: „Warum sagst du das?“, „Was stört dich?“, „Was ist los?“, „Was denkst du?“

Dies ist für die meisten Experten vermutlich die schwierigste Kategorie: nach Gefühlen zu fragen. Als Steuerberater, Buchhaltungsexpertin oder Experte auf einem anderen Gebiet denkst du möglicherweise, dass dies nicht zu deinem Business gehört. Schließlich bist du kein Psychologe, sondern ein Zahlenmensch – du befasst dich mit rationalen Dingen. Möglich, dass diese Fragenkategorie weit jenseits deiner Komfortzone liegt. Des ungeachtet möchte ich dich dazu auffordern, damit zu experimentieren. Der Punkt ist: Deine Kundinnen und Kunden sind aus Fleisch und Blut mit einem ganzen Sack voller Emotionen. Und diese Emotionen leiten sie in allem, was sie tun oder nicht tun. Diese Emotionen beeinflussen Erfolg und Misserfolg. Nach Gefühlen zu fragen, kann viele Dinge verdeutlichen und große Hindernisse aus dem Weg räumen.

10.3 Feedback

Kundinnen und Kunden machen Fehler, halten sich nicht an Vereinbarungen, ein Problem taucht unverhofft auf: All dies sind Punkte, an denen du Feedback geben möchtest. Feedback konzentriert sich für gewöhnlich auf das Verhalten des anderen, wie es bei dir ankommt und was du dir anders wünschst. Das macht Feedback sowohl wichtig als auch schwierig. Du magst etwas nicht – du möchtest es ändern. Das ist eine ziemliche Herausforderung. Es ist eine verbreitete Sorge, dass unsere Kundinnen und Kunden uns nicht mögen, wenn wir sie kritisieren. Jedoch ist genau das Fehlen von Feedback das, was wirkliche Probleme hervorruft. Wenn du zu wenig konstruktives Feedback gibst, bleiben Probleme bestehen. Kundinnen und Kunden schicken ihre Informationen weiterhin auf den letzten Drücker. Sie wollen Ausgaben absetzen, die sich nicht als Betriebsausgabe buchen lassen, selbst nachdem du ihnen erklärt hast, dass dies keine betrieblich verursachten Kosten sind. Oder sie kommen beständig zu spät zu Terminen. Wie kannst du so Feedback geben, dass dein Gegenüber das Feedback akzeptiert und dass wirklich Raum für Verbesserungen entsteht?

Ich möchte dir zunächst eine konkrete Feedback-Methode präsentieren. Danach führe ich dich kurz durch das Annehmen von Feedback.

Das SEED-Modell

Das SEED-Modell steht für Situation, Emotion, Effekt und Desired (erwünscht). Dies sind die vier Schritte, die du durchläufst, wenn du Feedback gibst. Das SEED-Modell ist besonders geeignet in Situationen, die über einfache inhaltliche Dinge hinausgehen, Situationen, in denen das Verhalten deines Gegenübers für dich problematisch ist.

Stell dir folgende Situation vor: Du hast einen noch neuen Kunden, der seine Verwaltung völlig unkontrolliert laufen lässt. Er ist Monate im Verzug mit dem Upload seiner Rechnungen und Belege. Zudem sind einige sehr praxisrelevante Fragen noch nicht beantwortet. Du hast ihn angerufen, angemailt und mit ihm darüber gesprochen. Nichts hat geholfen.

Du bist ziemlich enttäuscht, weil du wirklich begeistert davon warst, mit ihm zusammenzuarbeiten. Er hat ein rasch wachsendes Unternehmen und du hattest dich darauf gefreut, ihn dabei zu unterstützen, finanziell gesundes und rentables Wachstum zu ermöglichen. Doch nur sehr wenig von deinen Plänen hatte sich umsetzen lassen. Ohne Zahlen, Kontakt und Antworten kannst du nicht viel tun. Du triffst ihn in deinem Büro.

Kaum sitzt er, beginnt er zu reden: „Ich bin nicht sonderlich zufrieden," sagt er. „Ich bezahle dir mehr als meinem vorherigen Steuerbüro, doch ich sehe noch keinen Zusatznutzen. Ich weiß noch immer nicht, wie es meinem Unternehmen geht. Ich habe einfach nicht das Gefühl, dass ich einen Einblick in meine Zahlen habe. Der Umsatz steigt, doch ich habe nicht mehr Geld übrig."

Dein Herzschlag beschleunigt sich sofort. Dir wird heiß und du würdest jetzt am liebsten gehen und die Tür dabei hinter dir zuschlagen. Aber das tust du nicht. Du hörst zu, fasst zusammen und gibst Feedback nach dem SEED-Modell.

„Du bist nicht zufrieden, weil du keinen Zusatznutzen in meiner Leistung siehst (*Zusammenfassung*). Ich kann mir vorstellen, dass du dich unzufrieden fühlst. Ich bin auch nicht zufrieden damit, wie die Dinge jetzt laufen. Es frustriert mich, dass wir in dieser Situation sind (*Emotion*). Die Sache ist die, dass ich keine Informationen habe (*Situation*), um dich gut beraten zu können (*Effekt*). Ungeachtet meiner wiederholten Bitten habe ich nicht alle Unterlagen und alle Antworten auf meine Fragen (*Situation*). Ich wünsche mir nichts so sehr, wie dich dabei zu unterstützen, ein finanziell gesundes und rentables Unternehmen aufzubauen. Deshalb ist es wichtig, dass auch du deine Aufgaben erledigst. Sollen wir gemeinsam einen erneuten intensiven Blick auf die Arbeitsteilung werfen: Wer tut was und wann? (*Desired*)."

Wie du im obigen Beispiel sehen kannst, nutze ich die Elemente des SEED-Modells, aber sie stehen nicht unbedingt in einer festen Abfolge. So läuft das in der Regel im richtigen Leben. Lass uns die einzelnen Teile analysieren:

- *Situation* – Es ist wichtig, dass du die Fakten benennst. Was ist passiert? Was hat jemand gesagt? Die Herausforderung besteht darin, reine Fakten zu präsentieren. Lass an dieser Stelle deine Emotionen außen vor und verurteile den anderen auf gar keinen Fall. Du darfst nicht etwa sagen, „Tolle Geschichte. Und wie zum Teufel soll ich Berichte erstellen, wenn du zu faul bist, Rechnungen einzuscannen?" Diese Antwort ist voll mit Emotionen und zudem beleidigst du deinen Kunden. Das kann natürlich zu einem Streit führen. Trenne deine Emotionen von den Fakten und richte nicht über die andere Person: „Die Sache ist die, dass ich keine Informationen habe. Ungeachtet meiner wiederholten Bitten habe ich nicht alle Unterlagen und alle Antworten auf meine Fragen."

- *Emotion* – Es bleibt im SEED-Modell Raum für dich, um deine Gefühle auszudrücken. Du bist ein Mensch aus Fleisch und Blut, und wenn es für dich keinen Raum gibt, deine Emotionen in Worte zu fassen, werden einige Dinge ungesagt bleiben, was negative Auswirkungen auf die Beziehung haben kann. Lass deinem Frust nicht freien Lauf. Verurteile deinen Kunden nicht, indem du ihm sagst, dass er faul ist. Doch sag ihm, wie du dich in dieser Situation fühlst. „Ich kann mir vorstellen, dass du dich unzufrieden fühlst. Ich bin auch nicht zufrieden damit, wie die Dinge jetzt laufen. Es frustriert mich, dass wir in dieser Situation sind."
- *Effekt* – Teile ihm mit, welche negativen Konsequenzen diese Situation hat. Dass dein Kunde dich nicht exakt und pünktlich mit Informationen versorgt, bedeutet, dass du in deiner Arbeit behindert wirst, deine Expertise zur Verbesserung seiner Rentabilität einzusetzen.
- *Desired* – Erläutere, welche Lösung du siehst. Wenn du keine Lösung vorschlägst, ist das Feedback nicht vollständig. Nur Fakten und Emotionen auszutauschen, reicht nicht. Ihr könnt einander vielleicht besser verstehen, aber nichts wird sich ändern. „Ich wünsche mir nichts so sehr, wie dich dabei zu unterstützen, ein finanziell gesundes und rentables Unternehmen aufzubauen. Deshalb ist es wichtig, dass auch du deine Aufgaben erledigst. Sollen wir gemeinsam einen erneuten intensiven Blick auf die Arbeitsteilung werden: Wer tut was und wann?"

Der Grund dafür, dass Feedback mit dem SEED-Modell sehr gut funktioniert, ist, dass du Fakten und Emotionen voneinander trennst, ohne eins von beidem zu ignorieren. Sobald irgendetwas hochkocht, kommt möglicherweise alles (die Situation, die Konsequenzen und deine Emotionen) in einer großen Explosion an die Oberfläche: „Das ist alles deine Schuld, du faule Sau!" Deinem Frust wütend freien Lauf zu lassen, fühlt sich vielleicht für einen Moment gut an – aber das wird das Problem nicht lösen.

SEED-Feedback gibst du nicht aus dem Bauch heraus, besonders nicht die ersten paar Male. Für dieses Feedback brauchst du Vorbereitung.

Nimm ein Blatt Papier, schreibe die vier Buchstaben untereinander darauf und schreibe die entsprechenden Informationen neben jeden Buchstaben. Du wirst sehen, dass allein schon das Aufschreiben der unterschiedlichen Elemente der Situation es dir leichter macht, deine Gefühle unter Kontrolle zu behalten.

Feedback bekommen

Feedback zu bekommen ist möglicherweise genauso schwierig, wie Feedback zu geben. Jemand kritisiert dich! Seien wir ehrlich: Niemand wird gern kritisiert. Du wirst sehen: Wenn du Feedback gut anzunehmen weißt, macht dich das zu einem sehr machtvollen Berater. Die Fähigkeit, Kritik anzuhören und zu akzeptieren und erwachsen darauf zu reagieren, erzeugt Respekt.

Eine natürliche Reaktion auf Kritik ist es, sich zu verteidigen. „Das ist nicht wahr!" oder „Ja, aber das ist, weil …" Beide Alternativen sind kontraproduktiv. Wenn du dir Feedback nicht anhören kannst, fühlen sich andere Menschen nicht gehört. Sie werden sich wehren und daraus entsteht ein Konflikt.

Schau dir dieses Beispiel an:

Mann: „Du bist so unordentlich! Warum machst du immer so ein Chaos in der Küche?"
Frau: „Tu ich nicht! Wann hast du zuletzt den Müll rausgebracht?"
Mann: „Oh, doch! Auf der Arbeitsplatte stehen mindestens acht Gläser, die du jeden Tag benutzt!"
Frau: … (Ok, ich denke, du verstehst, wohin das führt.)

Der erste Punkt ist: Der Mann gibt das Feedback nicht den Regeln entsprechend. Doch so läuft das im richtigen Leben: Gefühle und Fakten sind miteinander verwoben und wir urteilen rasch. Doch die Frau in diesem Beispiel ist auch nicht gut darin, Feedback entgegenzunehmen. Sie geht sofort in die Defensive und schlägt zurück. Der Mann fühlt sich nicht gehört und teilt erneut aus.

Wie hätte die Frau anders reagieren können? Idealerweise wäre sie offen für das Feedback ihres Partners und hätte es angenommen. Sie hätte sagen können: „Stimmt, es ist tatsächlich unordentlich in der Küche. Ich habe mein Durcheinander heute noch nicht aufgeräumt.“ Damit wäre das Ganze beendet gewesen.

Regeln zur Feedback-Annahme:

- *Zuhören* – Höre darauf, was die anderen sagen und sagen wollen, und zeige, dass du das gehört hast. Danke ihnen für das Feedback, sofern das angemessen ist. Gehe nicht in die Defensive. Feedback kann sich manchmal hart anhören, doch das Gegenüber fühlt sich vermutlich auch unwohl dabei. Deine Diskussionspartner versuchen, wichtige Dinge anzusprechen, also versuche, ihre Intentionen zu verstehen. Was stört sie?
- *Fragen stellen* – Bitte um eine Erklärung, falls dir etwas unklar ist. Stelle mehr Fragen. Versuche zu verstehen, was wirklich los ist.
- *Annehmen oder nicht* – Entscheide, ob dieses Feedback von dir ein Handeln erfordert oder nicht. Du hast die Wahl. Du musst ebenfalls entscheiden, ob du dem Feedback-Geber mitteilst, was du mit dem Feedback anfängst. „Danke für dein Feedback, aber ich werde in der Sache nichts unternehmen,“ bedeutet, dass du noch immer das letzte Wort haben möchtest. Du gießt noch ein bisschen Extra-Öl ins Feuer, was nicht die weiseste Entscheidung sein dürfte, wenn dein Ziel darin besteht, den Konflikt aufzulösen.

Zum Abschluss dieses Abschnitts gebe ich dir ein weiteres Beispiel, wie du Feedback gut annehmen kannst. Eine Kundin ist gerade im Prozess der Umwandlung ihres Unternehmens von einer Einzelfirma in eine GmbH. Du unterstützt sie in diesem Prozess. Sie ruft dich an und sagt: „Hast du einen Augenblick Zeit für mich? Ich denke darüber nach, Hilfe von jemand anderem anzunehmen. Ich bin immer verwirrter. Ich verstehe dich einfach nicht.“ Eine gute Reaktion könnte so ausfallen: „Oh, das schockt mich ein wenig. Ich habe ganz und gar nicht die Absicht, dich zu verwirren. Was genau macht es schwierig für dich, mich zu verstehen?“ Die Kundin fühlt sich gehört und die Kommunikationskanäle sind offen. Es besteht eine reale Chance, dass das Problem gelöst werden kann und die Kundin bei dir bleibt.

Action Step

Dank des Action Steps am Ende des vorhergehenden Kapitels legst du, wenn alles gut läuft, immer mehr Aufmerksamkeit auf deine Gespräche. Du nimmst wahr, was funktioniert und was nicht und du kannst mit unterschiedlichen Werkzeugen herumexperimentieren. Jetzt nimmst du die Werkzeuge aus diesem Kapitel und fügst sie denen aus dem vorherigen Kapitel hinzu. Schau, wo du bewusst beeinflussen oder Coaching-Fragen stellen kannst und falls du Feedback zu geben hast, bereite dies mit Hilfe des SEED-Modells vor.

Dieses Kapitel befasst sich mit Kommunikationsmethoden, die du einsetzt, wenn die Umstände es erfordern: Beeinflussung, Coaching-Fragen und Feedback. Das nächste Kapitel dreht sich um dein Unternehmen, darum, wie du dein Unternehmen gestaltest, damit es ohne dich läuft.

11 Dein Unternehmen als gut geölte Maschine

„Erfolgreiche Unternehmer gestalten ihr Unternehmen so, dass es ohne sie läuft."
– Mike Michalowicz

Als ich in meinem Büro ankam, lag da ein Brief mit einer ausländischen Briefmarke auf meinem Tisch.

Liebe Femke,

danke dir, auch im Namen meiner Frau. Wir sind in Spanien und ich habe kein Laptop dabei. Sonst hätte ich dir eine Mail geschrieben 😉

Bevor ich zum Gewinnberater wurde, wäre ich niemals ohne Laptop auch nur für einen halben Tag weggefahren. Ich habe immer gearbeitet und mich meiner Frau und den Kindern gegenüber immer schlecht gefühlt. Jedes Wochenende, jeden Urlaub war mein Kopf voll mit tausend und einer offenen Frage – Tag und Nacht. Der Kunde, der über Monate keine Zahlen übermittelt hatte und jetzt ganz dringend die aktuellen Unterlagen für eine Finanzierung brauchte. Die 167 Mails in meiner Inbox, die um meine Aufmerksamkeit buhlten. Fragen von Mitarbeitern, Kundinnen und Kunden, Lieferanten. Mein Bankkonto, das seit Wochen auf einem beunruhigend niedrigen Niveau stand.

And dann tauchte Peter plötzlich mit dir auf, weil er seine Zahlen nicht verstand. Das war der Tropfen, der das Fass zum Überlaufen brachte. Das war ein echter Weckruf. In den folgenden Wochen begann ich, mich und mein Unternehmen mit anderen Augen zu sehen. Plötzlich erkannte ich das Bild, das ich der Welt bot: das eines erfolgreichen Unternehmers, der frei ist von den Unannehmlichkeiten des Angestelltendaseins, der die Freiheit hat, seine eigenen Entscheidungen zu treffen und der darüber hinaus jeden Cent, den er verdient in seine eigene Tasche stecken kann. Dieses Bild war nichts anderes: nur ein Bild. Die Wahrheit war schrecklich. Ich arbeitete mehr Stunden pro Woche, als ich je im Angestelltenleben gearbeitet hatte. Ich wurde von einem endlosen E-Mail-Strom meiner Kundinnen und Kunden kontrolliert. Ich musste sogar noch härter arbeiten als je zuvor, doch nicht nur in meiner Branche, sondern ich wurde auch mit allen möglichen Zusatzaufgaben überschüttet: von Marketing und Akquise bis Vertragsmanagement, von meiner eigenen Buchhaltung und Lohnbuchhaltung bis zum Webseiten-Management. Es hörte einfach nicht auf.

Es war schon lange her, dass ich meine Arbeit wirklich gern gemacht hatte, mein Einkommen war sehr flexibel und manchmal sogar niedriger als das erste Gehalt, das ich nach meinem Abschluss verdiente. Als du und Peter bei mir aufschlugt, wurde mir klar, dass ich nicht einmal die Qualität ablieferte, von der ich selbst immer sprach. Das machte mir Bauchschmerzen, aber führte auch dazu, dass ich aktiv wurde. Ich stellte mir selbst einige fundamentale Fragen:

Warum möchte ich eigentlich ein Unternehmen führen? Was möchte ich wirklich? Für mich selbst, aber auch für meine Kundinnen und Kunden? Wie unterscheide ich mich von anderen Steuerberatern? Wie kann ich gute Ergebnisse abliefern, ohne mich selbst zu Tode zu arbeiten? Und schließlich: „Wie kann ich mich von meinen täglichen Sorgen befreien, damit ich an meinem Unternehmen arbeiten kann und nicht in ihm?" Das war keine leichte Zeit. Doch jetzt bin ich seit zwei Wochen ohne Laptop in Spanien.

Und heute Nachmittag bin ich mit meinem Sohn in ein kleines spanisches Dorf gelaufen, um in einem kleinen Laden eine Briefmarke zu kaufen.

Adios, Greg

***

Du weißt, wer deine idealen Kundinnen und Kunden sind, welche Probleme sie haben und du hast eine einzigartige, erprobte und effektive Methode, mit der du zur Lösung dieses Problems beitragen kannst. Du kannst deine Rolle einnehmen und die richtigen Fragen stellen. Du wirst für den Nutzen bezahlt, den du stiftest, nicht für die Zahl der Stunden, die du arbeitest.

Glückwunsch: Du bist Gewinnberater!

Eine Sache wäre da noch … Du möchtest, dass die Lösung so effizient wie möglich geliefert wird. Und diese Lieferung sollte nicht vollständig von deiner eigenen operativen Zeit und Energie abhängig sein. Du möchtest, dass dein Unternehmen in der Lage ist, die Lösung zu liefern.

11.1 Was ist ein Unternehmen?

Lass uns mit einer Definition beginnen. Ich verstehe unter dem Begriff „Unternehmen": *Eine engagierte, rentable Organisation, die eine Problemlösung für ihre Kundinnen und Kunden verkauft und diese Lösung so effizi-*

ent wie möglich liefert. Viele Unternehmer, vielleicht auch du, gründen ihr Unternehmen aus Leidenschaft (sie mögen etwas sehr gern), mit einer Mission (sie möchten einen Beitrag zu einer besseren Welt leisten) oder mit einer spezifischen Qualität im Blick (sie können irgendetwas besonders gut). Auch wenn all diese Dinge essenzielle Zutaten sind, reichen sie nicht aus, um ein erfolgreiches Unternehmen zu betreiben.

Viele Finanzexpertinnen, die ein Unternehmen haben, machen den Fehler und denken, dass es für die Gründung des eigenen Unternehmens ausreicht, die technische Seite zu meistern (zertifizierter Bilanzbuchhalter oder Steuerberater zu sein). Doch nichts könnte der Wahrheit ferner liegen: Dass du ein guter Steuerberater bist, sagt nichts darüber aus, welche Qualitäten du als Führungskraft hast. Es bedeutet auch nicht, dass du das richtige Wissen und die Kompetenzen besitzt, um ein Unternehmen zu unterhalten. Das führt dazu, dass manche Steuerberater oder Buchhalterinnen, die ein Unternehmen gründen, nach einiger Zeit feststellen, dass sie nicht etwa ein Unternehmen haben, sondern einen schlecht bezahlten Job mit einem miesen Chef (der sie selbst sind), in dem sie lächerlich viele Stunden zu arbeiten haben und jede Menge Risiko tragen.

Sowohl die Finanzexperten als auch ihre Kundinnen kämpfen mit demselben Phänomen. Du, der Steuerberater, musst dich an den technologischen Wandel anpassen, wertvolleren Service bieten und einen Weg finden, der sicherstellt, dass du nicht persönlich jeden Bereich deines Unternehmens managen musst. Genauso ist es auch bei deinen Kundinnen und Kunden, die mehr brauchen, als ein bloßes Steuerbüro. Sie brauchen Gewinnberatung. Dieses Kapitel gibt dir die Werkzeuge an die Hand, die du brauchst, um dein Steuerbüro in eine Maschine umzuwandeln, die mehr Geld verdient, selbst wenn du anderweitig beschäftigt bist. Und indem du diesen Prozess für dein eigenes Unternehmen erlernst, verstehst du, wie du deinen Kundinnen und Kunden helfen kannst, ihrerseits bessere und besser abgesicherte Unternehmer mit größeren Freiheitsgraden zu werden.

Denk mal darüber nach. Sowohl du als auch deine Kundinnen und Kunden, ihr verdient vermutlich kein Geld, wenn ihr im Urlaub seid. Wenn du krank wirst, hat dein Unternehmen ein Problem und wenn du stirbst, ist dies auch das Ende deines Unternehmens. Der Unternehmer ist das Unternehmen. Der unternehmerische Traum (mehr Freiheit, mehr

Zeit, mehr Geld) wird zu einer Farce ... bis heute. Der Rest dieses Kapitels gibt dir die Werkzeuge an die Hand, dein Unternehmen so umzugestalten, dass es Geld verdient, wenn du schläfst und mehr Kundinnen und Kunden zu erreichen, denen du helfen kannst, ihre eigenen Unternehmen umzugestalten. Während ich dich anspreche – Finanzexperte und Gewinnberater –, sei dir dessen bewusst, dass viele der Strategien, die du in diesem Kapitel erlernst, sich auch auf die Unternehmen deiner Kundinnen und Kunden anwenden lassen.

Meine Definition von „Unternehmen", eine engagierte, rentable Organisation, die eine Problemlösung für ihre Kundinnen und Kunden verkauft und diese Lösung so effizient wie möglich liefert, enthält neun wichtige Elemente. Ich gehe sie einzeln in einer leicht abgewandelten Reihenfolge durch:

1. *Engagiert* – Die Organisation muss engagiert sein. Damit meine ich, dass sie auf der Basis einer klaren Mission und Vision arbeitet, dem Antrieb der Organisation. Eine Organisation mit einem solchen Engagement inspiriert, orientiert, trifft Entscheidungen und erreicht große Ziele. Eine Organisation, die nicht von einer klaren Mission und Vision befeuert wird, ist eine agierende leere Hülle. Letztlich profitiert niemand davon.
2. *Rentabel* – Ohne Gewinn gibt es kein nachhaltiges Unternehmen.
3. *Organisation* – Die Organisation muss das Problem lösen, nicht du oder die Mitglieder deines Teams als Individuen, sondern eine Entität, die aus Menschen, Systemen und Prozessen besteht. Dank der Organisation sind die Ergebnisse, die dein Unternehmen erreicht, nicht von dir als Unternehmer abhängig. Ohne Organisation gibt es kein Unternehmen.
4. *Problem* – Es muss ein eindeutiges Problem geben, ein Problem, für das deine Kundinnen und Kunden eine Lösung benötigen. Sobald du weißt, wie du dieses Problem effizient lösen kannst, erzeugst du Mehrwert und hast die Basis für ein rentables Unternehmen.
5. *Kunden* – Es muss einen idealen Kunden, eine ideale Kundin mit einem Problem geben, das du lösen möchtest. Je besser du diese idealen Kundinnen und Kunden kennst, umso leichter kannst du sie finden und umso besser kannst du ihnen dein Produkt verkaufen.

6. *Lösung* – Wenn du die Probleme deiner idealen Kundinnen und Kunden kennst, kannst du mit einer Lösung aufwarten. Auf den ersten Blick haben die meisten Steuerbüros eine Lösung für das Problem ihrer Kundschaft. Sie bieten Buchhaltungsservices, erstellen Jahresabschlüsse und machen die Gehaltsabrechnungen. Doch nur wenn du diese Lösung besser, schneller oder billiger anbieten kannst, hast du ein Unternehmen mit Potenzial. Du könntest zahlreiche Niederlassungen eines solchen Unternehmens aufmachen, wenn du wolltest. Solch ein Unternehmen ist vermarktbar, weil es einen Wert hat, der über deine individuellen Qualitäten und dein eigenes Wissen hinausgeht.
7. *Verkaufen* – Die Lösung für das Problem muss verkauft werden, bevor sie geliefert werden kann. Das bedeutet, dass es eine starke Marketing- und Vertriebsstrategie geben muss.
8. *Liefern* – Nur wenn die Lösung abgeliefert wird, hat der Unternehmer seinen Teil der Abmachung erfüllt. Qualität und Kundenzufriedenheit sind wichtige Elemente mit Blick auf die Lieferung.
9. *Effizient* – Wir möchten das Problem zudem so effizient wie möglich lösen. Effizient bedeutet, dass das Problem mit dem optimalen Ressourceneinsatz (Zeit und Geld) gelöst wird, denn das ist der Schlüssel zur Gewinnerzielung.

Dieses Kapitel gibt dir die grundlegenden Zutaten, dein Unternehmen in eine gut geölte Maschine zu verwandeln: 1.) Ziele, Strategien und Plan; 2.) Prozesse; 3.) Systeme und Automatisierung; 4.) Team. Wenn all diese Dinge an ihrem jeweiligen Platz sind, wird dein Unternehmen nicht länger von deinem Engagement oder deiner Anwesenheit abhängen. Dein Unternehmen kann Probleme lösen, Mehrwert generieren und Umsätze erzielen, auch wenn du nicht da bist.

11.2 Ziele, Strategie und Plan

Für viele Unternehmer ist es ein großes Problem, dass sie von den Herausforderungen des Alltags überwältigt werden. Sie kommen ins Büro, starten ihren PC und arbeiten ihr Postfach ab. Sie lassen die Welt da draußen entscheiden, was sie wann für wen erledigen. Wenn Kunde A etwas braucht, dann beginnen sie mit der Arbeit für den Kunden A.

Wenn Kundin B offenbar etwas braucht, das zuvor noch nie geliefert wurde, ist das eine Möglichkeit, Geld zu verdienen, also wird das Produkt extra für Kundin B entwickelt. Das Unternehmen stolpert von links nach rechts und kümmert sich nicht darum, eine eigene Vision zu entwickeln, sondern in der Hauptsache darum, die Wünsche Dritter zu erfüllen. Leider braucht es häufig längere Zeit, bevor der Unternehmer feststellt, dass das ein Problem darstellt, weil es recht gut möglich ist, auf diesem Wege genügend Geld zu verdienen – manchmal über Jahre. Doch früher oder später kommen Unternehmer, die einfach nur jeden Tag zur Arbeit gehen, ohne auf das große Ganze zu schauen, in eine Sackgasse. Das Team verliert die Motivation, der Inhaber verliert seinen Drive, die Kunden sind unzufrieden oder laufen gar weg.

Anstatt sich im Tagesgeschäft zu verlieren, hast du als Unternehmer die Verantwortung dafür, auf der Basis deiner Mission und Vision klare Ziele zu setzen und eine gute Strategie zu entwickeln. Wir haben Mission und Vision bereits in Kapitel 2 besprochen.

Langfristiges Ziel

Frage dich selbst: Wo möchte ich auf der Basis meiner Mission und Vision in fünf, zehn, fünfzehn Jahren stehen? Was möchte ich bis dahin erreicht haben? Weitere Fragen können sein:

- Wer sind meine idealen Kundinnen und Kunden?
- Was ist meine Lösung?
- Wie liefere ich diese Lösung?
- Wie groß ist mein Unternehmen?
- Habe ich ein Team? Falls ja, aus wie vielen Menschen besteht es und wer sind sie?
- Wie hoch sind mein Umsatz und mein Gewinn?
- Wie viel verdiene ich persönlich?
- Welche Rolle spielt Technologie in meinem Unternehmen?
- In welchem Bereich ermögliche ich Innovationen?

- Wer kennt mich? Nur meine Kundinnen und Kunden? Oder bin ich darüber hinaus sichtbar?

Eines meiner Ziele ist beispielsweise, dass bis 2030 70% aller niederländischen Unternehmer die Methode Profit First kennen.

Strategie

Wenn deine Mission und Vision klar sind und du weißt, was du zu tun hast, um deine Vision Wirklichkeit werden zu lassen, ist es wichtig, darüber nachzudenken, wie du deine Ziele erreichen kannst. Welchem Pfad willst du folgen?

Das Wort „Strategie" wirkt vielleicht vage und theoretisch. Du siehst dich schon tagelang schreiben und schwitzen und bis dein strategischer Plan fertig ist, wird er veraltet sein und du packst ihn in eine Schublade. Da stimme ich dir zu: Das wäre eine echte Verschwendung von Zeit und Energie. Also lass uns das mal nicht tun.

Allerdings möchte ich dir raten, darüber nachzudenken, wie du deine Ziele erreichen kannst. Wenn du mehr Umsatz brauchst: Wirst du deine Preise erhöhen oder deine Kundenbasis verdoppeln? Wenn du innerhalb von drei Jahren von hundert auf tausend Kundinnen und Kunden anwachsen möchtest: Welchen Plan verfolgst du? Wirst du ein anderes Unternehmen übernehmen? Wirst du darauf hinwirken, dass jeder Kunde einen neuen Interessenten mitbringt? Wirst du Vorträge halten, um deine Sichtbarkeit zu erhöhen? Wirst du über Facebook-Anzeigen ein E-Book im Tausch gegen E-Mail-Adressen anbieten?

Apropos Neukunden: Werden all diese Neukunden dein aktuelles Produkt kaufen oder möchtest du, dass sie etwas anderes von dir erwerben? Du musst wissen, wie du dein Ziel erreichst, sonst hast du keine Ahnung, was du nächste Woche tun musst oder morgen oder heute.

Von der Skizze zu den Details

Niemand weiß heute, wie die Welt nächstes Jahr aussehen wird. Deshalb musst du dich nicht abmühen, um detailliert auszuarbeiten, wie du deine Ziele im kommenden Jahr erreichst. Es ist wichtig, dass du eine grobe

Idee davon hast, wie du deine Ziele erreichen kannst. Das kann auf einem Zettel oder sogar in einem Absatz festgehalten werden.

Zum Beispiel:

Ziel:
Bis 2030 kennen 70% der Unternehmer die Methode Profit First.

Strategie:

1. X Profit First Professionals pro Jahr ausbilden, zertifizieren und unterstützen.
2. Zehn Vorträge pro Jahr vor jeweils mindestens 150 Unternehmern halten.
3. Sechs Artikel oder Interviews zu Profit First oder Gewinnberatung pro Jahr veröffentlichen.

Sobald die Skizze einmal fertig ist, schaue nicht weiter als ein Quartal oder maximal ein Jahr in die Zukunft.

Zeiten blocken und Unterstützung organisieren

Du legst deine Strategie nicht innerhalb einer beliebigen Stunde an einem vollen Montag im September fest. Am besten blockst du dir hierfür einige halbe Tage, an denen du und dein Team fern des Büros nur ein Thema diskutiert: Wie können wir unsere Ziele erreichen? Wenn du nicht weißt, wie du dies angehen kannst, engagiere einen Coach oder Profit First Professional, der dich durch diese Schritte systematisch hindurchführt.

Von langfristigen Zielen über Strategie zu täglichen Aufgaben

Deine Mission kann Leben verändernd sein, deine Vision magisch, deine Strategie präzise wie eine Nadel – doch wenn du heute nicht das Richtige tust, passiert gar nichts. Letztlich hängt Erfolg nur von einer Sache ab: kontinuierlich die richtigen Dinge tun.

Die große Frage ist, wie du von deiner Mission, Vision, Strategie und deinen langfristigen Zielen zu konkreten Aktivitäten kommt, die du heute angehen kannst. Du erreichst das, indem du schrittweise deine langfristigen Ziele in Handlungen übersetzt, die du heute ausführen kannst.

Jeden Tag musst du aufs Neue wissen, was die eine Sache ist, die du zu erledigen hast. Du kannst das nur wissen, wenn du eine klare Vision davon hast, wie dein heutiges Tun dazu führt, dass du deine Vision erfüllen kannst.

Du formulierst Ziele vom Abstrakten zum Konkreten und vom Großen zum Kleinen. Um zu wissen, was du heute zu tun hast, musst du wissen, was dein Wochenziel ist. Um zu wissen, was dein Wochenziel ist, musst du deine Monats- und Quartalsziele wie dein Jahresziel kennen. Um zu wissen, worauf du dich dieses Jahr konzentrierst, musst du wissen, was dein Fünfjahresziel ist.

Jahresziel

Sobald du festgelegt hast, wo du in fünf, zehn oder fünfzehn Jahren sein möchtest, kannst du festlegen, was du dieses Jahr erreichen möchtest. Es ist wichtig, dass dein Zeil rentabel, erreichbar und ehrgeizig ist. Ein Ziel, das nicht zu Gewinn führt, ist kein nachhaltiges Ziel. Ein Ziel, das nicht erreichbar ist, demotiviert. Ein Ziel, das nicht ehrgeizig ist, demotiviert, weil es langweilig ist.

Zum Beispiel:

Ziele für dieses Jahr

1. Ausbildung, Zertifizierung und Unterstützung von 100 Profit First Professionals.
2. Ein Vortrag vor einer Gruppe von mindestens 1.000 Unternehmern und drei Vorträge vor mindestens 150 Unternehmern.
3. Ein Interview im nationalen Fernsehen zur Gewinnberatung.

Arbeitest du mit einem Team? Dann stelle sicher, dass das Ziel von deinem Team mitgetragen wird, damit deine Team-Mitglieder ihre tägliche Arbeit an deinem Ziel ausrichten können. Mein Team weiß, dass Ausbildung, Zertifizierung und Unterstützung der Profit First Professionals mein Hauptziel für dieses Jahr ist.

Sobald mein gesamtes Team zeitlich oder anderweitig an seine Grenzen kommt, wissen sie, dass die Arbeit für die Profit First Professionals immer wichtiger ist als jede andere Aufgabe. Das bietet Klarheit, hilft dabei, die richtigen Entscheidungen zu treffen und spart mir eine Menge Zeit und Energie, weil die Dinge, die ich an mein Team übergeben habe, nicht über einen Umweg wieder zu mir zurück gelangen.

Quartalsziel

Ein Jahr ist eine lange Zeit, deshalb wird ein Jahresziel – sei es auch noch so wichtig – rasch beiseitegeschoben. Schließlich hast du ja noch ein ganzes Jahr Zeit 😉. Auf der Basis deines Jahresziels solltest du mit deinem Team gemeinsam zu Beginn eines jeden Quartals Quartalsziele setzen. Quartalsziele sind nicht nur „nett". Die Intention ist dabei, dass sie innerhalb dieses Quartals auch erreicht werden. Das führt zu Erfolgserlebnissen: Du und dein Team, ihr arbeitet daran, eure Vision wahr werden zu lassen und das ist ein starker Antrieb. Sobald Quartalsziele nicht erreicht werden, versinken du und dein Team wieder im Tagesgeschäft. Das ist nicht das Ende der Welt, aber stelle sicher, dass ihr eure Ziele wieder aufnehmt und euch im nächsten Quartal wieder darauf konzentriert.

Quartalsziele sollten einzelnen Personen zugewiesen werden. Eine Person sollte je Ziel zuständig sein, um Verbindlichkeit einzuführen. Stellt sicher, dass jedes einzelne Quartalsziel erreichbar ist. Drei bis sieben Ziele sind pro Person und Quartal in der Regel leicht zu erreichen. Das hängt natürlich von der Art des Ziels ab. Quartalsziele sind keine To-Do-Liste, von der du dir Dinge nach Lust und Laune aussuchst. Dies sind alles Ziele, die zum großen Ganzen beitragen und deshalb wirklich alle erreicht werden müssen.

Stelle sicher, dass die Ziele sichtbar sind. Schreibe sie auf ein Whiteboard, hänge sie an ein Regal in der Büroküche und benenne sie jede Woche zu Beginn des Team-Meetings. Es muss klar sein, dass alle Bescheid wissen und wissen, worauf im jeweiligen Quartal der Fokus liegt.

Monats-, Wochen-, Tagesziel

Auf der Basis der Quartalsziele legen die Teammitglieder ihre eigenen Monats- und Wochenziele fest. Aus den Wochenzielen bestimmen die Team-mitglieder ihre Tagesziele, die sie an den Beginn eines jeden Arbeitstages legen.

Ich nutze für mich selbst eine sehr praktikable Lösung. Ich nehme ein Stück Flipchart-Papier und unterteile es in neun Felder, wie in Abb. 6 dargestellt.

Abb. 6: Beispiel: Terminplanung

Montag	Dienstag	Mittwoch	Donnerstag	Freitag

Diese Woche	Nächste Woche
Dieses Quartal	Nächstes Quartal

Von links nach rechts stehen die Wochentage. Darunter gibt es Kästen für diese und nächste Woche, für dieses und nächstes Quartal. Ich arbeite mit Post-Its, auf denen ich meine Ziele notiere. Jeden Montagmorgen lege ich auf der Basis meiner Quartalsziele die wichtigen Wochenziele fest.

Hier gebe ich mir selbst den Freiraum, meinem Wochenplan To-dos hinzuzufügen. Das gibt mir einen guten Überblick darüber, was ich jeden Tag zu tun habe. Das hilft mir dabei, Entscheidungen zu treffen: Was tue ich, was nicht? Darüber hinaus habe ich einen starken Fokus, denn ich weiß genau, was ich heute zu tun habe, um meine Monats-, Quartals- und

Jahresziele zu erreichen. Erfolg zu haben ist also weder Glück noch Zufall, sondern etwas, an dem ich täglich arbeite.

11.3 Prozesse

Jetzt, da du weißt, warum du was tust, wo du hinmöchtest und wie du dieses Ziel erreichst, ist es wichtig, die Prozesse in deinem Unternehmen so zu gestalten, dass du deine Ziele effizient und unter Beibehaltung höchster Qualitätsansprüche erreichst.

In seinem Bestseller „The E-Myth Revisited: Why Most Small Businesses Don't Work and What do Do About It", stellt Michael E. Gerber dich vor die Aufgabe, dein Unternehmen so aufzustellen, als wolltet du eine Fanchise-Kette daraus machen. Er zitiert McDonald's als leuchtendes Vorbild: Wo auch immer du auf der Welt einen Burger kaufst, du bekommst den gleichen Service, das gleiche Tempo, das gleiche Lächeln und mehr oder weniger das gleiche Produkt. Und McDonald's verdient viel Geld damit. Der Erfolg der Kette liegt nicht darin begründet, ob der CEO morgens mit leuchtenden Augen und voller Energie oder mit laufender Nase aus dem Bett kommt. McDonald's ist erfolgreich, weil es eine identische Lösung für den Bedarf der Kunden liefert, höchsteffizient und an festen Prozessen orientiert. Es ist deine Aufgabe, sagt Gerber, dein Unternehmen so aufzusetzen, als wolltest du eine Kette daraus machen. Stelle sicher, dass du Standardlösungen für die Probleme deiner Kunden hast, und vermeide es, diese Lösung von dir oder spezifischen Mitarbeitern abhängig zu machen. Lösungen, die von speziellen Individuen abhängen, beschränken deine Fähigkeit, deine Prozesse und dein Unternehmen zu skalieren.

Ich fand das eine spannende Frage: Wie könnte ich mein Unternehmen aufstellen, wenn ich eine Kette daraus machen wollen würde? Was ist das Hauptproblem, die Hauptfrage meiner Kunden und welchen Standard sollte ich definieren, um sicherzustellen, dass meine Prozesse jedes Mal so effizient wie möglich qualitativ hochwertige Lösungen erbringen?

Wenn du eine Buchhaltungsfirma oder Steuerberatungskanzlei hast, sind zahlreiche der Kundenprobleme klar: Die Konten müssen in Ordnung sein, die Umsatzsteuer muss abgeführt werden, die Einkommen- oder Unternehmenssteuern müssen erklärt werden. Es gibt mindestens drei Schwierigkeiten, denen sich die meisten kleinen Kanzleien beim Lösen der Probleme gegenübersehen:

1. Abhängigkeit von den Fähigkeiten und Eigenschaften der Menschen.
2. Überbewertung der eigenen Kenntnisse und Fähigkeiten.
3. Den Kunden die Regie überlassen.

1. Abhängigkeit von den Fähigkeiten und Eigenschaften der Menschen

Ich sehe, dass in vielen Unternehmen die einzelnen Mitarbeiter bestimmen, wie den Kunden geholfen wird. Jeder Mitarbeiter hat eine eigene Vision, Arbeitsmethode und Vorlieben, wie auch individuelle Stärken und Schwächen. Ein Mitarbeiter ist sehr strukturiert und eine andere Mitarbeiterin behauptet, alles im chaotischen Haufen auf ihrem Tisch jederzeit finden zu können. Einer liefert großartige Leistung bei hohem Druck, während ein anderer nur mit einer Aufgabe zugleich zurechtkommt. Einer hat eine Lieferliste für seine Kundinnen und Kunden zusammengestellt, auf die eine andere voll Erstaunen schaut. „Hey," siehst du sie denken, „das ist praktisch, so eine hätte ich auch gern!" Einer braucht viermal länger als der nächste, um eine bestimmte Aufgabe zu erledigen. Kurz gesagt, es gibt nicht einen einzigen Prozess oder ein einziges System, das genutzt wird.

Jetzt glaubst du vielleicht, dass das sinnvoll ist. Unterschiedliche Mitarbeiter haben unterschiedliche Charaktere, Stärken und Schwächen, Qualitäten, Handicaps und Kompetenzen. Natürlich liegt ein Teil des Unternehmenserfolgs darin begründet, dass du die richtigen Leute engagierst. Doch wirst du zweifellos ebenfalls feststellen, dass das Rad wieder und wieder neu erfunden wird. Dass du manchmal von der Ineffizienz bei einigen Aufgaben überrascht wirst und dass du häufig denkst, dass es auf lange Sicht viel Zeit sparen könnte, wenn ihr Zeit auf das Entwickeln des richtigen Formats verwenden würdet. Doch hast du noch immer nicht ausreichend viele Standardprozesse in deinem Unternehmen. Der tägliche Druck, der kontinuierliche Strom an Fragen, Aktivitäten und Aufgaben – all das ist so groß, dass du einfach nicht die Zeit hast, die Grundlagen zu sortieren. Und dadurch, dass du akzeptierst, dass du derart mit der Arbeit in deinem Unternehmen beschäftigt bist, dass du niemals Zeit hast an deinem Unternehmen zu arbeiten, bleibst du in diesem Teufelskreis gefangen. Du bleibst in deinem eigenen Unternehmen angestellt, anstatt CEO deines Unternehmens zu werden.

2. Überbewertung der eigenen Kenntnisse und Fähigkeiten

Zusätzlich zur Abhängigkeit vom Wissen und den Fertigkeiten von Mitarbeitern, gibt es ein weiteres Haupthindernis, das Experten überwinden müssen, bevor sie zu Führungskräften werden können: das Überbewerten ihrer eigenen Fähigkeiten. Ich höre, „In der Zeit, in der ich das erklärt habe, habe ich das schon fünf Mal gemacht." Oder, „Niemand kann das so gut wie ich." Alle Experten sagen das. Ich habe das selbst über Jahre gesagt. Und, natürlich, häufig stimmt es. Gut möglich, dass du aus diesem Grund dein eigenes Unternehmen gegründet hast. Du hast festgestellt, dass du Dinge besser und schneller erledigen konntest als andere. Tatsächlich ist es das, was deine Kundinnen und Kunden und dein Chef dir gesagt haben.

Doch so lange du deine Qualitäten als Finanzexperte als ein Kriterium nutzt, dein Unternehmen zu betreiben, wirst du niemals in der Lage sein, das Hamsterrad zu verlassen. Wenn du wirklich alles selbst tun möchtest, musst du akzeptieren, dass dir ein Job gehört. Und du musst akzeptieren, dass du dein Unternehmen bist und dass dein Unternehmen nicht ohne dich funktionieren kann.

3. Den Kunden die Regie überlassen

Ein drittes Problem, das ich erwähnen möchte, dreht sich um die Kunden. In vielen Steuerkanzleien diktiert der Kunde, was an jedem einzelnen Tag passiert. Reicht die Kundin Belege ein? Dann werden sie an diesem Tag oder im Laufe der Woche bearbeitet. Benötigt der Kunde einen Bericht für eine Finanzierung? Dann wird alle andere Arbeit für diesen „Notfall" zur Seite geschoben. Schließlich ist der Kunde immer am wichtigsten. Doch ein Unternehmen, in dem die meiste Arbeit von den Kundinnen und Kunden dirigiert wird, kann nicht effizient laufen.

Kundinnen und Kunden erschaffen Chaos, das du aufräumst. Kein Wunder, dass wir tausend und eine Sache zu erledigen haben und für immer hinterherhecheln. Kein Wunder, dass wir das Gefühl haben, keine Kontrolle zu haben. Weil wir keine Kontrolle haben. „Kann es denn auch anders laufen?" fragst du dich? Ja, es gibt sicher einen anderen Weg. Und das Großartige daran ist, dass es nicht nur dir hilft, sondern auch – oder vielleicht vor allem – deinen Kundinnen und Kunden.

Eines der größten Probleme deiner Kunden ist es, dass die Buchhaltung immer nach hinten gestellt wird. Sie möchten sie nicht machen – immer gibt es Wichtigeres. Sie müssen mit Kunden telefonieren, Newsletter verfassen. Die Buchhaltung kann immer auch morgen erledigt werden. Doch wenn deine Kundinnen und Kunden das jede Woche und jeden Monat sagen, dann stehen sie bald vor den entsprechenden Konsequenzen. Es sammelt sich ein gigantischer Rückstau an, sie müssen überall nach Belegen und Rechnungen suchen, haben keine Idee wo sie anfangen sollen und müssen bis weit in die Nacht hinein arbeiten. Die Abneigung gegenüber der Buchhaltung wird stärker. Und doch haben sie niemals die Vorteile der Buchführung erfahren – ihre Finanzdaten als Basis für Entscheidungsprozesse zu verstehen. Sobald du deine Kundinnen und Kunden darüber informierst, wie die Dinge in deinem Unternehmen erledigt werden, was du wann brauchst und was sie dafür bekommen, hilfst du ihnen dabei, Buchführungsgewohnheiten einzuführen. Die Vorteile sind riesig. Sie erschaffen für sich Frieden und erarbeiten sich Überblick. Sie können nachts wieder schlafen und haben manchmal sogar Lust, ihre Zahlen anzuschauen. Sie werden dir ewiglich für diesen Wandel dankbar sein und sie werden bereit sein, ihren Gewinnberatern ein ordentliches Honorar zu zahlen.

Die wichtigsten Probleme bei der Transformation eines Jobs in das Führen eines Unternehmens habe ich im Folgenden zusammengestellt:

- Es sind Menschen – Mitarbeiter und Inhaberinnen –, die für die Qualität und die Geschwindigkeit der Arbeiten zuständig sind.
- Die Inhaber können alles schneller und besser als andere und nehmen dies als Kriterium dafür, wer welche Arbeit macht.
- Die Kundinnen und Kunden bestimmen, was wann passiert, was zu Chaos führt.

Prozesse beschreiben

Die Lösung für die oben beschriebenen Probleme liegt darin, dein Unternehmen so aufzustellen, als wolltest du es zu einem Franchise machen. Das bedeutet, dass du darüber nachdenkst, was die wichtigsten Ergebnisse und

Produkte sind, welche Schritte gegangen werden müssen, um sie zu erreichen. Und diese Schritte beschreibst du anschließend. Alle Ergebnisse, Prozesse und Systeme sollten nach Möglichkeit einzig und allein prägend für dein Unternehmen sein, was dich letztlich von deinen Mitbewerbern unterscheidet.

Im folgenden Beispiel möchte ich dieses Prinzip verdeutlichen. Eine Steuererklärung abzugeben ist ein Beispiel für einen Prozess, der wieder und wieder durchgeführt wird, doch vermutlich mit wechselnden Ergebnissen. Maggies Kundinnen und Kunden reichen immer alles auf einmal ein, während Martin immerzu fehlenden Unterlagen hinterherläuft. Daniel reicht die Erklärungen für 80 Prozent seiner Kundinnen und Kunden vor dem Sommer ein, wohingegen Carmen keine einzige der Erklärungen vor dem Sommer abgibt. William gibt mehr Steuererklärungen ab als irgendjemand anders.

Lass uns dieses Beispiel nutzen, um die Schritte durchzugehen, die diesen Prozess beschreiben.

Schritt 1 – Die wichtigsten Produkte/Ergebnisse definieren

Welches Ergebnis hat der Prozess? Eine gute Antwort auf diese Frage kann nur dann gegeben werden, wenn du völlige Klarheit über deine Mission, Vision und Strategie hast, Ziele und eine Wechselwirkung von Prozessen. Im Beispiel der Steuerklärung ist das gewünschte Ziel das Einreichen der Erklärung zu oder vor einem Datum, das du mit deinem Kunden vereinbart hast.

Schritt 2 – Die Schritte festlegen, die bis zum Ergebnis gegangen werden müssen

Hier geht es nicht so sehr um die zu gehenden Schritte auf dem Weg zum Ergebnis in der aktuellen Situation, sondern um die Schritte, die gegangen werden müssen, um das festgelegte Ergebnis im Rahmen deiner Vision, Mission und Strategie so effektiv und effizient wie möglich zu erreichen. Unser Beispiel befasst sich mit den genauen Schritten, die gegangen werden müssen, um die Steuererklärung abzugeben.

Schritt 3 – Die Schritte beschreiben
Der dritte Schritt beschreibt den Prozess oder hält ihn auf Video oder Audio fest, sodass jeder die Beschreibung lesen, anschauen oder anhören kann.

Dieser Schritt hat für gewöhnlich mehrere Engpässe:

1. *Der Schritt wird übergangen.* Die häufig gehörte Entschuldigung lautet, dass es zu lange dauert und/oder dass der Prozess bereits veraltet ist, bis er erfasst wurde. An dieser Ausrede festzuhalten bedeutet, dass dein Unternehmen auf deine Anwesenheit und deine Entscheidungen angewiesen bleibt. Dies bedeutet, dass du niemals wirklich dorthin gelangen wirst, wo du hinmöchtest. Dieser Schritt ist wesentlich, doch mache ihn nicht größer, als er unbedingt sein muss. Eine Prozessbeschreibung braucht nicht zehn Seiten lang zu sein. Vielleicht ist es nicht einmal notwendig, die Prozessbeschreibung überhaupt zu Papier zu bringen. Wenn du zum Beispiel einen Prozess beschreiben möchtest, der am Rechner stattfindet, kannst du eine Aufzeichnung machen, während du den Prozess vollziehst. Die notwendige Software kostet vielleicht 100 Euro als einmalige Ausgabe. Doch selbst eine Beschreibung auf Papier braucht manchmal bloß eine Seite. Da der Prozess für gewöhnlich bereits in deinem Kopf ist, kann er innerhalb von 20 Minuten niedergeschrieben werden. Und danach kannst du den Prozess mit anderen gemeinsam durchführen oder delegieren.
2. *Dieser Schritt wird zu detailliert ausgeführt.* Einen Prozess zu beschreiben, muss keinen ganzen Tag dauern. Es hilft, wenn du dir bewusst machst, dass er niemals perfekt sein wird. Sobald etwas zu Papier gebracht worden ist, kann es eingesetzt werden. Jegliche Anpassungen können während der Arbeit mit dem Prozess erfolgen.
3. *Es werden zu wenige Informationen übergeben.* Das Gegenteil passiert ebenfalls häufig. Eine Beschreibung ist derart komplex, dass jemand anders keine Ahnung hat, wie damit umgegangen werden soll. Der „Prozess-Besitzer", ein Experte, vergisst, dass jemand anders ganz am Anfang beginnen muss. Es hilft, mindestens die folgenden Teile in einer Prozessbeschreibung zu berücksichtigen:

- *Ziel des Prozesses:* Was soll das finale Ergebnis des Prozesses sein?
- *Prozessschritte:* Welche Schritte beinhaltet dieser Prozess?
- *Vor-Prozess-Schritte:* Wer ist dafür zuständig, wann müssen sie erledigt werden und möglicherweise eine Erläuterung dazu.
- *Prozess-Schritte:* Wer ist dafür zuständig, wann müssen sie erledigt werden und möglicherweise eine Erläuterung dazu.

Der Prozess aus unserem Beispiel sieht dann aus wie in Abb. 7 gezeigt.

Prozess: Steuererklärung
Ziel des Prozesses: Steuererklärung einreichen zum oder vor dem mit dem Kunden vereinbarten Termin

Abb. 7: Beispiel einer Prozessbeschreibung

Nr.	Schritt	Wer	Wann	Erläuterung
1	Termin und Zeitschiene mit Kunden besprechen.	Steuerberater	Januar	Termin zur Einreichung in den Teamkalender eintragen. Zeitschiene schriftlich an den Kunden bestätigen und zur Projektplanung hinzufügen.
2	Belegliste an den Kunden schicken.	Sekretariat	Erste Februarwoche	Belegliste: Dropbox/Standard-E-Mails/ Einkommensteuer-Belegliste.
3	Vollständigkeitsprüfung der Belege entsprechend der Deadline.	Sekretariat	Ab März	Alle Deadlines für den Kunden stehen in der Projektplanung. Für den Fall fehlender Unterlagen, den Kunden auffordern, die Unterlagen zu vervollständigen; sobald vollständig: Buchhaltung informieren, dass Kundeninformationen vollständig sind.
4	Belege speichern.	Sekretariat	Bei Eingang	Alle Belege im Kundenordner ablegen.
…	Und so weiter.			

Schritt 4 – Dein Team darauf trainieren, den Prozess auszuführen
In Schritt 4 wurde das Team dahingehend ausgebildet, den Prozess so durchzuführen, dass jeder weiß, was erwartet wird. Weil Profis häufig eine Abneigung gegen Verwaltung haben, verlangt dieser Schritt echte Führungsqualitäten von dir. Es ist wesentlich, dass die Team-Mitglieder die Vorteile für ihre eigene Arbeit verstehen. Es ist recht wahrscheinlich, dass sie es hilfreich finden, wenn sie zum Beispiel eine Fragenliste haben, die sie während jedes Onboarding-Interviews zu stellen haben. Es wäre eine gute Sache, mit einem Prozess zu beginnen, dessen Vorteile für die Team-Mitglieder auf der Hand liegen. Sobald sie die Vorteile erleben, einen festen Prozess zu haben und ihm zu folgen, wird der Widerstand verschwinden. Der Beispiel-Prozess, den wir oben skizziert haben, zeigt exemplarisch, dass das Sekretariat viel von der Arbeit übernehmen kann. Die Chancen stehen gut, dass dieser Prozess mit offenen Armen begrüßt wird.

Schritt 5 – Den Prozess verbessern
Weder ein Unternehmen noch ein Prozess sind statische Einheiten. Ziele verändern sich, Strategien werden verändert, Einblicke unterliegen Veränderungen und auch Prozesse entwickeln sich. Jedes Mal, wenn du oder jemand aus deinem Team den Eindruck hat, dass der Prozess besser, schneller oder preiswerter durchgeführt werden kann, muss die Prozessbeschreibung angepasst werden. Wenn das nicht passiert, veraltet die Prozessbeschreibung rasch.

Eine Prozessbeschreibung in einem wunderschön gedruckten Hardcover-Unternehmenshandbuch zu verbessern, ist unmöglich. Stelle sicher, dass deine Prozessbeschreibungen sich auf einem gemeinsamen Ordner in der Cloud befinden, sodass jeder Zugriff darauf hat. Führe auch keine unnötigen bürokratischen Hürden ein, wie eine Bewilligung einer jeden Prozessänderung.

Sobald ein Prozess an ein Team-Mitglied übergeben worden ist, wird es deren Prozess und du musst dich nicht länger darum kümmern. Wenn Dinge anfangen, schiefzulaufen und Ziele nicht erreicht werden, weißt du, dass es an der Zeit ist, dich einzumischen. Aber nicht eher.

Wie anfangen?

Alle Unternehmensprozesse zu beschreiben kann wie eine unmögliche Aufgabe wirken – und das ist es vermutlich auch. Meiner Meinung nach ist das auch nicht notwendig. Die Idee dahinter ist, viel Zeit und Geld zu sparen und bessere Ergebnisse dadurch zu erzielen, dass die wichtigsten Prozesse aufgezeichnet und beschrieben werden. Deshalb beginnst du mit dem wichtigsten Prozess, dem Prozess, von dem du weißt, dass er in jeder Hinsicht rentabel sein kann.

Die folgenden Prozesse verdienen vermutlich Aufmerksamkeit. Jeder Prozess enthält eine Liste von Fragen, die du stellst.

Prozesse um Kunden-Belege

- Wann sollen Kundinnen und Kunden ihre Unterlagen einreichen?
- Wie häufig und auf welchem Wege verarbeiten wir die Kundeninformationen?
- Wie kommunizieren wir Fragen bezüglich der eingereichten Unterlagen?
- Wie gehen wir damit um, wenn Kundinnen und Kunden ihre Unterlagen nicht pünktlich/nicht korrekt/nicht vollständig einreichen?
- Welche Standard-E-Mails und Briefe nutzen wir in diesem Prozess? Wo und wie speichern wir sie?

Berichte für Kundinnen und Kunden

- Welche Standardberichte gibt es bei uns?
- Welche Berichte liefern wir auf Anfrage?
- Wie häufig berichten wir?
- Wie berichten wir?
- Wie gehen wir damit um, wenn Kundinnen und Kunden Rückfragen zu den Berichten haben?
- Wie und wo speichern wir die Berichte?
- Welche Standard-E-Mails und Briefe nutzen wir in diesem Prozess? Wo und wie speichern wir sie?

Steuererklärung einreichen

- Welchen Standardschritten folgen wir bei der Steuererklärung? Du gehst davon aus, dass alle Unterlagen verarbeitet werden können, weil die Prozesse um die Kunden-Belege sauber laufen.
- Wann und wie sprechen wir mit den Kundinnen und Kunden im Verlaufe des Prozesses?
- Welche Standard-E-Mails und Briefe nutzen wir in diesem Prozess? Wo und wie speichern wir sie?
- Welche häufigen Ausnahmen gibt es und wie gehen wir damit um?

11.4 Systeme und Automation

Du solltest nicht die Dinge selbst machen, die ein Computer für dich erledigen kann. Diese sehr schlichte Regel ist die wichtigste Erkenntnis dieses Abschnitts. Ein Computer erledigt die Arbeit billiger, schneller und mit weniger Fehlern. Allerdings ist das Optimieren des Systemeinsatzes nicht so ganz einfach. Alles beginnt mit der folgenden Frage: „Welches System aus den Dutzenden verfügbaren Systemen wollen wir einsetzen?“ Dann muss das System implementiert, an andere Systeme angeschlossen werden und das Team muss lernen, damit zu arbeiten.

Darüber hinaus müssen die Veränderungen im Prozess, die dieses neue System mit sich bringt, verarbeitet und möglicherweise auch deinen Kundinnen und Kunden vermittelt werden. Häufig haben wir das Gefühl, das für all das einfach keine Zeit ist. Deshalb machst du, was du immer schon gemacht hast, und verplemperst weiterhin tagtäglich Zeit und Geld.

Wenn du mit deinem Unternehmen den nächsten Schritt gehen möchtest, musst du strukturell Zeit und Geld verfügbar machen, um deine Kenntnisse über Systeme zu vertiefen. Das ist keine einmalige Angelegenheit. Technologische Entwicklungen sind so schnell, dass du kontinuierlich innovativ sein musst.

Ein System wählen

Sobald es mehrere Systeme für ein gewünschtes Ergebnis gibt, musst du dich entscheiden. Das trifft zum Beispiel auf das Buchhaltungssystem zu, mit dem du arbeiten möchtest, sowie auf den Server, das Sicherungssystem, den Kalender, die Telefonanlage, die Software für die Abgabe der Erklärungen beim Finanzamt und die Webinar-Software, um nur ein paar zu nennen.

Um das richtige System von den Dutzenden oder manchmal Hunderten von Systemen auszuwählen, musst du genau wissen, was das System für dich tun soll. Du brauchst einen Überblick über Spezifikationen. Je besser du und dein Team wisst, was das System für euch leisten soll, um so einfacher ist es, das richtige System zu wählen. Berücksichtige die folgenden Überlegungen bei deinen Spezifikationen:

- Wie sieht das erforderliche Ergebnis aus?
- Unterscheide die Nutzer: Team, Kundinnen und Kunden, andere.
- Welche Berichte soll das System ausgeben?
- Welche Schnittstellen zu anderen Systemen sind notwendig?
- Läuft das System lokal oder online? (Software as a Service – SaaS)
- Gibt es besondere Sicherheits- und Back-up-Vorgaben?
- Müssen unterschiedliche Profile für Nutzer erstellt werden?
- Wie viele Nutzer sollten zeitgleich auf das System zugreifen können?
- Welches Budget steht zur Verfügung?

Auf der Basis der Spezifikationen sprichst du mit Experten, Lieferanten und Partnerinnen, um das richtige System zu finden. Ich erläutere kurz einige Systeme, die die Arbeit einer Gewinnberatung erleichtern.

Buchhaltungssoftware

Die Wahl der Buchhaltungssoftware ist vermutlich eine der wichtigsten Entscheidungen einer Buchhaltungs- oder Steuerberatungskanzlei. Viele Steuerkanzleien arbeiten mit der von ihren Kundinnen und Kunden bevorzugten Software, doch dies kann zahlreiche Probleme mit sich bringen. Sobald ihr mit unterschiedlichen Systemen arbeitet, müssen du und dein Team auf all die verschiedenen Systeme angelernt werden, und alle anderen Systeme müssen darauf abgestimmt werden, alle Prozesse müssen über diese Systeme laufen können und so weiter. Du musst verstehen, dass es nicht der effizienteste

Weg ist. Ein einziges System für alle im Unternehmen spart jede Menge Zeit und Geld. Du verlierst deshalb möglicherweise potenzielle Kundinnen und Kunden, doch zugleich schaffst du Raum für Kunden, die mit deinem bevorzugten System arbeiten wollen und die deswegen weit mehr Gewinn für dich generieren werden. Zudem sind sie leichter zu finden, weil du eine klare Marketing-Message hast.

Meeting-Software

Sich persönlich zu treffen, bringt zusätzlichen Wert über ein Telefonat oder Online-Meeting hinaus. Sich immer persönlich zu treffen, kostet allerdings zu viel Zeit im Vergleich zu dem, was es bringt. Es gibt einige Gespräche, die du führen möchtest, während ihr am gleichen Tisch sitzt, wie zum Beispiel ein Onboarding-Gespräch. Insbesondere dann, wenn ich mit Kundinnen und Kunden über ihre Pläne für einen halben Tag zusammensitze, mache ich das am liebsten persönlich.

Viele andere Treffen können aber genauso gut über eine Online-Meeting-Software stattfinden. Zu deinen Kundinnen und Kunden zu fahren, erhöht den Zeitaufwand um viele Stunden und das gleiche gilt für den Fall, dass deine Kunden zu dir kommen: Sie verbrauchen kostbare Zeit, die sie nutzen könnten, um ihr Unternehmen voranzubringen.

Skype oder Zoom geben dir die Möglichkeit, deinen Kundinnen und Kunden deine persönliche Note vorzustellen und zugleich Zeit zu sparen. Zoom und andere Meeting-Software bieten kostenlose Versionen, doch es gibt auch ausgefeiltere Programme, die etwas kosten.

Online-Terminkalender

Bloß einen Termin zu machen, scheint keine große Sache, doch häufig wird viel Zeit damit vergeudet, E-Mails hin- und herzuschicken, um zu einer allen Seiten genehmen Zeit zu gelangen. Und wir alle wissen, dass Terminänderungen häufig vorkommen. Ein Online-Kalender, der sich mit deinem Kalender synchronisiert, nimmt dir eine Menge Arbeit ab. Deine Kundinnen und Kunden buchen ihre Termine selbst und diese tauchen automatisch in deinem Online-Kalender auf. Es gibt eine Reihe kostenloser und kostenpflichtiger Online-Kalender. Calendly und Acuity sind weit verbreitet.

Social-Media-Management-Werkzeuge

Wenn du Social Media für Unternehmenszwecke nutzt, wirst du bald feststellen, dass das Posten regelmäßiger Updates viel Zeit verschlingt. Doch regelmäßige Updates sind ein Schlüsselfaktor beim Erfolg in Social Media. Das ist der Punkt, an dem Social-Media-Management-Werkzeuge praktisch sind. Du sparst eine Menge Zeit, wenn du alle Tipps, Updates und Blogposts für eine Woche oder sogar einen Monat in einem Rutsch vorbereiten kannst. Natürlich kannst du immer noch zwischendurch spontan posten, doch zumindest hast du eine Basis, auf die du nicht länger achten musst. Häufig genutzte Social-Media-Management-Werkzeuge sind Buffer, Hootsuite und Post Planner.

Projektplanung

Sobald du mit einem Team arbeitest, gibt es Aufgaben, die übergeben werden müssen. Das kann mittels E-Mail passieren oder in Meetings, doch keine dieser Optionen ist sonderlich effizient. Online-Projektmanagement ist eine perfekte Art und Weise, alle Aufgaben und Projekte zu organisieren. Ich habe jahrelang mit der kostenlosen Version von Teamwork gearbeitet, aber auch Trello und Asana sind weitverbreitete Lösungen.

Online-Lernumgebungen

Als Teil deines Programms bringst du deinen Kundinnen und Kunden Wissen und Kompetenzen bei. Wenig überraschend, dass dies im 1:1 wenig effizient ist, weil es jedes Mal Zeit kostet, wenn du das tust. Darüber hinaus wird es nach einiger Zeit langweilig, weil du die gleiche Geschichte wieder und wieder erzählen musst. Es ist weit effizienter, den Content des Programms einmal ordentlich zu entwickeln – als Video, Audio oder E-Book – und dann jedes Mal darauf zu verweisen. Sobald Lehre ein wichtiger Teil deines Angebots oder Produkts wird, solltest du über die Entwicklung einer Lernumgebung nachdenken. Neue Kundinnen und Kunden bekommen Zugang, damit sie auf das Material leicht und von überall zugreifen können.

11.5 Ein starkes Team aufbauen und pflegen

Du hast alles automatisiert, was sich automatisieren lässt. Die Prozesse sind so durchkonzipiert, dass die Ergebnisse nicht auf Wissen und Fähigkeiten von dir oder einzelnen Teammitgliedern angewiesen sind: Das sind wichtige Schritte. Doch es ist noch nicht die vollständige Antwort auf die Frage, wie du dein Unternehmen in eine engagierte Organisation umbauen kannst, die die Probleme der Kundinnen und Kunden auf dem effizientesten Wege löst. In nahezu allen Fällen brauchst du Menschen, die Teile der Prozesse ausführen … dein Team.

Ein gutes Team aufzubauen und zu pflegen, das die Vision des Unternehmens voranbringt, das tut, was getan werden muss, das Wert generiert und in eine Organisation passt, ist nicht immer leicht. Es gibt zwei Aspekte im Aufbau eines Teams, die häufig schiefgehen:

- *Aufgaben und Verantwortlichkeiten sind nicht eindeutig aufgeteilt*

Wenn mehr Arbeit anfällt, als das aktuelle Team abarbeiten kann, engagierst du neue Leute. Diese Menschen sollen häufig existente Lücken füllen. Wenn ein Unternehmen mehrere Mitarbeiter auf diese Art und Weise anstellt, werden Aufgaben und Verantwortlichkeiten durchmischt und gehen durcheinander. Die Management-Assistenz ist auch zuständig für Facebook-Anzeigen. Einer der ersten Buchhalter im Team kümmert sich um Rechnungstellung. Die Inhaberin macht das Mahnwesen, weil sie das schon immer gemacht hat und niemand fragt, ob es wohl eine passendere Person für diese Aufgabe gibt. Weil neue Kundinnen und Kunden regelmäßig auftauchen, ist niemand für den Bereich der Akquise zuständig. Gibt es über einen Zeitraum hinweg keine neuen Kunden, weiß niemand, wie Akquise abläuft und welches Teammitglied dafür verantwortlich ist. Derartige Albtraum-Szenarien gibt es in Unternehmen auf der ganzen Welt, doch sind dies Situationen, die wir vermeiden können.

- *„Super klarkommen" ist kein wiederholbares Kriterium*

Neue Teammitglieder werden eingestellt, wenn sie die erforderlichen Zeugnisse und Fähigkeiten haben und wenn ihr „super klarkommt". Doch ist es unmöglich, festzustellen, warum ihr „super klarkommt" oder nicht, also ist es nicht möglich, eine tolle Passung dieser Art zu wiederholen oder eine Vollkatastrophe zu vermeiden.

In „Get a Grip" präsentiert Gino Wickman zwei Lösungen, die oben genannten Probleme zu lösen.

1. Erst die Plätze, dann die Leute
Wickman empfiehlt, dass Funktionen – Plätze – von den Leuten getrennt werden. Zumeist tun wir genau das nicht. In der Praxis hast du tolle Leute, die auf dem falschen Platz sitzen, und Teammitglieder, die auf dem Papier perfekt sind, aber einfach nicht ins Unternehmen passen:

- *Richtiger Mensch, falscher Platz* – Dieser Mensch passt hervorragend in die Organisation. Er teilt die Unternehmenswerte, kommt gut mit dem Team klar, aber funktioniert trotzdem nicht so richtig, weil er auf dem falschen Platz sitzt. Er versucht, Dinge zu tun, die er nicht kann oder nicht gut macht.
- *Richtiger Platz, falscher Mensch* – Dieser Mensch hat dem Papier nach die richtige Rolle oder Funktion, doch er passt nicht ins Unternehmen, trägt nicht zu Vision, Mission und den Zielen der Organisation bei. Niemand kann so richtig sagen, was es ist, aber alle haben das Gefühl, dass irgendetwas nicht so richtig läuft. Dieses Problem trifft oft auch auf bestehende Mitarbeiter zu. Die Menschen kommen nicht miteinander klar, doch niemand kann genau sagen, warum. Anstatt aktiv zu werden, lassen wir die Situation einfach vor sich hingären.

Wickman sagt, dass du beim Aufbau und der Pflege deines Teams zuerst darauf schauen musst, welche Plätze in deinem Unternehmen besetzt werden müssen, bevor du danach schauen solltest, wer auf diesen Plätzen sitzen soll. Das gibt dir, insbesondere dann, wenn du bereits ein Team hast, das nicht perfekt läuft, den Raum, den du brauchst, um Entscheidungen zu treffen, ohne von Emotionen beeinflusst zu werden. Bist du dabei, dein Team zu vergrößern? Dann traue dich, die Menschen gehen zu lassen, die du im Moment an Bord hast. Frage dich zuallererst, welche Plätze besetzt werden müssen. Mit anderen Worten: Zeichne ein Organigramm. Es ist ziemlich schwierig, das zu tun, ohne dabei an spezifische Leute zu denken. Du bist vielleicht versucht, zu sagen: „Nein, wir haben nicht das Budget, um jemanden fürs Marketing anzustellen." Oder „Pascal macht doch die Personalabteilung, oder nicht?" Wenn man bedenkt, dass Pascal ursprünglich als Controller eingestellt worden war, musst du dich von den Grenzen deiner aktuellen Team-Organisation befreien. Sage dir immer: „Wir schauen später auf die Leute im Einzelnen. Lass uns erst einmal schauen, welche Plätze wir haben."

Ein Beispiel für ein Organigramm eines kleinen Unternehmens findest du in Abb. 8.

Abb. 8: Beispiel für ein Organigramm eines kleinen Unternehmens

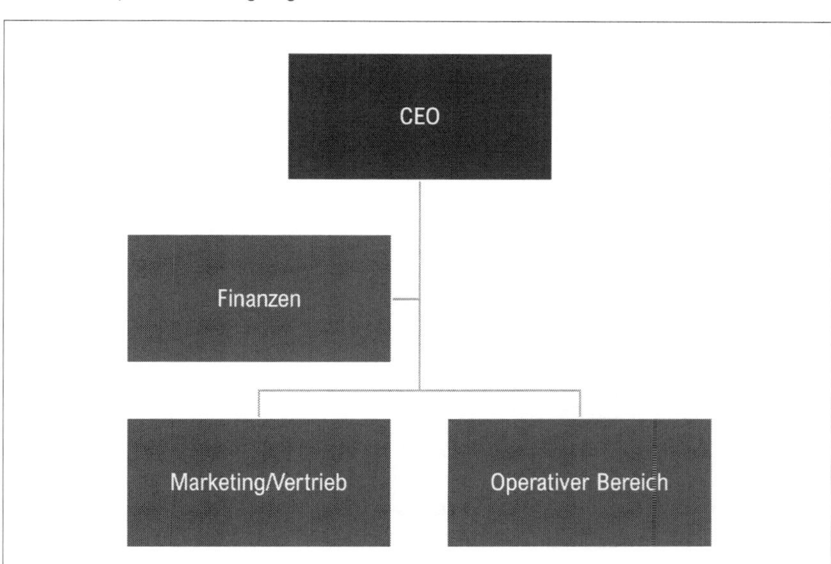

Sobald die Plätze bestimmt wurden, musst du festlegen, welche vier oder fünf Aufgabenbereiche zu jedem dieser Plätze gehören. Das sind keine umfangreichen Arbeitsplatzbeschreibungen, sondern lediglich ein paar Stichworte. Zum Beispiel:

CEO

- Schutz von Vision und Mission
- Strategie entwickeln und überwachen
- Management-Team führen

Finanzen

- Die Finanzabteilung führen
- Budget überwachen
- usw.

Marketing & Vertrieb

- Marketing- und Vertriebs-Team führen
- Marketing- und Vertriebsziele erreichen
- usw.

2. Die richtigen Leute anziehen

Sobald du mit deinem Management-Team einig bist mit Blick auf die Plätze, die besetzt werden müssen, ist es wichtig, nach den richtigen Leuten für die Plätze Ausschau zu halten. Wenn du ein kleines Unternehmen hast, dann kann es gut sein, dass eine Person zunächst mehrere Plätze belegt. Doch dann ist es völlig klar, wer verantwortlich ist, wenn etwas nicht nach Plan läuft.

Die große Frage lautet, wie die richtigen Leute angezogen werden können. Nur auf Kenntnisse und Fertigkeiten zu schauen, reicht in der Regel nicht aus. Von einem Team-Mitglied erwartest du weit mehr als bloß Kenntnisse und Fertigkeiten. Gut miteinander klarzukommen ist auch kein ausreichender Grund, insbesondere deshalb, weil du nicht immer weißt, wie du feststellen kannst, dass ein Kandidat oder eine Kandidatin optimal passt.

Wickman schlägt vor, dass du nach Menschen schaust, die deine Vision und Mission teilen und die darüber hinaus zu den zentralen Werten passen, die für dein Unternehmen wichtig sind. Die zentralen Werte deines Unternehmens können in vier Schritten festgelegt werden:

1. Definiere, welche Leute aus deinem aktuellen Team am besten ins Team passen.
2. Erstelle für jedes Team-Mitglied eine Liste ihrer oder seiner Charakteristika und Werte.
3. Lege die Listen nebeneinander: Welche Charakteristika und Werte kommen bei mehreren Team-Mitgliedern vor?
4. Reduziere die Gesamtliste auf die etwa fünf wichtigsten zentralen Werte für dein Unternehmen.

Wenn du neue Team-Mitglieder anziehst, prüfst du deine Vision und Mission mit ihnen. Es ist sehr wichtig, dass deine Vision und Mission deine Kandidaten begeistern und zu deren je eigener Vision und Mission passen. Beurteile dann das potenzielle neue Mitglied auf der Basis der zentralen Werte deines Unternehmens. Kandidatinnen, die nicht bei allen zentralen Werten gut abschneiden, passen nicht.

Wenn einige deiner aktuellen Team-Mitglieder nicht gut arbeiten, vergleiche sie mit deinen zentralen Werten und diskutiere deine Erkenntnisse. Wenn sie eine Möglichkeit sehen, den betreffenden zentralen Wert bei sich zu verbessern, hast du ein stärkeres Team erzeugt. Funktioniert das nicht, ist es wenig überraschend, dass du sie gehen lassen musst.

Action Step

Plane einen „Team-Ausflugstag", um über eure Ziele, Strategie und Pläne nachzudenken. Bestimme ebenfalls, was innerhalb deines Unternehmens die wichtigsten Prozesse sind und beginne damit, diese Prozesse zu beschreiben.

Schau dir die Systeme genauer an. Welche Systeme müssen ersetzt werden? Welche Systeme, die du brauchst, sind noch nicht implementiert? Definiere, welche Plätze du in deinem Unternehmen hast, welche Verantwortlichkeiten zu jedem Platz gehören und welche zentralen Werte in deinem Unternehmen gelten, sodass du sowohl dein aktuelles wie auch neues Personal entsprechend diesen zentralen Werten beurteilen kannst.

In diesem letzten Kapitel des Buches habe ich dir die Werkzeuge gegeben, ein Unternehmen aufzubauen, das nicht vollkommen von dir abhängig ist. Du möchtest, dass dein Unternehmen in der Lage ist, die Lösung zu liefern, auch wenn du selbst nicht arbeitest. Ich möchte dich erneut an meine Unternehmensdefinition erinnern: *eine engagierte, rentable Organisation, die eine Lösung verkauft, um das Problem ihrer Kunden zu lösen und diese Lösung so effizient wie möglich liefert.*

Diese Definition enthält neun zentrale Elemente, die alle in diesem Buch behandelt wurden. In diesem letzten Kapitel hast du dir deine eigene Organisation angeschaut und die Wege, die Lösung so effizient wie möglich zu liefern. Eine Organisation aufzubauen, die auch dann Wert liefert, wenn du selbst nicht arbeitest, ist möglicherweise die Kirsche auf der Sahne.

Ich habe dieses Buch innerhalb von dreieinhalb Monaten geschrieben. Das mag wie eine kurze Zeit wirken, ein Buch zu schreiben, doch habe ich in jener Zeit eine Menge Dinge nicht getan. Zum Beispiel habe ich aufgehört, mein Programm zu verkaufen. Und doch habe ich sowohl mein Team und alle Lieferanten auch in jenen Monaten bezahlt, mein Gehalt bekommen und sogar Gewinn erwirtschaftet. Dies lag weder an Glück noch an einem Lotto-Jackpot. Ich habe ein Unternehmen aufgebaut, das nicht völlig von mir abhängig ist. Was wirst du mit dem Raum anstellen, der entsteht, wenn dein Unternehmen dich nicht mehr die ganze Zeit über benötigt, um Wert zu generieren und Geld zu verdienen?

Schluss und Umsetzungsplan

Ich habe dir alles gegeben. Ich habe in dieses Buch alles an Wissen, Methoden, Fertigkeiten und Techniken hineingegeben, die ich in der Arbeit mit meinen Kundinnen und Kunden in den vergangenen zehn Jahren eingesetzt habe. Jetzt ist es an dir. Es ist an dir, diesen Informationen Raum zu geben, sie dir anzueignen und sie so einzusetzen, wie es dir am besten passt und den größten Wert für deine Kundinnen und Kunden bietet.

Dutzende Buchhalter und Steuerberaterinnen haben dieses Buch vor Veröffentlichung gelesen. Sie haben mir gesagt, dass viele Informationen darin enthalten sind. Manche haben gar gesagt, zu viel 😉 Benötigst du Unterstützung beim Umsetzen der Informationen aus diesem Buch in deinem Unternehmen?

Zögere nicht, mich auf Englisch oder Holländisch über ProfitFirstProfessional.nl oder femke@profitfirst.nl zu kontaktieren.

Für Deutschland kontaktiere bitte Benita Königbauer: www.profitfirst.de

Möchtest du erst einmal allein loslegen? Dann stelle ich dir gern einen Umsetzungsplan zur Verfügung. Du kannst ihn bei theprofitadvisor.eu (auf Englisch) herunterladen.

Literatur

Laura Babeliowsky (2015), Het geheim van 100.000 per jaar. Heel goed verdienen met het werk dat je het liefste doet. Culemborg: Van Duuren Management.

Michael E. Gerber (1995), The E-Myth revisited. Why most small businesses don't work and what to do about it. New York: HarperCollins Publishers.

Femke Hogema (2018), Financiën voor zzp'ers en andere zelfstandige ondernemers. Hoe je een financieel gezond bedrijf runt. (Finance for solopreneurs) Culemborg: Van Duuren Management.

Femke Hogema (2021), Der Finanzplan zum Erfolg. In sieben Schritten zu einem rentablen Unternehmen Opladen, Berlin, Toronto: budrich Inspirited.

Gary Keller (2017), The One Thing: Die überraschend einfache Wahrheit über außergewöhnlichen Erfolg. München: Redline Verlag.

Mike Michalowicz (2018), Der Pumpkin Plan. Die Strategie für Unternehmenswachstum. Berlin, Opladen, Toronto: budrich Inspirited.

Mike Michalowicz (2020), Profit First. Ein einfaches System, jedwedes Unternehmen von einem kapitalfressenden Monster in eine Geldmaschine zu verwandeln. 2. Auflage. Berlin, Opladen, Toronto: budrich Inspirited.

Mike Michalowicz (2021), Clockwork: Damit dein Unternehmen läuft wie ein Uhrwerk. Berlin, Opladen, Toronto: budrich Inspirited.

Tony Robbins (2004), Das Robbins Power Prinzip. Befreie die innere Kraft. Schluss mit Fremdbestimmung, Frustration und Unsicherheit. Berlin: Ullstein.

Simon Sinek (2014), Frag immer erst: warum. Wie Top-Firmen und Führungskräfte zum Erfolg inspirieren. München: Redline.

Gino Wickman & Mike Paton (2014), Get a Grip. How to get everything you want from your entrepreneurial business. Dallas: BenBella Books, Inc.

Die Autorin

Femke Hogema begann ihre Karriere als Controllerin in großen internationalen Konzernen. Sie liebte Zahlen und die Klarheit, die Zahlen über die Gesundheit eines Unternehmens bringen. Doch sie erkannte auch, dass Unternehmer Zahlen nicht mögen. Und sie mögen auch keine Controller, Buchhalter oder Steuerberater. Unternehmer finden Zahlen langweilig, kompliziert und theoretisch. Femke gründete ihr Unternehmen Healthy Finance, um diese Lücke zwischen Unternehmern und Zahlen zu schließen und Unternehmern zu helfen, ihre Zahlen in den Griff zu bekommen. Sie hielt Vorträge und bot Schulungen an, schrieb den Bestseller „Financiën voor zzp'ers" (Finanzen für Solopreneure) und arbeitete an der holländischen Ausgabe von „Profit First" mit. Femke sorgt dafür, das Zahlen Spaß machen, praktisch und zugänglich sind und im Verlaufe von zehn Jahren hat sie Zehntausende Unternehmer dazu inspiriert, finanziell gesunde und rentable Unternehmen aufzubauen.

Seit 2017 konzentriert Femke sich darauf, Steuerberater und Buchhalter zu Gewinnberatern auszubilden (mittels Profit First Professionals Niederlande). Sie schult Steuerberater und Buchhalter, damit diese wiederum in der Lage sind, Unternehmer dabei zu unterstützen, finanziell gesunde und rentable Unternehmen aufzubauen. Femke liebt es, ihren Kundinnen und Kunden beizubringen, wie sie ihre Unternehmen rentabel aufstellen können, was mehr Freude und Zufriedenheit bringt.

Femke trat als Finanzcoach in einer beliebten Fernsehsendung im National TV in den Niederlanden auf. 2019 schrieb sie einen Bestseller „Winstgevende Plannen" (Der Finanzplan zum Erfolg). Das Buch war zehn Tage nach Erscheinen auf Platz 1 der Dutch National Management Book Top 100 und blieb dort für vier Wochen.

Sie gibt Keynotes auf Englisch und Niederländisch zu Gewinnberatung, Profit First und zum Finanzplan zum Erfolg.

Danksagungen

Die Veröffentlichung eines Buches ist eine große Sache. Und ein Buch in einer anderen Sprache zu veröffentlichen, erschien mir jenseits meiner Möglichkeiten – bis es passierte.

Ich bin dankbar dafür, von Menschen umgeben zu sein, die an mich geglaubt haben, und mir so dabei halfen, an mich selbst zu glauben.

Zunächst danke ich dir, Ina Boer, Van Duuren Manangement, für dein Vertrauen in mich und dieses Buch. Du hast keine Sekunde gezögert, dieses Buch in den Niederlanden zu veröffentlichen und ich bin dir dafür sehr dankbar.

Danke dir, Barbara Budrich, für dein Vertrauen, dieses Buch auf Deutsch zu veröffentlichen. Und für diese Übersetzung: Du hast meinen Stil super ins Deutsche übertragen!

Danke dir, Benita Königbauer, für dein Feedback zur deutschen Ausgabe.

Dank an euch, Mike Michalowicz, Ron Saharyan und all die anderen im Profit First Professionals Hauptquartier, Sonja Akkies-Rilk, Maja Donker und Dank auch an den Rest des Teams von Profit First Professionals BV und all den Profit First Professionals in der ganzen Welt für euer Wissen und eure Inspiration.

Last not least, dank an euch, Bart Schat, Daan und Rein. Dafür, dass ihr die wichtigsten Menschen in meiner Welt seid.